U0170821

美人纤手炙鱼头

中国古人的饮食文化

李　楠◎编著

中国文史出版社

图书在版编目（CIP）数据

　　美人纤手炙鱼头：中国古人的饮食文化 / 李楠编著
. -- 北京：中国文史出版社，2022.9
　　ISBN 978-7-5205-3714-8

　　Ⅰ.①美… Ⅱ.①李… Ⅲ.①饮食—文化—中国—古
代 Ⅳ.① TS971.22

　　中国版本图书馆 CIP 数据核字（2022）第 175019 号

责任编辑：戴小璇

出版发行：中国文史出版社

社　　址：北京市海淀区西八里庄路 69 号院　　邮编：100142

电　　话：010- 81136606　81136602　81136603（发行部）

传　　真：010-81136655

印　　装：廊坊市海涛印刷有限公司

经　　销：全国新华书店

开　　本：1/16

印　　张：21.5　　字数：361 千字

版　　次：2023 年 3 月北京第 1 版

印　　次：2023 年 3 月第 1 次印刷

定　　价：66.00 元

前言

中国是世界上公认的东方烹饪的代表，与法国、土耳其并列为"世界三大烹饪王国"。

中国饮食以其工艺精湛、工序完整、流程严谨、烹调方法复杂多变等特点在世界烹饪史上独树一帜，形成了独具特色的饮食文化。一方水土养一方人，一方的饮食文化滋养了一方文明。

俗话说"民以食为天"，这句话就证明了饮食在我们日常生活里的重要地位。

中华饮食之所以让人惊叹，就在于最平常的原料也能在中国人手中变成可口的美味，再普通的一粥一饭也能在华夏人的调和中散发出异香。

我国的饮食文化内容丰富，形式多样，具有数千年的历史积淀。它由历代宫廷菜、官府菜及各地方菜系所组成，主体是各地方风味菜。其高超的烹饪技艺和丰富的文化内涵，堪称世界一流。

常言道：民以食为天。中国人讲吃，不仅仅是一日三餐、解渴充饥，它往往蕴含着中国人认识事物、理解事物的哲理。

就拿一个人的一生来说，一个小孩子生下来，亲友要吃红蛋表示喜庆，寄寓着中国人传宗接代的厚望；孩子周岁时"抓周"要吃，成年时举行冠礼时要吃，结婚时要吃，生日、过寿时也要以特别的吃喝来表达庆祝。

白天吃了还不够，夜里还要整点夜宵来吃；平时吃了还不算，大节小庆更是大吃特吃。

这种吃，从表面上来看是一种生理的满足，但实际上它是借"吃"这种形式表达出更为丰富的心理内涵。吃的文化已经超越了"吃"本身，获得了更为深刻的社会意义。

当饮食被提升到了文化的高度，它反映的不仅是历史的进程与社会的发展，还显示了人们在道德伦理观念上的变化与艺术审美观念的提高。

本书从饮食探源、饮食思想、饮食礼仪、饮食器具、饮食流派、饮食典故、饮食典籍等方面出发，着重讲述我国古代上至皇亲贵族、下至平民百姓的饮食文化，从各个角度呈现出了中华饮食文化的全貌，为读者呈现出一幅丰富多彩的饮食文化画卷。

弘扬和继承中华饮食文化，不仅能提高现代人的生活品位和质量，更能给后代留下丰富的精神财富。

下面，让我们一起去看看古人的饭桌上都有哪些值得享用的珍馐美味，都吃出了哪些花样。

目 录

第五章

云白山青食不同：中国饮食流派 ············· 152

第六章

纤手搓来玉色匀：古代饮食烹饪 ············· 206

第一章

寻常衣食随时度：饮食文化与饮食民俗

中国传统饮食文化包括"食文化""茶文化"和"酒文化"，在中国传统文化中占有特殊地位。

由于饮食是人类生存的最基本需求之一，也由于中国自古以来注重现世的务实精神，使得饮食在中国历来受到特别的重视。在汉代，甚至出现了"民以食为天"的口号，后世广为流传。

正是由于饮食在中国的特殊地位，才创造出广博、宏大、精美的中国饮食文化，中国也被誉为"美食王国"。

既饱欢娱亦萧瑟：中国古代的饮食文化

人类的文明始于饮食。中国不仅是人类文明的发祥地之一，也是世界饮食文化的发祥地之一。

中国饮食文化历史悠久，博大精深，是世界饮食文化宝库中一颗璀璨的明珠，对世界饮食文化产生过重要影响。

1. 饮食的含义

"饮食"一词最早大约出现于春秋战国时期，《礼记·礼运》云："饮食男女，人之大欲存焉。"

广义的饮食包括三个部分：

（1）饮食原料的加工生产，即制成产品的过程；

（2）成品即饮品、食品；

（3）对饮食品的消费，也就是吃喝。

狭义的饮食，仅指消费饮食品的过程。

2. 饮食文化的概念

饮食文化是指特定社会群体在食物原料开发利用、食品制作和饮食消费过程中的技术、科学、艺术，以及以饮食为基础的习俗、传统、思想和哲学，即由人们食生产和食生活的方式、过程、功能等结构组合而成的全部食事的总和。

饮食文化的含义也有广义和狭义之分。

古代饮食场景

广义上来讲，饮食文化是指人类在饮食生活中创造的一切物质文化和非物质文化的总和。

狭义上来说，饮食文化是指人类在饮食生活中创造的非物质文化，如饮食风俗、饮食思想、饮食行为等。

3. 饮食文化的内容

饮食文化的内容包括饮食生产、饮食生活、饮食事象、饮食思想与饮食惯制。

饮食生产包括食物原料的开发（发掘、研制、培育）、生产（种植、养殖），食品加工制作（家庭饮食、酒店饭馆餐饮、工厂生产），食料与食品保鲜、安全贮藏，饮食器具制作，社会食生产管理与组织。

饮食生活包括食料、食品获取（购买食料、食品），食料、食品流通，食品制作（家庭饮食烹调），食物消费（进食），饮食社会活动与食事礼仪，社会食生活管理与组织。

饮食事象是指人类食事或与之相关的各种行为、现象。

饮食思想是指人们对饮食的认识、知识、观念和理论。

饮食惯制是指人们的饮食习惯、风俗、传统等。

4. 饮食文化的基本特征

（1）生存性。

"民以食为天"，饮食是人类生存和发展的根本条件。世界上没有生命则没有一切，而所有的生命都需要食物。

人类饮食的历史其实就是人类适应自然、征服与改造自然以求得自身生存和发展的历史。

（2）传承性。

不同地区、不同国家和不同民族由于区位文化的稳定发展以及长期内循环下的世代相传，使得区域内的饮食文化传承得以保持原貌。

食物原料及其生产、加工，基本食品的种类、烹制方法，饮食习惯与风俗，几乎都是这样世代相沿重复存在，甚至同一区域内食品的生产者与消费者的心理和观念也是基于这一基础产生的。

（3）地域性。

地理环境是人类生存活动的客观基础。人类为了生存，不得不努力利用客观

条件改变自己所处的环境，以便最大效能地获取必需的生活资料。

不同地域的人们因为获取生活资料的方式、难易程度及气候因素等的不同，自然会产生不同的饮食习俗，最终形成多姿多彩的饮食文化。这就是所谓的"一方水土养一方人"。

（4）民族性。

不同的民族由于长期赖以生存的自然环境、经济生活、生产经营的内容、生产力水平与技术、宗教信仰等均存在差异，所以几乎每一个民族都有各自不同的饮食习俗，并最终形成了独具特色的饮食文化。其特性主要体现在传统食物的摄取、食物原料的烹制技法以及食品的风味特色上，包括不同的饮食习惯、饮食礼仪和饮食禁忌等内容。

（5）审美性。

饮食文化的审美性既是对千千万万食品具体的、生动形象的抽象逻辑性描述，同时又是随着社会进步、科技进步以及由此推动的价值观念、审美观念的发展而发展变化的历史的发展性概念。

火的发现与运用，使人类结束了茹毛饮血的蒙昧时代，从而进入炙烤熟食的文明时代，这就为饮食美的发展提供了最基础的条件。

陶器的发明和使用，同样为人类食物的美化提供了物质条件。

随之而来的是，调味品的不断被发现、人类烹饪技术和经验日臻完善、烹饪器具的日渐丰富、人类对食物质地的优劣、味道色泽等的认识也不断提升。

在这个过程中，人类其实逐渐地将自身的审美意识融入饮食中。

西周青铜鬲

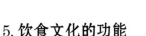

5. 饮食文化的功能

（1）生活实用功能。

饮食文化的生活实用功能主要表现在补充人体所必需的营养物质、预防与治疗某些疾病的发生、美容健体以及延缓人体衰老等各个方面。

对症进食不仅可充分利用粮食、蔬菜的营养作用，还有较好的预防和治疗疾病的效果。

比如：为了预防感冒，在感冒易发季节，就多吃一些大蒜，这是因为大蒜中含有丰富的抗病毒成分，会增强身体的免疫力；醉酒呕吐后最好喝些番茄汁，可以及时补充体内流失的钾、钙、钠等元素；等等。

随着年龄的增长，人体的肌肉会变少，脂肪开始增加，营养方案也必须随之改变。这时可以通过正确的膳食来控制身体变化，使新陈代谢减慢，以延缓人体衰老。

（2）社会整合功能。

饮食文化的社会整合功能主要表现在纪念功能、教化功能、文化传承功能、增进感情功能、创造价值功能。

饮食是人类最为基本的生活需求，自然容易与历史发生一定的关联。譬如，中国的传统节日端午节，人们以吃粽子纪念屈原。

中国饮食文化丰富多彩，博大精深，通过认识和了解中国饮食文化，可以增强民族自豪感和民族自信心。而且饮食文化中包含有很多礼仪方面的知识，也传递和体现了一种"礼数"。

（3）审美娱乐功能。

在社会不断的发展中，人们在注重饮食营养、健康的同时，逐渐追求饮食文化的精神娱乐性，从而获得物质和精神的双重享受。

人们善于从饮食文化中去发现美、创造美、欣赏美，无论是从饮食本身、饮食器具还是饮食环境，对于美的发掘和欣赏总是贯穿于整个饮食活动中。

如：诗人李白喜饮酒作诗，"举杯邀明月，对影成三人"，品酒的同时"怡情悦性"；宋代文人苏东坡则在中秋之夜欢饮达旦，为抒发思亲之情，写下了千古名篇《水调歌头》；等等，我们从中都可以体会到不同意味的"美"。

乐共饮食到黄昏：中国饮食文化进化简史

任何事物都有发生、演变的过程，饮食文化亦不例外。由于不同阶段食品原料和人们思想认识的不同，中国饮食文化也表现出不同的阶段性特点。

总体来说，中国饮食文化的发展沿着由萌芽到成熟、由简单到繁多、由粗放到精致、由物质到精神、由口腹欲到养生观的方向发展。

中国饮食文化的发展可分为以下几个阶段：

1. 饮食文化的萌芽时期

在人类发展的历史长河中，原始社会的历程最为漫长。人们在艰难的环境中，慢慢地进步，从被动采集、渔猎到主动种植、养殖；餐饮方式从最初的茹毛饮血到用火烤食；从无炊具的火烹到借助石板的石烹，再到使用陶器的陶烹；从原始的烹饪到调味品的使用；从单纯的满足口腹到祭祀、食礼的出现。

原始社会时期的人们在饮食活动中开始萌生对精神层面的追求，食品已经初步具有文化的意味。所以我们把这一阶段称为饮食文化的萌芽时期。

中国传统食文化的肇兴应当归功于上古神话传说中的"三皇"（燧人氏、伏羲氏、神农氏）和中华民族的共同祖先黄帝。

相传燧人氏发明钻木取火，"以化腥臊"；伏羲氏"始作网罟"，使渔猎的效率提高，并驯养牲畜，以供庖厨；神农氏尝百草，为后人辨别出可供食用的植物，并且教人种植之术；黄帝"始造灶"，并发明了"釜甑"等烹饪用具。

实际上，这些传说人物与其说是历史上的真实人物，不如说是中国古代人类与社会发展的象征。

据考古发掘，处于旧石器时代晚期的"山顶洞人"已能人工取火，这样，就由"茹毛饮血"的野蛮饮食方式进化到"炮生为食"的新纪元。熟食卫生、易于消化，促进了人类体质和大脑的发展，而且味美，为多样化的烹饪提供了可能性。

到了新石器时代，以"裴李岗""磁山""仰韶""河姆渡"等文化为代表，中国古代人类已学会了种植粟、稻等农作物与饲养猪、犬、羊等家畜，这为中

国食文化的发展奠定了食料方面的
基础。

　　与此同时，原始陶器也被制作
出来，其中许多与饮食有关，包括鼎、
鬲、甑等烹饪器具。这说明，早在原
始社会，中国烹饪已有相当高的水平。

　　然而，由于尚无文献记载，对
于当时的烹饪习惯很难作更详细的
了解。

原始陶罐

2. 饮食文化的形成时期

　　先秦时代是中国烹饪文化的真正形成时期，经过从夏代至战国末将近 2000
年的历史发展，中国传统烹饪文化的特点已基本形成。

　　夏、商、周时期的饮食文化在很大程度上沿袭了原始社会饮食文化的特点，
又在发展过程中形成了自己的时代特点。

　　在这近 2000 年间，食品源得到进一步的扩大；陶制的炊器、饮食器依然占
据重要位置，但在上流社会，青铜器已成为主流；烹调技术更加多样化，烹饪理
论已形成体系，奠定了后世烹饪理论发展的基础。许多政治家、思想家、哲学家
以极大的热情关注和探究饮食文化，并各自从不同的角度阐明自己的饮食观点。

　　先秦时期食器的选择和餐宴习惯也很
有特色，主要体现了贵族的地位差别。

　　据《周礼》记载，天子每天要举行一
次宴会；逢特殊节日，则可一日三宴。宴
席上有 12 只鼎，还有许多装各种食品的容
器，大概相当于 12 道大菜和若干小吃；用
餐时必有乐队伴奏和表演舞蹈。

　　其他贵族都有相应的规定，也是相当
奢侈，只是鼎数及舞乐者人数要少一些。

　　春秋以前，宴会的宗教色彩浓厚，大
多同祭祀联系在一起。到了春秋末期，原

商代兽面纹方鼎

来的各种规定逐渐被废弃，诸侯及其家臣享用越来越多的鼎食，宗教性的活动也日渐减少，这被孔子称为"礼崩乐坏"。

这时期，贵族追求珍稀美味成风，对食物越来越挑剔。

《吕氏春秋》中有一篇专讲饮食的文章《本味》，其中列举了许多山珍海味，如"猩猩之唇""獾獾之炙""隽燕之翠""述荡之腕""旄象之约"等，远远超过了《周礼》等书的记述，有很多珍禽异兽已难知其详。

追求食料的珍稀以及宴会的排场，后来都成为中国食文化中贵族食俗的特点。

在这一阶段，饮食距离单纯的果腹充饥的目的越来越远，其文化色彩越来越浓。人们普遍重视起饮食给人际关系带来的亲和性，宴会、聚餐成为人们酬酢、交往的必要形式，食品的社会功能表现得越来越明显，中国饮食文化的特征在这一阶段都已基本具备。

3. 饮食文化的初步发展时期

公元前221年，秦王嬴政经过多年的兼并战争，建立了秦王朝，成为与地中海的罗马、南亚次大陆的孔雀王朝并立而三的世界性大国。

秦统一后，采取了"书同文""车同轨""度同制""行同伦""地同域"等措施，极大地促进了不同地区的贸易和文化交流，这其中当然也包括饮食文化。

在秦统治的15年中，中国的饮食文化随着生产力的提高，进入初步发展阶段。

汉朝初年，王朝采取了一系列恢复生产的措施，休养生息，重视农业，兴修水利，普及铁制农具，推广农业生产技术，轻赋税，薄徭役，从而促进了农业的发展，为饮食文化的发展提供了重要的食品原料。

张骞出使西域，促进了中外饮食文化的交流，丰富了中国的食物种类。

和先秦的饮食文化相比，秦汉时期在食品原料的开发引进、烹饪技艺及烹饪产品的探索与创新等方面，都出现了前所未有的兴旺景象。

汉代全民饮食水平比先秦时有了提高，帝王权贵们更是竭尽奢侈，享尽荣华。

一方面，长安汉宫里充斥着天下珍奇食品，汉武帝专设肉林酒池向臣服的四方边地少数民族炫耀。上林苑驯养着无数珍禽异兽，南海献龙眼、荔枝"十里一置（驿），五里一候，奔腾危阻，死者继路"。

另一方面，大地主的饮食酒宴也相当奢华。山东沂南画像石《丰收宴饮图》重现了汉代地主庄园秋收时节的日常生活情景：两位管家边坐品佳茗，边监督家奴收进数车谷租，另有众多的家奴在忙着烫猪、椎牛、宰羊、切鱼、酿酒、蒸馍和炒菜；另一幅《乐舞百戏图》则刻画了大庄园主在饮宴时以各式表演助兴的情景，表演有骑术、车戏、走索、雀戏、豺戏、飞剑跳丸、扭七盘舞、顶竿戏等，真是百戏尽有，钟鸣鼎食。

山东沂南汉代画像石《乐舞百戏图》

与此同时，民间食品的发展也令人瞩目，其中最有代表性的是豆腐的问世与糕点的发展。大豆原产于华北，传说汉淮南王刘安发明了点卤制豆腐。

河南密县（今新密市）出土的汉代画像石就有《豆腐作坊图》。画像石中发现的豆腐制作工艺流程图，是目前发现的世界上最早的有关豆腐的记载。豆制品品种很多，如豆腐干、千张、豆筋、腐竹等。

豆腐及豆制品的发明为人类开创了一条利用植物蛋白的新途径，弥补了我国食物结构中动物蛋白不足的缺陷。

汉代还出现了许多发酵或不发酵的饼糕点心。面食一般统称饼，如平底锅油煎的叫烙饼，水煮面条或饺子叫汤饼，甑锅蒸的馒头或包子叫蒸饼，还有西北传入中原的胡饼即芝麻烧饼。

河南密县汉代画像石《豆腐作坊图》

至南北朝时，面饼有白饼、鸡子饼、髓饼、膏环、细环、截饼、水引等许多品种。其中鸡子饼是在发酵面中加蛋、牛奶、奶油等，非常松脆可口；全用奶油和面制成的饼"入口即碎，肥如凌雪"，已近于今日的奶油饼干了。

用米粉蒸成的大块松糕叫饵，如果在制作时加糖料、动植物油、豆沙、果料、蛋类、姜、葱等，可制成高级糕点。

另外，炸油条、糖胶糯米通、茭白壳包的咸甜粽子已经问世。

相传屈原投江后，楚人以竹筒贮米投江祭之。后来，竹筒贮米演化成茭白壳包米，并形成端午节吃粽子的习俗。

汉武帝"罢黜百家，独尊儒术"，董仲舒使儒学神圣化、宗教化后，儒家的饮食思想受到推崇。

儒家的饮食养生观如讲究营养、注重卫生、食精脍细，以饮食涵养人性、完善人性等，对中国饮食文化的发展影响至深。

此外，《黄帝内经》等医学典籍的完成，使先秦"医食同源"的思想也有了进一步发展。

东汉时道教创始。道教是中国特有的宗教，道教的神仙有不少为民间食祭的神，如玉皇大帝、王母娘娘、财神、灶神、福禄寿三仙等。

道教没有形成教餐，主张饮食摄生法。张良的"乃学辟谷，道引轻身""日啖百果能成仙"宣扬的是虽不严格戒肉，但应少食熟制谷、肉等"人间烟火"，多食鲜蔬、野果、花蕊等，以求清肠胃、轻体重，从而长生不老。

灶神

汉代时佛教也开始传入中国中原地区。起初僧人提钵化缘，遇荤食荤，遇素食素，并无戒规。后来佛教为朝廷所提倡，至南北朝达到全盛。由于僧尼增多，乞食难以为继，故逐渐改为寺院自制伙食，名为"香积饭"。

南北朝时梁武帝提倡全戒荤而茹素，由于茹素能体现佛教追求内心澄静的境界，渗透出佛教之光，故寺院伙食向素食转化，最终佛教将素食宗教化、定型化，形成全素斋。

佛教倡导素食影响了社会饮食风尚，使素菜的地位不断提高。

佛教对民间食俗也有一定影响，如腊月初八为佛教的成道节，寺院要用各种香谷果实煮粥献佛，以纪念释迦牟尼；后来演变为民间腊月初八吃腊八粥的习俗。

4. 饮食文化的全面发展时期

魏、晋、隋、唐是我国封建社会的繁荣时期，这一阶段的饮食文化体现出全面发展的特征。

人口迁徙、宗教传播、和亲、对外开放等使中外、国内不同区域、不同民族之间的饮食文化交流空前频繁，从而导致了食品原料结构、进餐方式的改变；佛教的传入和道教的发展促进了素食的发展；植物油的使用极大地促进了炒制这种烹饪方式的发展，发酵技术开始进入主食制作。

这一阶段饮食文化也进入自觉，出现了一系列关于饮食文化的专著；肴馔也一改过去只依据制作方法来命名的方式，开始体现出丰富的历史文化内涵。

嘉峪关魏晋六号墓室壁画《宰猪图》

魏晋南北朝时期，中国烹饪文化发展的一个重要标志是出现了一批关于食的专著。据史书记载，有《崔氏食经》《食经》《食馔次第法》《四时御食经》《马琬食经》《羹臛法》等，与先秦时期只有《吕氏春秋》中的一篇《本味》相比是明显的进步。可惜这些著作均已佚失不存。

目前保存的记述当时烹饪技法的著作当推贾思勰的《齐民要术》。《齐民要术》

讲解了种植、养殖的经验，也以相当大的篇幅讨论食品制作和烹饪技法，在中国食文化的历史上具有极为重要的地位。

该书所介绍的食谱中，常用的调味料是葱、姜、豉、花椒、蒜、橘皮、醋、酒等，动物性食材主要是猪、牛、羊、鸡、鸭、鹅、鱼，主食有各种面饼、面条等，已与当代中国北方饮食习惯接近，但菜肴烹饪技法仍以炙（烤）、蒸、煮为主，未见炒、熘等法。

另外，书中介绍了不少称为"酢"的食品加工法，即将动物性食品如鱼、肉等发酵变酸后食用，当时似乎较为流行，而今日反倒罕见。

比如，书中讲"炙法"的第一例是"炙豚法"，形容其"色同琥珀，又类真金，入口则消，含浆膏润……"烤乳猪的关键之处在于乳猪，要选取还在吃乳的小猪崽进行烹饪，宰杀之后清洗干净内脏，然后将青茅草和香料都塞入猪腹中，并用香梨木穿过乳猪架在火上慢烤3-4个小时。在烤制期间，还要不停地涂抹白酒，这样才能烤出颜色正宗的烤乳猪。

隋朝开凿了南北大运河，沟通了海河、黄河、淮河、长江、钱塘江五大河流，成为南北交通的主干线。由于交通的改善，使南北食料贸易规模日大，数量、品种剧增。同时，许多外国商队也纷纷来华，辗转求利、互通有无。外国商队带来了诸多异国高档的食料，如南洋的燕窝、鱼翅，日本的干贝，墨西哥的鲍鱼等，使中外食料云集，为饮食业的进一步发展提供了雄厚的物质基础。

唐代国力空前强盛，封建皇帝的宴饮习俗之奢华也达到了前所未有的程度，出现了曲江宴、烧尾宴与船宴等大型宴会。

5. 饮食文化的成熟时期

从北宋建立到清朝灭亡，这一时期是中国传统饮食文化的成熟阶段。在这一时期，中国传统饮食文化在各个方面都日趋完善，呈现出前所未有的繁荣和鼎盛。

这一时期是古代社会中外饮食文化交流最频繁、影响最大的时期，许多对后世影响巨大的粮蔬作物在这一时期传入中国，食品原料的生产和加工也取得了巨大成就，食品加工和制作技术日趋成熟。

商品经济的发展和繁荣、城市经济的发展促进了饮食业的空前繁荣。

宋代城市集镇的大兴，尤其是明清商业的发展，促使酒楼、茶肆、食店遍地开花，饮食业迅速发展。最具盛名的苏菜、粤菜、川菜和鲁菜等四大风味菜系形成并产生全国性的影响。菜点和食点的成品艺术化现象不断得到发展，使色、香、味、形、声、器六美备具，而且名称也雅致得体，富有诗情画意。食品加工业的兴旺也已经成为中国饮食文化日趋成熟的重要因素，在全国大中小城市中，普遍有磨坊、油坊、酒坊、酱坊及其他大小手工业作坊。

古代聚宴场景

宋代市面上的著名饭店可包办大规模筵席，称"四司六局"。

"四司六局"原是官府贵胄专设的饮食侍服机构的总称，后被民间沿用。

"四司"为：帐设司，专管饮宴厅堂的布置事宜，如帘幕、屏风、绣额、书画的摆设等；厨司，专管备料烹调；茶酒司，专管茶茗、酒水和派坐迎送；台盘司，专管托盘、出食、劝酒、接盏等事宜。

"六局"为：果子局、蜜煎局、菜蔬局、油烛局、香药局、排办局等。

有了"四司六局"，再加上市面上还设有桌凳、食器、炊具的租赁商店，四五百人的大宴，当日即可办成。

大饭店的厨艺自然非同一般，菜肴的种类尤其繁多。仅吴自牧《梦粱录》记载的南宋临安大饭店的菜单就有335款，食客每天点五六款菜，两个月才能尝一遍，这还未包括山珍海味如鲍、参、翅、肚之类。

饭店的跑堂服务也有绝技：客人进店，跑堂招呼入座；客人点菜点饭，跑堂从容默记，然后高声"从头唱念，报以局内"；片刻上菜，跑堂"左手权三碗，右臂自手至肩驮叠约二十碗"，送至食客桌前。不管食客多少桌，菜肴多少样，分毫不差，井井有条。

茶文化和酒文化在这一时期也发展到一个新高峰。

制曲方法和酿酒工艺都有显著提高，尤其是红曲霉的发明和使用，在世界酿酒史上都是重要的一笔。元代还从海外引进蒸馏技术，从此蒸馏酒成为重要酒种。

茶文化发展到宋代，盛行的"斗茶""点茶"等活动，使饮茶成为一种高雅的文化活动。明清时期流行的"炒青"制茶法和沸水冲泡的瀹饮法，使茶道无论

是加工方法，还是品饮方法都焕然一新，从而"开千古饮茶之宗"。

此时的饭店、茶馆、酒楼大都是园林式建筑，坐落在湖边或风景名胜之处，常伴有水榭花坛、竹径回廊。

如南宋杭州的"翠芳园"是"八面亭堂，一面湖山"，"杏馆酒肆"则是"乡落之景"；"庆乐园"不仅有"十样亭榭"，而且有射圃、走马廊、轩昂堂宇、野店村庄等，这已超出了园林美景加美食的格局，而形成了以美食为主的综合游乐场所。

宋代以后理学盛行，主张"存天理，去人欲"，"追求美味"即被理学集大成者朱熹视为"人欲"。

但是，宋、明时期也有不少文人墨客精于食道，并撰文诵咏美味佳肴。其中，最有名的要数宋代大文豪苏轼。他曾撰《老饕赋》，自称为"老饕"，并亲自设计和烹制许多名菜，如"东坡肉""芹芽鸠肉脍"等，都流传至今。

苏轼是四川人，因此川菜的厨界常以苏东坡为自己的祖师。

[北宋] 苏轼《寒食帖》

清代统治者入关前保持具有浓厚满族特色的烹饪宴饮方式，盛行"牛头宴"与"渔猎宴"；入关后，又不断借鉴吸收汉族饮食精粹及礼仪方面的特点，逐渐形成了严谨、豪华的宫廷饮食规范。

清宫饮宴种类繁多：皇帝登基有"元会宴"、大婚有"纳彩宴"与"合卺宴"、过生日有"万寿宴"；皇后过生日有"千秋宴"，太后过生日有"圣寿宴"；招待文臣学士有"经筵宴"，招待武臣将军有"凯旋宴"；每逢元旦、上元、端午、中秋、重阳、冬至、除日等，清宫都要办宴席；康乾盛世还举行过规模浩大的"千叟宴"。

宫廷宴之时，宴席大殿富丽堂皇，燕乐萦绕；食案之上金盏玉碗，美食纷呈，数不清的龙肝凤髓、四海时鲜令人眼花缭乱，珍馐之丰盛、食器之精美、场面之豪华无与伦比。

道光以后，宫廷宴上出现了字样拼摆装饰在佳馔之上，如"龙凤呈祥""万寿无疆""三阳开泰""福""禄""寿"等，以示喜庆吉祥之意。

宫廷烹饪技艺的精深完备对民间饮食业的开拓有引路和示范作用，上行下效，社会上达官显宦、豪绅巨贾在饮食上竞相攀比，求全责备，对饮食业的繁荣有推波助澜的作用。由此，清代盛行各种专味宴席，如全羊席、全凤（鸡）席、全龙（蛇）席、全虎（猪）席、全鸭席等。专味宴席家厨难学，一盘一碗，肉虽相同，但味道千变万化，无一雷同，足见烹调技艺之精湛。

清朝盛世年间还出现了满汉全席。满汉全席是清代最高规格的宴席，是中华饮食文化物质表现的一个高峰。

满汉全席集宫廷满席与汉席精华于一席，规模宏大，礼仪隆重，用料华贵，菜点繁多。菜点数目和种类并无定式，可以以中国四大菜式之一为菜目主体。点心也不局限于满点，清代创新的品种均可入席。一般规格为名菜百种以上，点心 50 种左右，果品、小菜 20 种左右。山珍海味，水陆杂陈，分三次食用，称"三撤席"，可吃一整天。

据清朝李斗《扬州画舫录》记载的满汉全席的部分菜点如下：燕窝鸡丝汤、海参烩猪筋、鲍鱼烩珍珠菜、淡菜虾子汤、鱼翅螃蟹羹、蘑菇煨鸡、鱼肚煨火腿、鲨鱼皮鸡汁羹、鲫鱼舌烩熊掌、米糟猩唇、猪脑、假豹胎、蒸驼峰、梨片伴蒸果子狸、蒸鹿尾、猪肚假江瑶鸭舌羹、

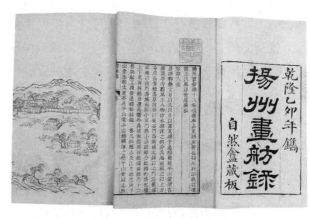

［清］乾隆刻本《扬州画舫录》

鸡笋粥、猪脑羹、芙蓉蛋、鹅肫掌羹、糟蒸鲥鱼、西施乳、茧子羹、挂炉走油鸡……

满汉全席集中国名肴名食之大成，代表了清代烹饪技艺的最高水准，是中国古代烹饪文化的一项宝贵遗产。

同时，文化人的参与，使得这一时期的饮食思想的总结和理论研究也达到了新的高度，饮食著作大量涌现，饮食理论日趋成熟。

清代时，又出现了一个膳食撰述高潮，王士禛作《食宪鸿秘》，顾仲（清初人，年代不详）作《养小录》；但最著名的当属袁枚的《随园食单》，此书被誉为自古至今文学水平最高的食谱，价值极高。

云白山青万余里：古代饮食民俗

中国饮食民俗是中华民族的优秀文化遗产，是诸多民俗中最古老、最持久、最活跃、最有特色、最具群众性和生命力的一个重要分支。

1. 饮食民俗的概念

饮食民俗指人们在筛选食物原料，加工、烹制和食用食物的过程中，即民族食事活动中所积久形成并传承不息的风俗习惯，也称饮食风俗、食俗。

具体来说，饮食民俗一般包括年节食俗、日常食俗、人生礼仪食俗、宗教信仰食俗；如按民族成分来认识，又可分为汉民族食俗、少数民族食俗。

饮食民俗是一种饮食活动，是一定区域或民族的人们共同遵守的一种饮食方式，同时在民族文化交流与传播过程中逐渐发展。

2. 饮食民俗形成的原因

饮食民俗形成的原因包括以下几点：

（1）经济原因。

饮食民俗虽然是一种文化现象，但其孕育和演变无疑会受到社会生产力发展程度和农业生产力布局的制约。有什么样的物质生产基础，便会产生相应的膳食结构和肴馔（饭食）风格。而农业生产的多样性又为各地饮食民俗多样性提供了物质基础。

农副产品是人类食物中最重要的物质来源，在自然条件和社会经济条件的共同影响下，我国的农业生产布局、耕作制度、农副产品种类等都有很大差异。东部以种植业为主，西部以牧业为主。北方农区以面粉、杂粮为主食；南方农区以稻米为主食，茶和酒为主要饮料。

（2）自然条件原因。

自然地理条件是人类赖以生存和发展的物质条件，饮食民俗对自然条件有很强的选择性和适应性。地域及气候等条件不同，食性和食趣也不一样，形成了东辣西酸、南甜北咸的口味嗜好的分别。东南待客重水鲜，西北迎宾多羊馔，均与就地"取食"的生存习性相一致。

这种饮食民俗的地域差异，正是各种民间风味和各种菜系形成的重要原因。

（3）民族原因。

我国是一个由56个民族组成的多民族国家。由于各民族所处地域的自然和社会条件不同，人们在长期的生产和生活实践中经过世代的传承和演变，形成了区别于其他民族的自己所特有的传统饮食民俗。

（4）宗教信仰原因。

不少饮食民俗是从原始信仰崇拜和某些人为宗教仪式演变而来的。道教、佛教、伊斯兰教的兴起、传播和流行，对我国的饮食民俗有着较大的影响。特别是教义和戒律对教徒的约束力很大，因此，这类约束民俗一旦形成就很难改变。

以食为天的儒家思想，以养生为尚的道家饮食思想，以茹素修行的佛家饮食思想，以清净为本的伊斯兰教饮食思想，对人们在什么条件下吃、吃什么、怎样吃，都有一定之规。

古代饮食器皿

3.中国饮食民俗的特征

中国饮食民俗具有以下几个特征：

（1）历史性。

所谓历史性，即不同时代在饮食民俗上所表现出的不同特征。

一是在特定的时代具有特定的饮食民俗。如唐王朝崇奉道教，视鲤鱼为神

仙的坐骑；又加上李（谐音"鲤"）为国姓，讲究避讳，故而唐朝皇帝曾下令不准买卖鲤鱼，而唐朝人也因此不敢食鲤鱼，因而整个唐朝几乎没有有关鲤鱼的菜谱。

二是特定年代对某些饮食民俗事象的改革，从而烙上了该时代的烙印。

（2）传承性。

所谓传承性，即不同历史时期在饮食民俗上所表现出的沿袭相承的特征。

一是一些饮食民俗以其合理性赢得了广泛的认同，代代相传，而不断地被继承下来。如我国浙江、江苏、湖北、湖南、江西、安徽等地人们每年四月初八吃的"乌米饭"，早在唐代就已见诸文字记载。清代诗人屈大均有诗云："社日家家南烛饭，青精遗法在苏罗。"诗中的南烛饭即是乌米饭。

二是一些不良习俗虽具有不合理性，但往往因有传统的支撑而传之后世。如苗族祭祀祖先的节日——"吃牯脏"，从资源消耗的角度来说，属于不良的饮食习俗，因为活动期间要宰杀很多的耕牛、猪、羊、鸡、鸭，浪费相当之大。

（3）特殊性。

所谓特殊性，即指有些饮食习俗仅仅只在有关的节日、礼仪中进行，它通常与礼仪的内涵相一致。

如汉族婚姻礼仪中的主题一般有三项：第一项是夫妻生活和谐；第二项是生儿育女；第三项是孝敬公婆。在婚姻礼仪中的饮食活动都是围绕着这些主题而进行的。

婚姻礼仪中的交杯酒，先准备好一壶酒和两个杯子放在新房里，酒壶上要系上红布条或缠上红纸条，表示吉庆。

仪式开始时，新郎新娘并立在床前，由媒人或婶娘斟好两杯酒，分别用两只手端着，并念诵"相亲相爱，白头到老，早生贵子，多子多福"之类的颂词，然后将左手的酒杯交给新郎，右手的酒杯交给新娘。

新郎新娘向媒人或婶娘鞠躬致谢，说声"遵您金言"后，交臂而饮，其寓意是两人将以结永好。

又如，婚姻礼仪中的洞房吃"子孙饺子"，新郎、新娘共同举箸而食，但在吃的时候，要回答别人的提问。因饺子是半生不熟的，当别人问"生不生"时，则一定要回答"生"，其寓意是以"生熟"之"生"谐"生育"之"生"。

古代饮食器皿

4. 饮食民俗的社会功能

饮食民俗包括以下几种社会功能：

（1）教育感化功能。

民俗文化是一切文化的母体。饮食民俗作为一种文化现象，在个人社会化过程中占有决定性的地位，从出生的诞生礼、结婚的喜庆礼到去世的丧葬礼，人们一直生活在民俗中。

饮食民俗的教育感化功能，是指培养人们的道德情操，增强人们对生活的勇气和热爱，以及民族感和爱国心等方面的教育和模塑作用。在饮食民俗的教育感化作用下，人们逐渐懂得对家庭和社会承担的责任，懂得如何尊敬父母长辈，建立美满和谐的家庭。

（2）维系凝聚功能。

民俗学专家通常把社会规范分为法律、纪律、道德、民俗四个层面，而且认为民俗是产生最早、约束面最广的一种深层行为规范。

饮食民俗具有很强的社会凝聚力、民族亲和力以及国民向心力。饮食民俗维系着社会生活的相对稳定，它是人们认同自己所属群体的标志。人们通过节庆活动，以实现感化人的目的，培养人们的归属感和凝聚力。移居海外的华人、华侨尽管身在异国他乡,但都铭记自己是中华民族的子孙,始终保持着中华民族的饮食习惯。

饮食民俗,就像一个巨大的磁场,形成强大的凝聚力,使人们保持稳定的生活方式。

(3)纪念怀古功能。

饮食民俗具有纪念怀古功能,主要是指那些以纪念为目的的饮食民俗活动。

例如,端午节是为了纪念屈原,寒食节是为了纪念介子推,而重阳节饮菊花酒是效仿晋朝大诗人陶渊明。

(4)娱乐调节功能。

在众多的饮食民俗事象中,传承于民间的大部分饮食民俗活动都带有浓厚的娱乐性质。所有带有娱乐功能的饮食民俗都是和人们的审美意识结合在一起的,它们是各民族民众创造的精神产品,体现出了积极、健康、向上的精神和情趣,具有一种崇高的精神美。

如春节吃年夜饭、燃放烟花爆竹,正月十五吃元宵、猜灯谜,中秋节吃月饼、赏月,等等,这些饮食民俗的娱乐功能显而易见。

(5)仪式象征功能。

饮食民俗的仪式象征功能,主要是指在某些特定日期的特殊饮食,如婚事聘礼、结婚喜宴、生孩子送红蛋报喜、满月酒、寿宴等,具有特定的象征作用。

第二章

暄寒南北殊方异：古人的传统日常食俗

　　饮食与人类的生活密不可分，纵观中国几千年的文明史，人们对饮食的认识逐渐地深入，饮食文化的变迁在某些方面就是社会发展变化的缩影。

　　一方水土养一方人，不同地域、不同民族、不同阶层的人们，因为获取生活资料的方式、难易程度的不同，加之长期赖以生存的自然环境、经济生活、生产经营的内容、生产力水平与技术、宗教信仰等均存在差异，自然会产生不同的饮食习俗，最终形成多姿多彩的传统日常饮食文化。

天家风味几回闻：宫廷皇家饮食

任何社会，统治阶级的思想就是占统治地位的思想。

作为统治阶级，封建帝王不仅将自己的意识形态强加于其统治下的臣民，以示自己的至高无上；同时还要将自己的日常生活行为方式标新立异，以示自己的绝对权威。

1. 宫廷饮食的特点

作为饮食行为，也就无不渗透着统治者的思想和意识，表现出其修养和爱好，由此形成了独具特色的宫廷饮食。

（1）选料严格，用料严格。

早在周代，宫廷就已有职责分工明确的专人负责皇帝的饮食。《周礼注疏·天官冢宰》中有"膳夫、庖人、外饔、亨人、甸师、兽人、渔人、腊人、食医、疾医、疡医、酒正、酒人、凌人、笾人、醢人、盐人"等条目，目下分述职掌范围。这么多的专职人员，可以想见当时饮食用料选材备料的严格。

宫廷饮食不仅选料严格，而且用料精细。早在周代，统治者就食用"八珍"；而越到后来，统治者的饮食越精细、珍贵。

如清末老太监信修明在《宫廷琐记》中记录的慈禧太后的一个食单，其中仅燕窝的菜肴就有六味：燕窝鸡皮鱼丸子、燕窝万字全银鸭子、燕窝寿字五柳鸡丝、燕窝无字白鸭丝、燕窝疆字口蘑鸭汤、燕窝炒炉鸡丝。

（2）烹饪精细。

一统天下的政治势力，为统治者提供了享用各种珍美饮食的可能性，也要求宫廷饮食在烹饪上要尽量精细；而单调无聊的宫廷生活，又使历代帝王多数都比较体弱，这就又要求其在饮食的加工制作上更加精细。如清宫中的"清汤虎丹"这道菜，原料要求选用小兴安岭雄虎的睾丸，其状有小碗口大小，制作时先在微开不沸的鸡汤中煮三个小时，然后小心地剥皮去膜，将其放入调有佐料的汁水中腌渍透彻，再用特制的钢刀、银刀平片成纸一样的薄片，在盘中摆成牡丹花的形状，佐以蒜泥、香菜末而食。由此可见，宫廷饮食的烹饪是多么精细。

古代宫廷宴饮场景

（3）花色品种繁杂多样。

慈禧的女官德龄所著的《御香缥缈录》中说，慈禧仅在从北京至奉天的火车上，临时的"御膳房"就占四节车厢，上有"炉灶五十座""厨子下手五十人"，每餐"共备正菜一百种"，同时还要供"糕点、水果、粮食、干果等亦一百种"，因为"太后或皇后每一次正餐必须齐齐整整地端上一百碗不同的菜来"。

除了正餐，"还有两次小吃""每次小吃，至少也有二十碗菜，平常总在四五十碗左右"。而所有这些菜肴，都是不能重复的，由此可以想象宫廷饮食花色品种的繁多。

宫廷饮食规模的庞大、种类的繁杂、选料的珍贵及厨役的众多，必然带来人力、物力和财力上极大的铺张浪费。

2. 先秦宫廷饮食

对于商朝，有一个十分贬义的词语形容为"酒池肉林"。这个成语是商朝最后一位国君商纣王腐化堕落的象征。而酒和肉恰恰反映了当时国君的特殊地位。

在那个粮食与肉类相对短缺的时代，君王可以无限制地喝酒吃肉，本身就是一种特权的象征。而且肉与其他菜品的种类还不少，古人用"食前方丈"形容。

"食前方丈"与庙里的方丈没有一点关系，而是说座位前边一丈见方的地方摆满了菜品。这便是商朝国君的御膳。

到了周朝，天子开始讲究"科学养生"。厨房制作的每一道菜品，都要先经

过医生进行二道加工。

这套规矩是写进礼法，成为规章制度的。而且宾客的数量与等级都要配备相应数量与等级的菜肴，这也是有章可循的。据记载，维持这样一套宫廷御膳，一般需要数千人。也正是从周朝开始，宫廷饮食形成一套完整的制度。

"国之大事，在祀与戎"，早在西周时，因农耕尚不发达，非常依赖天时，所以经常要举行祭祀以祈求风调雨顺。

祭祀过后，周王要杀牛宰羊、罗列百味，设宴招待众人，这便是宫廷宴饮的最早由来，可称之为祭祀宴饮。

后来，宴饮的种类越来越多：农事御膳是因重视农耕，私旧御膳又称"燕饮"，是君臣相宴，有劳者、聘者、还者，皆可为宴饮；竞射御膳起于国家重武事，在宴饮之中举行射礼，多在诸侯国相互往来时举行，有外交的意味；庆功御膳则是在王师凯旋时。

这类筵席大都场面宏大，规模隆重，美馔纷呈，载歌载舞，"饮御诸友，炰鳖脍鲤"，气氛热烈，盛况无比。

3. 秦汉宫廷饮食

秦汉时候的御膳以汉朝为集大成者。汉宫御膳已很有规模，皇帝宴享群臣时，则"实庭千品，旨酒万钟，列金罍，满玉觞，御以嘉珍，缯以太牢。管弦钟鼓，妙音齐鸣，九功八佾，同歌并舞"，觞爵交错之间，尽显汉代恢宏风范。

南北朝时期，宫中增加了许多西北等地游牧民族的面食做法和肉食，还改变了汉人不食乳的历史。

4. 隋唐宫廷饮食

古代食品制作场景

隋唐时国家统一，经济发达，国力雄厚，又尚无后世理学对于消费的严格约束，宫膳走向了豪奢至极的地步。

由于唐代国力的强盛，唐代的宫廷宴饮数量可以说是相当多，皇帝们有许多理由可以举办宴会，以此来取乐。

首先，每逢各种节日，唐朝的皇帝们都会举办盛大的节日，除了我们今天熟知的中秋、端午等节日之外，唐朝在立春、清明、寒食乃至七夕等传统节日都会举办宴会。而在这些传统节日之外，唐代还有三个官方法定的节日，那便是正月晦日、三月三日和九月九日，在国家的法定节假日里，皇帝自然也会给自己放个假，在宫廷内举办盛大的宴会。

除了节日宴会之外，一些生性喜欢享乐的皇帝还会在春、夏、秋、冬四个时节都举办相应的宴会活动，招来自己喜欢的臣子，一同吟诗作对，同时欣赏各个时节不同的景色和风光。

唐宫中使用的是金、玉食具，甚至还有华丽的象牙盘，李白"金樽清酒斗十千，玉盘珍羞直万钱"，并非夸张而是写实；杜甫"紫驼之峰出翠釜，水精之盘行素鳞。犀箸厌饫久未下，鸾刀缕切空纷纶。黄门飞鞚不动尘，御厨络绎送八珍"，就是写杨贵妃及其姊妹在宫中的奢侈饮食的。

唐代宫廷宴会场景

唐宫中为了搜罗天下美食，除了把手艺高超的天下名厨集于一室、把全国各地乃至朝奉上贡的珍奇食材萃于一桌以外，还有各种从下往上的献食。

唐朝的御膳珍肴包罗万象，一时为古代饮食之顶峰。

5. 宋元宫廷饮食

宋代初期宫廷饮食极为节俭，而且以羊肉为主，北宋后期则又现奢靡之风。到了南宋，饮食基调发生变化，因其偏居东南，湖泊水网纵横，海洋贸易又极为发达，水产大盛。

宋朝皇宫内管理皇家膳食的宫人名叫"司膳内人"，这一称呼也是自宋朝以后对这一人员一个统称。"内人"就是指的宫人。

宋朝由司膳内人记载的一篇《玉食批》再现了宋朝皇宫里的美食。这里所说的"玉食"就是珍美的食品，"批"是古代公文的一种，"玉食批"就是指皇宫里的菜单。可见宋朝时皇宫里就有专门用公文形成的菜单。

这个菜单是南宋绍兴二十一年（1151 年）十月，与岳飞、韩世忠、刘光世一

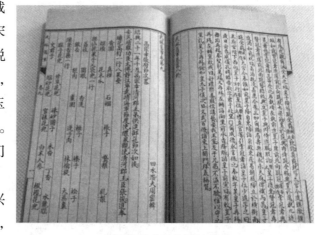

宫廷菜谱《玉食批》书影

道号称南宋中兴四将的清河王张俊，在自家宅邸摆下御筵款待宋高宗御驾。后来这次请客的菜单，被南宋末词人周密得到，收在他的《武林旧事》中。

据书中所记：初坐水果消乏上 7 轮菜共 74 道，歇坐后再坐；首上果品、切时果、时新果子、雕花蜜饯、砌香咸酸、脯腊；之后才是正菜——"下酒"15 盏，另有插食，再劝酒。三坐共计 184 道，水陆杂陈，山珍海错，珍馐毕至，极为奢华。

元朝是游牧民族当政，在入主中原之后，蒙古贵族们也逐渐接纳了古代中国的传统饮食，宫中所食又回归中原风俗。比如西北人民喜好的富有地域特色的"汤饼"便经过交流进入了蒙古人的日常生活中。此后，北方的汤饼烹饪技巧同回族

人的制作工艺结合起来，不断演变成了美味可口的"清汤面片"。

不过，大碗喝酒、大口吃肉的豪放习俗仍旧在蒙元宫廷被不断发扬。

6. 明代宫廷饮食

明代宫廷的饮食文化经历了由俭入奢的过程，这不仅与当时的生产力发展情况相关，也与政治思想紧密联系。

明朝中后期的美食文化融入了丰富的内容，是传统美食的一个巅峰时期。

明代开国之初，由于长期战乱导致人民颠沛流离，土地荒芜，百废待兴，这样满目疮痍的社会环境下不能够提供挥霍奢靡的物质条件。

而朱元璋一方面由于本身就出身于贫困的农民家庭，深知民间疾苦；另一方面吸取前朝覆灭的经验教训，朱元璋称帝后为维护自身统治，大力提倡勤俭精神，对宫廷以及民间的饮食做了极为细致的规定。

明太祖不单对臣下要求严格，自己也以身作则。他规定宫室器具一律遵从朴素的原则，饮食衣服也遵循常制，唯恐过于繁奢，导致劳民伤财。

明初时太常寺的厨役人数是明朝后期的十分之一，就连以奢侈闻名的江南地区，菜肴也是以八盘为限，四人合坐一桌，成一席。

皇帝的表率以及严格的政治制度，勤俭节约思想的推广，对当时的社会风气起到了极大的影响作用，故而明初时期上至君王，下至臣民，无一不秉持着"节俭"的饮食作风。

明代中后期,御膳的种类逐渐由俭到丰。明初的御膳中的肉肴多用豆类代替，且蔬菜类占比大大多于荤菜。到了明末，就连宦官和宫女都开始在饮食上大加讲究。宦官常常利用职权便利，提前享受到御膳坊内的美味佳肴。

明代中后期，皇帝御膳多用野味山珍，一般鸡鸭鱼肉更是曾被斥为"腐肉"上不了台面。明末多喜食蛤蜊、海参、板虾等海鲜，这恐怕和诸位皇帝的南方血统是有关系的。

明朝内廷饮食机构十分庞大，其核心为"十二监、四司、八局"。负责统摄宫内饮食用度、掌管皇帝印绶、拾掇钟鼓衣帽等事务。大名鼎鼎的司礼太监便是明代内廷二十四衙门中权力最重的机构。

明代宫内食材丰富广博，食料来源于全国各地。受历代帝王垂涎的荤食主要有"油腰子""炸铁脚雀""窜团子""爆炒羊肚"等。

7. 清代宫廷饮食

满族入关统一中国后,与汉族长期相处,不断吸收汉族文化,在许多方面都逐渐汉化。但同时满族自身的饮食习惯牢牢扎根在满族人心里,无法被完全汉化,所以出现了许多"满汉结合"的饮食习惯和美食。

清宫饮食由内务府和光禄寺管理,下设御膳房、御茶膳房、寿膳房、外膳房、内膳房、皇子饭房、侍卫饭房,分别承办宫廷饮宴和日常饮食。

"御膳房"是负责皇帝饮食的专职机构。内设管理事务大臣若干名,都是由皇帝特派的心腹之人。管理事务大臣下设尚膳正、尚膳副、尚膳、主事、委署主事、笔帖式等官职,专司皇帝吃饭事宜。其下再设厨役、掌灶,具体为皇帝备膳。

平时,皇帝每膳二十多品菜肴、小菜,四品主食,二品粥(或汤)。菜肴以鸡、鸭、鱼、鹅、猪肉及时鲜蔬菜为主,山珍海鲜、奇瓜异果、干菜菌类辅之。主食是"贡米"、新麦,就连做饭的水都是从北京西郊的玉泉山运进宫的。

清代帝、后平时吃饭,称"传膳""用膳"或"进膳",各自有膳房备膳,并且独自用餐。一日两餐,早膳辰正(上午 8:00),晚膳未正(下午 2:00)。两正餐之外,还有酒膳和各种小吃,一般在下午或晚上。膳前由内务府大臣开单备案,单上注有某人烹制某菜肴,以防不测。

清宫饮食制度严格,不仅有专门的厨师、专门的膳房,还有一套祖先留下来的膳食制度,有严格的份额规定,即每人每天有固定的米、面、肉、菜及调料,称为"口份"。

清代帝后、妃嫔用膳依其身份不同使用不同质地、不同纹饰和不同数量

乾隆万寿宴复原场景

的餐具，称"位份碗"。

除了帝后日常饮食外，名目繁多的筵宴是清宫饮食的重要内容。如太和殿筵宴、乾清宫家宴、皇太后的圣寿宴、皇后千秋宴、皇子成婚宴、重华宫茶宴以及康熙、乾隆朝举行的千叟宴等。筵宴饮食的品种和类别，依进宴人的身份地位而有所区别。

总而言之，清宫的膳食包括满族菜、汉族菜以及南方和北方风格的菜肴。这些食物反映了清代丰富多彩的饮食文化和多元的民族文化。

轻烟散入五侯家：古代贵族饮食文化

古代贵族的饮食生活远不止于饮馔，他们常通过饮食获得多方面的享受，并在长期的发展中形成了各自独特的风格和极具个性化的制作方法。

官府贵族饮食，虽没有宫廷饮食的铺张、刻板和奢侈，但也是竞相斗富，多有讲究"芳饪标奇""庖膳穷水陆之珍"的特点。

贵族家庭的肴馔也有其独特性。曹丕《典论》中云："一世长者知居处，三世长者知服食。"后来这句话演化为"三辈子做官，方懂得穿衣吃饭"。也就是说饮食肴馔的精美要经过几代的积累。

中国第一部关于饮馔的著作《食经》，出自北魏崔浩之手。崔浩在书中总结的烹调经验主要是来自其母卢氏。卢家原是当时北方大族，卢氏后嫁到崔家，崔家也为北方大族，于是卢氏在卢崔两家烹饪经验基础上加以改进提升。此书代表了当时烹饪的最高水平。

后代许多食单、食谱都出于贵族之家。《红楼梦》作者曹雪芹的祖父曹寅就刊刻过《居常饮馔录》，这套丛书包括宋、元、明三代许多重要的饮食著作。

贵族饮食以孔府菜和谭家菜最为著名。

孔府历代都设有专门的内厨和外厨。在长期的发展过程中，形成了饮食精美、注重营养、风味独特的菜肴。这无疑是孔老夫子"食不厌精，脍不厌细"祖训的影响。

孔府宴的另一个特点，是无论菜名，还是食器，都具有浓郁的文化气息。如

[南唐]顾闳中《韩熙载夜宴图》(局部)

"玉带虾仁"表明了孔府地位的尊荣。在食器上,除了特意制作了一些富于艺术造型的食具外,还镌刻了与器形相应的古诗句,如在琵琶形碗上镌有"碧纱待月春调珍,红袖添香夜读书"。所有这些,都传达了天下第一食府饮食的文化品位。

"孔府菜"是孔府饮馔中历代相传的独有名菜,有一二百种。且不说用料名贵的红扒熊掌、神仙鸭子、御笔猴头、扒白玉脊翅、菊花鱼翅之类,自然烹调精致,用料考究,显示出孔府既富且贵的地位;就是许多用料极为平常的菜肴,但由于烹饪手法独特,粗菜细做,也令人大开眼界。

孔府肴馔多与孔家历史及独特地位密切相关。清朝孔家后裔被封为当朝一品官,号称文臣之首,孔家肴馔中有不少主菜以"一品"命名,如"当朝一品锅""燕菜一品锅""素菜一品锅""一品豆腐""一品海参""一品丸子""一品山药"。

孔府菜肴从原料到烹饪风味、所用调料都与山东菜系相近,但比山东菜更富丽典雅、精巧细致,可以说是鲁菜中的阳春白雪。

另一久负盛名、保存完整的贵族饮食,当属谭家菜。

谭家祖籍广东,又久居北京,故其肴馔集南北烹饪之大成,既属广东系列,又有浓郁的北京风味,在清末民初的北京享有很高声誉。

谭家菜的主要特点是选材用料范围广泛,制作技艺奇异巧妙,而尤以烹饪各种海味为著。

谭家菜的主要制作要领是调味讲究原料的原汁原味，以甜提鲜，以咸引香；讲究下料狠，火候足，故菜肴烹时易于软烂，入口口感好，易于消化；选料加工比较精细，烹饪方法上常用烧、燀、烩、焖、蒸、扒、煎、烤诸法。

烂煮春风三月初：古代文人士大夫饮食

南北朝以前，"士大夫"指中下层贵族；隋唐以后，随着庶族出身的知识分子走上政治舞台，这个词便逐渐成为一般知识分子的代称。

知识分子的经济地位、生活水平与贵族无法比拟，但大多也衣食不愁，有充裕的精力和时间研究生活艺术。

他们有较高的文化修养、敏锐的审美感受，并对丰富的精神生活有所追求，这也反映在他们的饮食生活中。

他们注重饮馔的精致卫生，喜欢素食，讲究滋味，注重鲜味和进餐时的环境氛围，但不主张奢侈靡费。

可以说，士大夫的饮食文化是中国饮食文化精华之所在。

唐代士大夫的饮食生活尚存古风，比较注重大鱼大肉，狂呼滥饮。如李白的"烹牛宰羊且为乐，会须一饮三百杯"（《将进酒》），杜甫的"饔子左右挥双刀，脍飞金盘白雪高"（《观打鱼歌》）。饮食生活是粗糙的，但也是豪放的。

中唐以后，随着士大夫对闲适生活的渴求，与此相适应的是对高雅饮食生活的向往。反映到诗文中，如韦应物的"涧底束荆薪，归来煮白石。欲持一瓢酒，远慰风雨夕"（《寄全椒山中道士》），白居易的"绿蚁新醅酒，红泥小火炉。晚来天欲雪，能饮一杯无"（《问刘十九》）。

这种细酌慢饮伴以温煦情绪的精致的饮食生活，正是后代士大夫所追求的，但未必所有士大夫都能理解。唐代大多数士大夫仍十分关注外部世界，梦想建功立业，还无暇在自己个人的小天地中更多地设计日常的生活艺术。

宋代是士大夫数量猛增、意识转变的时代。宋及以后的士大夫再也没有唐代士大夫那样踔厉风发的外向精神，即使以功业自诩并深受神宗信任、得以秉政多

苏轼像

年的王安石，也时时徘徊于禅、儒之间。

他们更关注的是自己内心世界的协调，饮食生活从以前的不屑一顾变为"热门话题"，乃至被大谈特谈了。

例如"饕餮"这个历来为人们所不齿的"不才子"，宋代大名鼎鼎的苏轼却公然以"饕餮"自居，并在《老饕赋》中公开宣称"盖聚物之天美，以养吾之老饕"。从此"老饕"这个词遂变成褒义，用以称呼那些追逐饮食而又不故作风雅的文士。

注重素食是宋代士大夫饮食生活中的一个重要特点。宋代士大夫几乎没有不赞美素食的，苏轼、黄庭坚、陈师道、洪适、朱熹、楼钥、陆游、杨万里、范成大无不如此。

宋代士大夫常把一切都提到修身和从政的高度。黄庭坚为蔬菜画写的题词云："可使士大夫知此味，不使吾民有此色。"朱熹进一步发挥说："人常咬得菜根，则百事可做。"

自宋代士大夫关注饮食生活之风以后，元、明、清三代承袭宋人成果，并在此基础上形成了有别于贵族和市井的独特的士大夫饮食文化。

元明两代基本是继承宋士大夫余绪，另外还有一个显著特点，即关于饮食的著作增多。

明代士大夫热心于设计更为艺术化的生活，在饮酒和饮茶上都有足够的著作说明这一点，但在烹饪及关于吃的文化的设计上却缺少相应的进展。

清代，江南一些士大夫承晚明之风把饮食生活搞得十分艺术化，超过了以往的任何时代。袁枚就是其中的代表人物。

袁枚是文人士大夫中既有才华又懂得生活的人，他的整个人生都是在自由享乐的状态中度过的。

袁枚年轻有为，33岁时已是两度辞官，最终在38岁时就选择彻底归隐，从此过上了富贵悠闲的名士生活。他在富庶的地方做过官，积累了一些财富；又是天下闻名的文学家，光是为权贵写作序跋、墓志铭，收入就已经很高了——用今天的话来说，他很早就实现了财富自由，成为人生赢家。

因为他不缺钱，所以为他大吃特吃提供了经济基础；因为他结交的都是权贵富豪，又为他吃得精致讲究提供了交际基础，依此而写成的《随园食单》由此成为清代士人生活及精神的典范。

在《随园食单》序言里，袁枚把饮食的意义拔得很高，他说自己这个食不厌精的生活准则，既符合周公之礼，又蕴含着治国大道，是圣贤们也丝毫不轻视的话题。一辈子显贵的人，能学会居住和建造房屋；富贵传了三代之后，才能真正懂得吃饭穿衣。吃得精致和讲究，既是格调和阶层的象征，也是文化积累的表现。

可以说，从袁枚的饮食态度，可以观察清代士人思想和文化处境；从袁枚的饮食规则，可以了解清淡闲雅的文人饮食文化。

随宜饮食聊充腹：古代市民百姓饮食

市民百姓饮食是随着城市贸易的发展而发展的，所以其首先是在大、中、小城市，州府，商埠以及各水陆交通要道发展起来的。

这些地方发达的经济、便利的交通、云集的商贾、众多的市民，以及南来北往的食物原料、四通八达的信息交流，都为市井饮食的发展提供了充分的条件。如唐代的洛阳和长安、两宋的汴京与临安、明清的南京与北京，都汇集了当时的饮食精品。

市民百姓饮食具有技法各样、品种繁多的特点。如吴自牧《梦粱录》中记有南宋临安当时的各种熟食839种。而烹饪方法上，仅《梦粱录》所录就有蒸、煮、熬、酿、煎、炸、焙、炒、燠、炙、脯、腊、烧、冻、酱、焐等十几类，

《梦粱录》书影

而每一类下又有若干种。

当时的饮食不仅要满足不同阶层人士的饮食需要，还要考虑到不同时间的饮食需要。因为市井饮食的对象主要是当时的坐贾行商、贩夫走卒，而这些人来去匆匆，行迹不定，所以随来随吃、携带方便的各种大众化小吃便极受欢迎。

中国老百姓日常家居所烹饪的肴馔，即民间菜是中国饮食文化的渊源。多少豪宴盛馔，如追本溯源，当初皆源于民间菜肴。

民间饮食首先是取材方便随意。或入山林采鲜菇嫩叶、捕飞禽走兽，或就河湖网鱼鳖蟹虾、捞莲子菱藕，或居家烹宰牛羊猪狗鸡鹅鸭，或下地择禾黍麦粱野菜地瓜，随见随取，随食随用。

选材的方便随意，必然带来制作方法的简单易行。一般是因材施烹，煎炒蒸煮、烧烩拌泡、脯腊渍炖，皆因时因地。如北方常见的玉米，成熟后可以磨成面粉、烙成饼、蒸成馍、压成面、熬成粥、糁成饭，也可以用整颗粒的炒了吃，也可以连棒煮食、烤食。

民间菜以适口实惠、朴实无华为特点，任何菜肴，只要能够满足人生理的需要，就成了"美味佳肴"。

清代郑板桥在其家书中描绘了自己对日常饮食的感悟：

天寒冰冻时，穷亲戚朋友到门，先泡一大碗炒米送手中，佐以酱姜一小碟，最是暖老温贫之具。暇日咽碎米饼，煮糊涂粥，双手捧碗，缩颈而啜之，霜晨雪早，得此周身俱暖。嗟乎！嗟乎！吾其长为农夫以没世乎！

如此寒酸清苦的饮食，竟如此美妙，就是因为它能够满足人的基本需求。

市井百姓除农民外，多是与商人贾贩相联系的。商人来去匆匆，行迹不定，小吃点心最合乎他们的需要。因为小吃多为成品，随来随吃，携带也很方便，相当于当时的"快餐"。

日啖百果能成仙：古代宗教饮食

许多民族都有自己的宗教信仰，每一种宗教在其传播的初始阶段，除了宣传其既定的教理之外，还要通过一定的建筑、服饰、仪式及饮食将信徒同其他群体区别开来。单就饮食看，通过长期的发展，不同教派都逐渐形成了独具特色的宗教饮食风格。

在中国文化中，宗教饮食主要指的是道教、佛教和伊斯兰教的饮食。

1. 道教饮食

道教起源于原始巫术和道家学说，所以道教饮食深受道家学说的影响。

道教饮食文化十分丰富，早在《黄帝内经》中就有了较全面的总结，提出饮食养生之道在于尊重客观世界辩证的对立统一的变化、发展的规律，提出重视烹调和节制饮食的思想——"谨和五味""饮食有节"；并且指出过分追求美味佳肴和过度饮食都会招致疾病，认为只要认真地注意饮食规律与实践，便可以享其天年，活过百岁——"谨道如法，长有天命；而尽终其天年，度百岁乃去"。书中还提到了膳食结构、饮食方法等原则。

这些都是道教后来所尊奉的饮食养生之道。

道教饮食文化的特点首先是提倡素食，这是与佛教提倡慈善、反对杀生的教义相一致的。

道家认为人是禀天地之气而生，所以应"先除欲以养精，后禁食以存命"，在日常饮食中禁食鱼羊荤腥及辛辣刺激之食物，以素食为主，并尽量地少食粮食等，以免使人的先天元气变得浑浊污秽；而应多食水果，因为"日啖百果能成仙"。

道家饮食烹饪上的特点就是尽量保持食物原料的本色本性，如被称为"道家四绝"之一的青城山的"白果炖鸡"，不仅清淡新鲜，且很少放佐料，保持了其原色原味。

2. 佛教饮食

佛教在印度本土并不食素，传入中国后与中国的民情风俗、饮食传统相结合，形成了其独特的风格。

其次，茶在佛教饮食中占有重要地位。由于佛教寺院多在名山大川，这些地方一般适于种茶、饮茶，而茶本性又清淡醇雅，具有镇静清心、醒脑宁神的功效，于是，种茶不仅成为僧人们体力劳动、调节日常单调生活的重要内容，也成为培育其对自然、生命热爱之情的重要手段；而饮茶，也就成为历代僧侣漫漫青灯下面壁参禅、悟心见性的重要方式。

再次，佛教饮食的特点是就地取材。佛寺的菜肴，善于运用各种蔬菜、瓜果、笋、菌菇及豆制品为原料。

[唐] 阎立本《萧翼赚兰亭图》中的古僧形象

3. 伊斯兰教饮食

伊斯兰教教义中强调"清静无染""真乃独一"，所以其饮食习惯自成一格，其菜肴称为"清真菜"。

穆斯林严格禁食猪肉、自死物、血，以及十七类鸟兽及马、骡、驴等平蹄类动物。所以清真菜以对牛、羊肉丰富多彩的烹饪而著名。

光是羊肉，清真做法就有烧羊肉、烤羊肉、涮羊肉、焖羊肉、腊羊肉、手抓羊肉、爆炒羊肉、烤羊肉串、汤爆肚仁、炸羊尾、烤全羊、滑溜里脊等。

清真系列中还有一些小吃也颇具特色，如北京的锅贴、羊肉水饺，西安的羊肉泡馍，兰州的牛肉面、酿皮，新疆的烤馕、烤包子，都别具风味。

夜雨晨炊间黄粱：汉族传统日常食俗

汉族人口众多，分布区域广，因此，不同区域的汉族有着互不相同的日常饮食习惯。

1. 主食习俗

由于各区域出产的粮食作物不同，所以各地的主食也不一样。

米食和面食是汉族主食的两大类型，南方和北方种植稻类的地区以米食为主，种植小麦的地区则以面食为主。

此外，各地的其他粮食作物，如玉米、高粱、薯类作物也是不同地区主食的组成部分。

汉族主食的制作方法丰富多样，米、面制品就有数百种。

［南宋］楼璹《耕织图·插秧图》

2. 菜肴习俗

汉族的菜肴因分布地域的不同，又各不相同。

首先，原料具有地方特色。例如，东南沿海的各种海味食品，北方山林的各种山珍野味，广东一带民间的蛇菜蛇宴，西北地区多种多样的牛羊肉菜肴，以及各地一年四季不同的蔬菜果品等，都反映出菜肴方面的地方特色。

其次，受到生活环境和口味的影响。例如，喜食辛辣食品的地区，多与种植水田和气候潮湿有关。

再次，各地的烹制方法都深受当地食俗的影响，在民间口味的基础上逐步发展为各有特色的地区性菜肴类型，产生了汉族丰富多彩的烹调风格，最后发展为

具有代表性的菜系。川菜、闽菜、鲁菜、淮扬菜、湘菜、浙菜、粤菜、徽菜等各具特色，汇聚成汉族丰富多彩的饮食文化。

3. 饮品习俗

酒和茶是汉族主要的两大饮料。

中国是茶叶的故乡，也是世界上发明酿造技术最早的国家之一。酒文化和茶文化在中国源远流长，是构成汉族饮食习俗不可缺少的部分。

在汉族的日常饮食中，酒是不可或缺的必备品。汉族有句俗话，"无酒不成宴"，酒可以助兴，可以增加欢乐的气氛。

［辽］韩师训墓壁画《妇人饮茶听曲图》

酒是汉族日常生活和各种社会活动中传达感情、增强联系的一种媒质。

汉族人饮茶，始于神农时代，有五千多年的历史了。直到现在，中国汉族同胞还有"以茶代礼"的风俗。凡来了客人，沏茶、敬茶的礼仪是必不可少的。在饮茶时，也可适当佐以茶食、糖果、菜肴等，达到调节口味之功效。

笑入胡姬酒肆中：少数民族传统日常食俗

中国疆域辽阔，民族众多，除汉族外，目前还有 55 个少数民族。

中国历史上除了现在的 56 个民族外，还有其他民族，只是如今这些民族或消失在历史长河中，或与异族融合，或被迫迁移。

先秦时期，除华夏族（汉族旧称，生活在黄河流域）外，约有23个现代各少数民族的先民，比如，生活在东北的东胡、肃慎、挹娄、夫余、乌桓等民族；北部的猃狁、狄、匈奴、鲜卑等民族；西域的龟兹、于阗、鄯善等民族；西北部的戎、羌、氐等民族；南部的苗、濮、武陵蛮、长沙蛮以及东南部的百越等民族；黎族和高山族的先民分别在海南岛和台湾；越人的一支在今中国香港、澳门地区。

汉唐以后，慢慢又从这些少数民族逐步演变出了契丹、突厥、女真、蒙古、党项、吐蕃、柔然、回鹘、丁零、沙陀等少数民族。

各少数民族由于居住地区的自然环境不同，以及生活方式、风俗习惯的差异，他们的饮食种类、制作方式、礼俗形式、饮食观念和思想等也各不相同，从而形成了各自的饮食文化模式；即使是同一民族，也因居住地域不同而存在明显的差别。

下面简单介绍几个主要少数民族的饮食习俗。

古代牛耕壁画

1. 藏族食俗

藏族主要分布在西藏自治区，四川、青海、甘肃，云南也有部分分布。由于常年生活在青藏高原寒冷地区，且与外界联系较少，所以藏族的生活习俗与其他民族有很大差异。

根据生产方式的不同，藏族可分为牧区、农区和半农半牧区，饮食方式也因此而有所不同。

牧区和半农半牧区日常饮食多为四餐，以肉食和奶制品为主，品种主要有牛羊肉（清炖鲜肉或风干肉）、糌粑、酥油茶、酸奶和奶渣等。

农区以粮为主，菜蔬为副。农闲时一日三餐，农忙时一日四餐或五餐。

青稞面是藏族的代表性食品，藏语叫糌粑，是将青稞炒熟后磨成的细面，色白、味香浓。藏民外出远行总要带上酥油和糌粑，糌粑面可直接放入口中吃，称干糌粑。

在家中吃糌粑时，多将奶茶烧开后倒入碗中，加入酥油、奶渣，待化开后，加入糌粑粉，迅速用右手手指将其搅拌均匀，团成一个个小团，边团边吃，边喝奶茶。

青稞酒是藏族男女老少都喜欢喝的饮料，也是节日和待客必备的饮品。藏民请客人饮酒的习惯是将酒杯倒满，客人喝一口，添满，再喝一口，再添满，一直要喝三口，最后满杯喝干。然后主随客便，能喝则喝，不能喝也不勉强。

敬茶也是藏族的待客习俗，有客人来到，主妇一定会献上酥油茶。主人斟上茶后，客人不能端起来就喝，而要等主人捧到面前时双手接过来喝。喝一口，主人再给斟满，保证茶满茶热，是藏族待客的礼节。作为客人，如果一时喝不了，应该将斟满的茶碗放着，待告辞时再一饮而尽。

藏族的餐具是木碗和小刀，一般都随身携带。吃饭时讲究食不满口，咬不出声，喝不作响，捡食不越盘。

藏刀

2. 回族食俗

回族散居在我国的许多地区，因此食俗也不完全一致。

北方的回族以面食为主，南方的回族以米食为主，也吃其他杂粮。饭食品种多为面条、馒头、包子、烙饼、水饺、干饭、稀饭；还有烧锅、花卷、连锅面、揪面片、干捞面、臊子面等。

菜食也因地区而异，南方多食鲜蔬，与汉族没有什么区别；北方多吃土豆、白菜、萝卜、豆腐、腌酸菜和酱咸菜。肉食品主要是牛羊肉。

回族口味注重咸鲜、酥香、软烂、醇浓，强调生熟分开、咸甜分开和冷热分开。

回族人创造的"清真菜""清真小吃""清真糕点"，是中国烹饪和中国食品中的一个重要风味流派，享有很高的社会声誉。清真菜选料严谨，工艺精细，口味咸鲜，汁浓味厚，肥而不腻。

回族的典型食品主要有清真万盛马糕点、羊筋菜、金凤扒鸡、翁子汤圆和绿豆皮等。青海省西宁市的万盛马糕点，河北石家庄的金凤扒鸡、保定的马家卤鸡和白运章包子，辽宁沈阳市的马家烧麦、义县的伊斯兰烧饼，陕西的牛羊肉泡馍，湖南常德市的翁子汤圆、绿豆皮、牛肉米粉，在当地都很有名气，影响很大。

清真寺壁画

盛行于宁夏南部的清真筵席菜"五罗四海""九魁十三花""十五月儿圆"等套菜驰名全国。"五罗"是指五种炒菜同时上齐，"四海"是指四种带汤汁的菜肴一次上桌。"九魁""十三花""十五月儿圆"分别是九碗、十三碗、十五碗菜的溢美之词。

3. 蒙古族食俗

我国的蒙古族主要分布在内蒙古自治区，在新疆、青海、甘肃等地也有。蒙古族的传统饮食大致有四类，即面食、肉食、奶食、茶食。

蒙古族人每餐都离不开奶与肉，即"白食"和"红食"。

白食指以奶为原料制成的食品，分为饮用和食用两种。饮用的如鲜奶、酸奶、奶酒；食用的如奶皮子、奶酪、奶酥、奶油、奶酪丹（奶豆腐）等。

红食是以肉类为原料制成的食品，有整羊

［元］刘贯道《忽必烈出猎图》

背子、手扒羊肉、羊肉串、涮羊肉等。

在日常饮食中，与红食、白食占有同样重要位置的是蒙古族的特有食品——炒米。

蒙古族人每天都离不开茶，除饮红茶外，还有饮奶茶的习惯。蒙古族的奶茶有时还要加黄油或奶皮子或炒米等，味道芳香，咸爽可口，而且含有多种营养成分。蒙古族还喜欢将很多野生植物的果实、叶子、花煮在奶茶中，风味各异，有的还有防病治病的功效。

4. 壮族食俗

壮族主要分布在广西壮族自治区，其次是云南、广东、贵州、湖南等省。

多数地区的壮族习惯于日食三餐，有少数地区的壮族也吃四餐，即在中、晚餐之间加一小餐。早、中餐比较简单，一般吃稀饭，晚餐为正餐，多吃干饭，菜肴也较为丰富。大米、玉米是壮族地区盛产的粮食，自然成为他们的主食。

甜食是壮族食俗中的又一特色。糍粑、五色饭、水晶包（一种以肥肉丁加白糖为馅的包子）等均要用糖，连玉米粥也往往加上糖。

日常蔬菜有瓜苗、瓜叶、大白菜、小白菜、油菜、芥菜、生菜、芹菜、菠菜、芥蓝、蕹菜、萝卜、苦麻菜，甚至豆叶、红薯叶、南瓜苗、南瓜花、豌豆苗也可以为菜。

壮族对任何禽畜肉都不禁吃，如猪肉、牛肉、羊肉、鸡、鸭、鹅等，有些地区还酷爱吃狗肉。

壮族铜鼓

壮族自家还酿制米酒、红薯酒和木薯酒，度数都不太高，其中米酒是过节和待客的主要饮料。有的在米酒中配以鸡胆称为鸡胆酒，配以鸡杂称为鸡杂酒，配以猪肝称为猪肝酒。饮鸡杂酒和猪肝酒时要一饮而尽，留在嘴里的鸡杂、猪肝则慢慢咀嚼，既可解酒，又可当菜。

壮族是一个好客的民族，这

在古代文献上多有反映。如明代邝露《赤雅》卷上载："人至其家，不问识否，辄具牲酸，饮吠，久敬不衰。"清代闵叙《粤述》载："(客)至，则鸡黍礼待甚殷。"民国《上林县志》载："亲友偶乐临存，虽处境不宽，亦须杯酒联欢，以尽主人之谊；倘远客到来，则款洽更为殷挚。"

龙州一带的壮族有"空桌留客"的风俗，即家有来客，主人即张罗酒菜，并在厅堂摆好饭桌餐具，表示已约客人吃饭。客人不能拒绝，若客人执意要走，便会扫主人面子。

5. 苗族食俗

苗族主要分布在贵州、湖南、云南、湖北、海南、广西等地。

大部分地区的苗族一日三餐，以大米为主食，日常饮料以油茶最为普遍。

苗族的菜肴种类繁多，常见的蔬菜有豆类、瓜类和青菜、萝卜，苗族人都善于制作豆制品。肉食多来自家畜、家禽饲养。

各地苗族普遍喜食酸味菜肴，酸汤更是家家必备。酸汤是用米汤或豆腐水，放入瓦罐中 3~5 天发酵后，即可用来煮肉、煮鱼、煮菜，也是常见的饮料。

苗族的食物保存，普遍采用腌制法，蔬菜、鸡、鸭、鱼、肉都喜欢腌成酸味的。苗族几乎家家都有腌制食品的坛子，统称酸坛。

苗族的典型食品主要有血灌汤、辣椒骨、苗乡龟凤汤、绵菜粑、虫茶、万花茶、捣鱼、酸汤鱼等。

苗族酿酒历史悠久，从制曲、发酵、蒸馏、勾兑到窖藏都有一套完整的工艺。

苗族人普遍喜欢喝酒，"无酒不成礼"，如拦路酒、进门酒、嫁别酒、迎客酒、送客酒、双杯酒、交杯酒、半路酒、转转酒、贺儿酒、平伙酒、酬劳酒、慰问酒、鸡血酒、陪葬酒等，是待客议事、婚丧嫁娶、起房建屋、逢年过节的必备品。

传说中苗族的始祖蚩尤

6. 满族食俗

满族历史悠久，周秦时的肃慎及后来的挹娄、勿吉、女真族都是满族的先民。目前满族居全国少数民族人口的第二位，主要集中在我国东北的辽宁省。

满族的饮食习俗，是随着满族历史年代、社会生产、经济条件的变化而形成和发展的。

满族先民们长期生活在东北地区的白山黑水之间，除了"多畜猪，食其肉"外，捕鱼、狩猎、采集是他们主要的生产方式，鱼类、兽肉及野生植物、菌类则是他们的食物来源。猪肉在满族的食物构成中，是和鱼、鹿肉等不相上下的肉食。

吃祭神肉是满族一项具有原始宗教色彩的食俗。在民间，新年祭索罗杆（神杆）时，都要做血肠（即后来的白肉血肠）；昏夜祭七星时的祭品，后来则演化成七星羊肉。

在满族的祭祀中，多以猪为牺牲，称猪肉为"福肉""神肉"，祭祀后众人分食。

满族入关统一中国后，虽然其饮食习俗受汉族影响较大，但还是保持着传统的惯性。从民间的风味小吃、三套碗席到清朝宫廷御点、满汉全席，构成了满族饮食的庞大阵容。

满族人民在饮食上展现出鲜明的民族特色，饽饽、酸汤子、火锅等极具民族特色的食品，都深受满族人民的喜爱。

满族民间农忙时日食三餐，农闲时日食两餐。主食多为小米、高粱米、粳米做的干饭，喜欢在饭中加小豆或粑豆，如高粱米豆干饭。有的地区以玉米为主食，喜欢用玉米面发酵做成"酸汤子"。

东北大部分地区的满族还有吃水饭的习惯，即在做好高粱米饭或玉米饭后用清水过一遍，再泡入清水中，吃时捞出，盛入碗内，清凉可口。这种吃法多是在夏季。

满族饽饽也是相当有名的，历史悠久，清代即成为宫廷主食。饽饽是用黏高粱米、黏玉米、黄米等磨成面制作的，有豆面饽饽、搓条饽饽、苏叶饽饽、菠萝叶饽饽、牛舌饽饽、年糕饽饽、水煮饽饽等，是满族人的日常主要食品。其中最具代表性的是御膳"栗子面窝窝头"，又称"小窝头"。

北方冬天天气寒冷，没有新鲜蔬菜，满族民间常以秋冬之际腌渍的大白菜（即酸菜）为主要蔬菜。酸菜熬白肉、粉条是满族入冬以后常吃的菜肴。酸菜可用熬、炖、炒和凉拌的方法食用，用酸菜下火锅别具特色，也可做馅包饺子。

火锅在满族先民中已有上千年的历史。早在金代，女真人就有在野外狩猎时架火烧陶罐，用鸡汤煮食鹿、狍肉片的饮食风俗。塞外高寒，往往边烧边吃，这便是火锅的雏形。

后来，随着金属用品的广泛应用，火锅正式诞生，成为女真人行军出猎的随行炊具。

满族火锅

后因渔猎生活的稳定，发展用铜锅炭火，用来涮食各种肉类。

7. 维吾尔族食俗

维吾尔族是中华民族大家庭中的一员，是中国古老和优秀的少数民族之一，如今主要居住在新疆维吾尔自治区，另有一小部分居住在湖南常德和桃源。

维吾尔族是新疆从游牧民族较早转为定居农业的民族之一，其饮食文化中至今仍保留着许多游牧民族特有的风俗。

在一般情况下，大多数维吾尔族人以面食为日常生活的主要食物，喜食肉类、乳类，蔬菜吃得较少，夏季多以瓜果拌食。

古代，由于地处偏僻，经济发展比较落后，大多数维吾尔族人用的餐具主要为木制和陶器的碗、匙、盘等，许多食物都爱用手抓食。

维吾尔族人一日三餐，早餐吃馕喝茶或"乌马什"（玉米面粥），中午为面类主食，晚饭是汤面或馕茶。

吃饭时一家大小共席而坐，吃完饭，在拿走餐具前，由长者作"都瓦"（祷告），然后离席。

维吾尔族传统的副食肉类主要有羊肉、牛肉、鸡、鸡蛋、鱼等，特别是吃羊肉比较多；奶制品主要有牛奶、山羊奶、酸奶、奶皮子等；蔬菜主要有黄萝卜、卡玛古、洋葱、大蒜、南瓜、萝卜、西红柿、茄子、辣子、香菜、藿香、青豆、土豆等。

烤制食品是维吾尔族饮食习俗的一大特点。维吾尔族烤制食品的专用"馕坑"，建造十分特别。一般是在房前选一块空地，用土坯和砖砌成口小肚子大的圆形炉膛，高约一米。炉膛的内壁，用黄土和泥，内加盐水和羊毛，抹两三厘米厚。烤

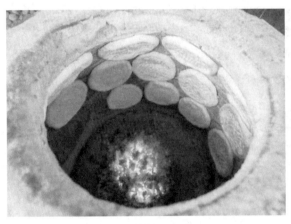
镶坑

制食品时，先用木柴或焦炭将炉膛烧热，取出明火，然后将需要烤制的食品，快速贴在炉壁上，加上封盖即可。

"馕坑"的用途很广，除烤制面食外，还可烤制肉食，如肉馕、油馕、包子、帕尔木丁、芝麻馕、层层馕、疙瘩包子、比加可馕等，这些都是人们喜爱的食品。

北疆的维吾尔人多喜欢喝奶茶。在乳类中维吾尔人尤其喜欢吃酸奶，夏季常以酸奶就馕吃。在农忙季节，农民们常常带上酸奶、馕作为自己的午餐。家里来了客人，好客的主人也会捧出一碗酸奶来招待。

馕即烤饼，是维吾尔族最主要的面食，至今已有上千年的历史了。传说唐僧去印度取经时，就是靠着身上带的馕走出新疆大漠的。在新疆维吾尔自治区博物馆内，陈列有吐鲁番出土的唐代的馕。馕用面粉制作，主要用小麦面，也有用玉米面或高粱面烤制的，一般呈圆形。因为馕的形状、大小、厚薄和面粉里的佐料不同，名称也有多种，如大馕、小圆馕、薄馕、油馕（用面粉加牛奶、羊油制成）、肉馕（以羊肉、洋葱为馅）等。

烤馕耐存放，食用方便，可以说是一种具有传统色彩的方便食品。维吾尔族家庭并不是每天每餐都要烤馕，一般一次烤很多，至少能吃一个星期，大大节省了做饭的时间。

馕的吃法也有讲究，一般要掰开来一块一块吃，不能拿着整个馕咬，那样既不礼貌也不美观。

在维吾尔族人的生活中，馕不仅是不可缺少的食品，而且具有特殊意义。无论是款待客人还是筹办婚姻大事，都离不开馕。

维吾尔族人至今还保留着这样的习俗，即在婚礼上，由德高望重的主婚人分别赐给新郎新娘一小块馕，两位新人用馕蘸着盐水吃下去，以表示同甘共苦，白头偕老。而当邻居家生了小孩时，人们也要送馕和抓饭表示祝贺。

抓饭也是新疆维吾尔族、乌孜别克族和哈萨克族等民族喜爱的一种饭食，因直接用手抓着吃而得名。

传说古时候有一位医生，年迈体弱，无论吃什么药、怎样治疗都无效。于是，他改用食疗的方法，每天早上和晚上都吃一小碗用鲜羊肉、胡萝卜、洋葱、大米、羊油、植物油等原料做成的饭，结果食欲大增，病很快就好了。后来，大家纷纷效仿，这种既有营养又好吃的"药"也传到了维吾尔族的家家户户，就是今天人们见到的"抓饭"。

维吾尔族人在逢年过节、招待贵客或遇到婚丧大事时都要做抓饭。抓饭的花样与种类很多，其中最讲究的是"阿西曼土"，即"包子抓饭"，即在每碗抓饭上放上几个薄皮包子，用来招待贵宾好友。

抓饭的营养非常丰富，含有大量的蛋白质、氨基酸和维生素，所以又被人们称为"十全大补饭"。

8. 傣族食俗

傣族主要聚居在中国西南部的云南省西双版纳傣族自治州等地。

在数千年的民族发展进程中，傣族的膳食烹调别具一格并已形成具有食品文化意义的"傣族风味"。

傣族饮食的主食、副食丰富多彩，具有品种多、酸辣、香的特点。

傣族地区以产米著称，以食稻米为主，一日三餐皆吃米饭。

傣家的食品以糯米做的种类很多。用糯米泡在香竹筒里，在火灰中焙熟，劈开后食用，柔软香甜，是待客佳品。此外还有扁粽，叫"毫多索"，是节日食品；拌红糖、蛋黄、芝麻做成粑粑，叫"毫崩"；用烘烤做成的"毫吉"；用芭蕉叶包的粽子，叫"毫栋贵"等。

傣家大部分佐餐菜肴及小吃均以酸味为主，如酸笋、酸豌豆粉、酸肉及野生的酸果。

据说傣族之所以常食酸味菜肴，是因为他们常吃不易消化的糯米食品，而酸味食品有助于消化。

傣族民居

傣族风味中还有一种苦的风味。苦瓜是产量最高、食用最多的日常蔬菜。除苦瓜外，西双版纳还有一种苦笋。较有代表性的苦味菜肴是用牛胆汁等配料烹制的牛撒皮凉菜拼盘。

傣族地区潮湿炎热，昆虫种类繁多，用昆虫为原料制作的风味菜肴和小吃，是傣族食物的重要部分。常食用的昆虫有蝉、竹虫、大蜘蛛、田鳖等。

饮酒是傣族的一种古老风俗，傣族男子皆善酿酒。所饮之酒多为家庭自酿，全用谷米酿制，一般度数不高，味香甜。

茶是傣族地区的特产，西双版纳是普洱茶的故乡，所以傣族皆有喝茶的嗜好。

傣族所喝之茶皆是自采自制的，这种自制茶叶特具风味：只摘大叶，不摘嫩尖，晾干后不加香料，只在锅上加火略炒至焦，冲泡而饮，略带煳味，但茶固有的香味很浓，有的浸泡多次不变色，其制法和饮用都别具风味。

傣族人家的火塘上常煨有一罐浓茶，可随时饮用和招待客人。

傣族男子几乎人人都有吸食草烟的嗜好，食法有两种：一是将草烟切成细末掺入槟榔中嚼食，另一种是用烟杆吸食。

嚼食槟榔也是各地傣族最为普遍的嗜好。中年以上男女最为普遍，有如汉族之烟，用以敬客的普遍之物。

9. 朝鲜族食俗

朝鲜族主要分布在吉林省，其次是黑龙江省、辽宁省、内蒙古自治区。

朝鲜族多以大米、小米为主食，喜欢吃干饭、打糕、冷面。朝鲜族人多吃狗肉、猪肉、泡菜、咸菜，山上的野鸡、野兔、野菜和山药，海里的海带、银鱼、紫菜，都是朝鲜族人爱吃的。

打糕是朝鲜族独特风味的食品，其做法是将大米、江米淘洗干净，均匀撒于锅里帘布上蒸熟；然后置于干净的石板或木槽内，两人各持木槌轮番捶打，不见米粒为止。再将炒熟的小豆面或大豆面撒在打成的糕上，切成小块再蘸白糖或蜂蜜吃。

朝鲜族日常菜肴是"八珍菜"和"酱木儿"（大酱菜汤）等。

"八珍菜"是用绿豆芽、黄豆芽、水豆腐、干豆腐、粉条、桔梗、蕨菜、蘑菇八种原料，经炖、拌、炒、煎制成的菜肴。

朝鲜族饭桌上每顿饭都少不了汤，一般是喝大酱菜汤。大酱菜汤的主要原料是小白菜、秋白菜、大头菜、海菜（带）等，并以酱代盐，加水煮熟即可食用。

泡菜俗称"辣白菜"，是朝鲜族人家冬季必备菜，故有"泡菜半年粮"之说。

泡菜腌制方法是将秋白菜外层帮叶去掉，在盐水里浸泡两天左右，取出洗净，层层涂抹佐料——辣椒酱（用辣椒面、蒜

泡菜

泥、姜丝、萝卜丝、盐等原料制成），也可放入苹果、梨或鸡牛肉汤等调味，码入缸中，随时食用。

米酒是朝鲜族爱喝的饮料之一。米酒是朝鲜族招待客人的佳品，后劲十足。如有客人来访，主人总要端上来一碗自家酿制的米酒。这种酒比黄酒的色稍白一点，而且还略带甜味。与长辈一起喝酒时，要把头移到旁边去喝，切不可面对着长辈举杯饮酒，否则就是对长辈的不尊重。

10. 土家族食俗

土家族主要分布在湖南、湖北、重庆、贵州四地毗连的武陵山地区。

土家族人多聚居在山里，以务农为主，也从事渔猎和采集。因此，土家族取山之所产，吃山之所长，办山之风味，颇富山地民族的饮食文化和风情。

土家族平时每日三餐，闲时一般吃两餐；春夏农忙、劳动强度较大时吃四餐。例如，插秧季节，早晨要加一顿"过早"，"过早"大多是糯米做的汤圆或绿豆粉一类的小吃。

日常主食除米饭外，以苞谷饭最为常见。有时吃豆饭，粑粑和团馓也是土家族季节性的主食。

常见的副食品有糍粑、炒米、糖馓以及红薯糖、玉米糖、麦芽糖、姜糖、米豆腐、牛肉米粉等。

土家人喜食合渣，即将黄豆磨细，浆渣不分，煮沸澄清，加菜叶煮熟即可食用。民间常把豆饭、苞谷饭加合渣汤一起食用。

土家族人祖先长年居住在云山雾罩的武陵山区，受气候影响，喜好酸辣是土

家民族饮食的一大特色，有"三天不吃酸和辣，心里就像猫儿抓，走路脚软眼也花"的说法。最具特色的是酸辣子和糟辣子。酸辣子是将红鲜辣椒拌玉米舂成细粉粒，装于扑水坛中，半月后可食，食法有干炒、水煮；糟辣子是将红鲜椒切碎，加生姜、花椒和盐，密封于坛中，既可直接食用，又可作佐料。

寒冬腊月，正是熏制腊菜时节，家家火坑上便挂满了腊肉、香肠、血豆腐等等。

制作腊猪（牛、羊、麂）肉时，先将鲜肉砍成小块，抹上食盐、胡椒粉、花椒粉、五香粉，放在缸里腌十天半月。然后，挂在火坑上用锯木、谷壳、花生壳、橘皮、柚皮等熏烤，日夜烟火不断。腊肉色泽金黄，香味很特别。来年春天藏于谷里，可食数月或者数年。

茶和酒是土家族的生活必需品。

茶的种类有油茶汤、凉水甜酒茶、凉水蜂蜜茶、姜汤茶、锅巴茶、绿茶等。

土家族人善煮酒和豪饮，酿酒种类繁多，并且有特殊的喝酒习惯：饮用时，揭开酒坛盖，兑上凉水，插入一支竹管，轮流吸饮，当地人俗称"咂酒"，别有一番情趣。

据《长乐县志》记载："土俗尚咂酒"，"其酿法于腊月取稻谷、苞谷并各种谷物配合均匀，照寻常酿酒之法酿之。酿成掺烧酒数斤，置大瓮内封紧，俟来年暑月，开瓮取糟置壶中，冲以白沸汤，用细管吸之。味甚醇厚，可以解暑。"

咂酒坛

清代鹤峰知州何学清有一首《咂酒》是这样写的：

酿成贮到经年美，试食尤于夏日宜。

莫惜我须低首就，可知人虑入喉迟。

畅杯颇胜传荷柄，劝醉争禁唱竹枝。

芦酒钩藤名号旧，漫因苗俗错题诗。

11. 黎族食俗

黎族主要聚居在中国南部的海南省五指山地区。

黎族习惯一日三餐，主食大米，有时也吃一些杂粮。

黎族习惯将收割的稻穗储于仓中，吃时拿一把在木臼中脱粒。

黎族有一种颇有特色的野炊方法，即取下一节竹筒，装进适量的米和水，放在火堆里烤熟，用餐时剖开竹筒取出饭，这便是有名的"竹筒饭"。

竹筒饭

香糯米是黎族地区的特产，用香糯米焖饭有"一家香饭熟，百户闻竹香"的赞誉。黎族人喜欢将猎获的野味、瘦肉混以香糯米和少量的盐，放进竹筒烧成香糯饭。香糯饭味道可口，是招待宾客的珍美食品。

"雷公根"是一种黎族同胞经常食用的野菜，与河里的小鱼虾或肉骨同煮，是极为可口的佳肴。"雷公根"也可药用，能消炎解毒。

"南杀"是黎族同胞过去常吃的小菜，但"南杀"制作的卫生条件不易掌握，现已很少制作和食用了。

"祥"是黎族的风味佳肴，只有在节庆或贵客登门时才能吃到，有"鱼茶"和"肉茶"两种。

黎家人喜爱吃鼠肉，无论是山鼠、田鼠、家鼠、松鼠均可捕食。黎族人习惯将捕来的鼠烧去毛，除去内脏洗净，内放些盐、生姜等佐料，在火上烤熟或煮熟吃。

黎族人大多爱喝酒，所饮的酒多是家酿的低度米酒、番薯酒和木薯酒等。用山兰米酿造的酒是远近闻名的佳酿，常作为贵重的礼品馈赠亲友，或用来款待贵宾。

12. 侗族食俗

侗族分布在中国南部的贵州、湖南、广西三省（区）毗邻处，古代文献中称"骆越""僚""侗蛮"，主要从事山坝农业，兼背林业和渔猎，手工业发达。

侗族饮食文化也带有浓郁的民族色彩，保留着浓厚的民族传统，如"侗不离酸""侗不离鱼"的饮食习惯，食油茶、黑糯米饭和"腊也"（合拢饭）的食风，无不反映出侗族饮食文化的民族特点。

侗族大多日食四餐，两饭两茶。

饭以米饭为主体，平坝多吃粳米，山区多吃糯米。他们将各种米制成白米饭、花米饭、光粥、花粥、粽子、糍粑等，吃时不用筷子，用手将饭捏成团食用，称为"吃抟饭"。

侗族人一般习惯于清晨做好一天的饭菜，带上山去食用。其中香禾稻做成的"抟饭"尤为甘美，有"一家蒸饭，全寨飘香"之说。

侗族嗜好酸味，自古便有"侗不离酸"的说法，他们自己亦称："三天不吃酸，走路打蹿蹿。"在侗家菜中，带酸味的占半数以上，有"无菜不腌、无菜不酸"的说法。

侗族酸味菜用料范围广，猪、牛、鸡、鸭、鱼虾、螺蚌、龙虱、蜻蜓、白菜、黄瓜、竹笋、萝卜、蒜苗、木姜、葱头、芋头等，皆可入坛腌醋。

腌制时，先制浆水，加盐煮沸，下原料续煮，装泡菜坛，拌上酒精和芝麻、黄豆粉，密封深埋。侗族酸味菜保存时间长，腌菜可放 2 年，腌鸡鸭可放 3~5 年，腌肉可放 5~10 年，腌鱼可放 20~30 年，非有大庆大典不开坛。

侗家盛宴，碗碗见酸，而十道大菜组成的"侗寨酸鱼全席"，世所罕见。

侗族人崇拜鱼，但也爱吃鱼。侗族鱼鲜包括鲤鱼、鲫鱼、草鱼、鳝鱼、泥鳅、小虾、螃蟹、螺蛳、蚌之类，可制成火烤稻花鲤、草鱼羹、鲜炒鲫鱼、吮棱螺、酸小虾、酸螃蟹等风味名肴。

俗话说：一家吃腌鱼，香遍一条街。侗家腌鱼保存时间长，常年均备，多用于招待远亲近邻。腌鱼红、白、黄分明，色泽鲜艳，酸、香、辣味融为一体，具有鲜嫩爽口、辛辣醇香的特点。

侗族饮料主要是家酿的米酒，以及茶叶、果汁。

侗族成年男子普遍喜爱饮酒，

侗家腌鱼

所饮酒类大多是自家酿制的米酒，度数不高，淡而醇香。

侗族人喝的茶专指油茶，它是用茶叶、米花、炒花生、酥黄豆、糯米饭、猪肉、猪下水、盐、葱花、茶油等混合制成的稠浓汤羹，既能解渴，又可充饥。

侗族人敬重厨师也是饮食文化中一个奇特的内容，在许多宴席上客人与厨师都要对唱，互相致谢。如一首《谢厨歌》这样唱道：

厨师师傅常操心，睡半夜来起五更；
坐了几多冷板凳，烧手烫脚费精神。
扣肉堆成鲤鱼背，萝卜切成绣花针；
内杂小炒加木耳，猪脚清炖拌香葱；
蛋调面粉做酥肉，蜂糖小米做粉蒸。
巧手办出十样锦，艺高算得第一名；
吃在口里生百味，多谢厨师一片心。

13. 彝族食俗

彝族历史悠久，先民是古代氐羌族中的一支，早在六七千年以前，就居住在西北河湟地区；后来迁徙到西南，并与当地百濮、百越人融合，形成了今日的彝族。

彝族人主要聚居在云南，其中楚雄、红河、哀牢山和小凉山为主要聚居地，此外，在四川凉山、贵州毕节和六盘水等地也有分布。

彝族人主要从事农业生产，由于所在聚居地的自然条件和地理环境存在差异，所以各地彝族的饮食习俗不尽相同。

生活在山区或半山区的彝族以种植玉米、大麦、小麦、荞麦和土豆为主，所以主食

彝族美食

也是这类山地作物，肉食主要来源于自家饲养的山羊或绵羊。

在农业生产比较发达的湖盆地区，农作物以水稻为主，所以大米是当地彝民的主食，也有用麦粉做的面条和烤饼。

副食种类较多，蔬菜品种丰富，肉类有猪、鸡、鸭、鱼。餐制为农忙时三餐，农闲时两餐。

多数彝族人习惯于日食三餐，以杂粮面、米为主食。

在金沙江、安宁河、大渡河流域的彝族，早餐多为疙瘩饭，即将玉米、荞麦、小麦、大麦、粟米等杂粮磨成粉，和成小面团，加水煮成面疙瘩，也称疙瘩饭，配以酸菜、豆豉、辣椒等佐餐；午餐以粑粑作为主食，备有酒菜；晚餐也多做疙瘩饭，一菜一汤，配以咸菜。

粑粑是将杂粮面和好，贴在锅上烙熟，也有将和好的面发酵后，再贴在锅上烙熟，称为泡粑。在所有粑粑中，以荞麦面做的粑粑最富有特色。

彝族人自古好饮酒，并且家家都会酿酒。

酒的类别大致可分为两种：一种是"甜酒"，指糯米制的酒；另一种是辣酒，通常指白酒。

如再按酒的原料细说，又可分为烧酒、水酒、米酒、玉米酒、大麦酒、高粱酒、荞子酒等，其中最常酿制和饮用的是荞子酒和玉米酒。

荞子酒以四川大凉山出产的优质苦荞为原料，用传统方法酿制而成，放置时间的长短决定了酒的醇美程度。陈年荞子酒是彝族人待客的佳品，一般是凉着喝，也有烫热后喝的。

酒是彝胞表示礼节、遵守信义、联络感情不可缺少的饮料。彝族谚语说："汉人贵在茶，彝人贵在酒"，"有酒便是宴，无酒杀猪打羊不成席。"可见彝家斟酒待客就如同汉族奉茶待客一样普遍。

"三道酒"是彝族接待贵客的最高礼节。第一道酒为拦门酒，即在门口迎接客人，由盛装的彝家姑娘捧上一杯美酒；第二道酒为祝福酒，即在酒宴上向远方高贵的客人敬上双杯美酒，同时还要献上祝酒歌；第三道酒为留客酒，即客人要离开主人家时，主人送客到门口时请客人喝下离别时的最后一杯酒。敬酒时长号、唢呐同时吹奏"留客调"，男女青年欢歌起舞，主人手捧酒杯，唱起送客人的酒歌。

"转转酒""竿竿酒"是彝族比较独特的饮酒方式。

所谓"转转酒"，是指人们围成一个圆圈，用一个杯或一个壶、一个碗，从左至右轮着喝。每人喝完后用左手横擦杯或碗的边沿为礼，然后递给身边的人。有时甚至直接用酒瓶周转轮喝。

彝族的酒一般以高粱、玉米、荞麦为原料，拌以酒曲酿于坛中。酒熟撤去坛口封泥，加入冷开水，插入竹管，边吸边饮，故名"竿竿酒"。

茶也是彝族的主要饮料，多喜欢烤茶，饮前将茶放在一个小罐中烤香，而后再放水煮开食用。

五菽杂粮食为天：古代主食

在漫长的人类进化过程中，经过了茹毛饮血的食肉社会，而后进入农耕社会，但是"五谷"的形成有着漫长的历史过程。

传说神农教会人们"艺五谷，教民以稼穑"。神农在"尝百草"的过程中，识得五谷，并引以为食。

我们的先民长期过着狩猎采集的生活，在采集植物块根、茎叶、果实的过程中，偶然筛出草籽"五谷"为食，但是这些籽实数量毕竟有限，生长的周期长，不能仅仅依靠大自然的恩赐，于是人们把植物的种子收集起来种在土地里，形成了原始的农耕业。

《黄帝内经》中记载："五谷为养，五果为助，五畜为益，五菜为充，气味合而服之，以补精益气。"这说明远在春秋战国时期就已经形成中国古代的膳食结构——"养"是主食，占主要位置。益、助、充是副食，占辅助性地位。

古人将粮食统称为"五

古人筛粮图

谷"或"六谷"。历史上对"五谷"所指的粮食说法不一,通常是指黍、稷、麦、菽、麻;若称"六谷",则再加稻。

1.黍

黍去壳,就是黄米,其籽实煮熟后有黏性,可以酿酒、做糕。由于不利于消化,现在也基本上不用"黍"作为主食了。

"黍"之所以能成为中国古代人主食的主要原因,是因为"黍"具有极强的耐干旱的生长特性。

2.稷

稷,又称粟,生长耐旱,品种繁多,俗称"粟有五彩",有白、红、黄、黑、橙、紫各种颜色的小米。中国最早的酒也是用小米酿造的。

粟适合在干旱而缺乏灌溉的地区生长。其茎、叶较坚硬,可以作饲料,一般只有牛能消化。现在主食基本上不用"稷"了。

粟一度作为谷物的总称,又有指代俸禄之意。现代书籍中将粟称作谷子,去掉外壳的粟叫"小米"。

粟的最早吃法是"石烹法",即是放于石板上烘烤,虽食味不如大米和小麦,但营养价值比其他谷物高。

早期粟因为脱粒不净,因而干涩难以下咽,于是使用陶器烹煮食物,以"羹"作为"助咽剂"。羹本是肉汁,这一风俗一直延续到了汉代,其实这是早期饭和菜的定位,之后渐渐形成了主食和副食的膳食结构。

3.麦

小麦的出现也具有相当长的历史。中国最早发现小麦遗址是在河姆渡流域附近。1985 年和 1986 年先后两次于东灰山新时期时代遗址中,发现距今 5000 ± 159 年的碳化小麦和大麦粒;1955 年在安徽省亳县钓鱼台发掘的新石器时代遗址中,也发现有炭化小麦种子。

麦子的种类有很多,常见的麦子的种类有小麦、燕麦、大麦。

小麦和大麦在古代被称为"来""牟",《广雅》有载:"来,小麦;牟,大麦。"

麦子由于产量低、种植困难,在劳动力匮乏的古代属于稀有产物,最开始只有一定阶级的人，才能食用。

小麦真正的推广种植开始于汉代，而随后逐渐代替小米（黍稷）成为北方人的主要粮食。

大麦和燕麦与小麦不同，虽然在口感上与小麦比较相差，但因为早熟、耐高寒、对土地适应力强等特点，自古到今一直被农民喜欢。

4. 菽

菽是豆类的总称，古语云："菽者稼最强。古谓之尗，汉谓之豆，今字作菽。菽者，众豆之总名。然大豆曰菽，豆苗曰藿，小豆则曰荅。"

豆类制品也是中国百姓们喜欢的食物之一。

5. 麻

麻曾经是古代人们早期最重要的主食。我们身上穿的麻布衣裳也用麻的躯干纤维制作而成。

后来随着生产力的提升、更多食物的发现，麻也被产量更多、味道更好的食物代替。

麻的茎皮，经沤制可以做绳子（麻绳）、麻衣、麻纸等，很耐用。去皮后的茎，可以当柴烧，可以盖房子，有点木质的感觉，目前皮与杆经提炼纤维，可以做宣纸等各种高档纸。

6. 稻米

稻米，在中国南方地区一直都是人们日常重要的主食。北方因为气候、土质、水资源等问题无法种植，使得古代北方稻米的价格一直十分昂贵，只有贵族阶层才有资格享用，普通平民是没有资格享用的。

稻米的味道也是当时所有粮食中最好的。西汉枚乘在《七发》中列举"天下之至美"就有"楚苗之食"，而这楚苗指的就是水稻。

其实在秦汉时，除了"五谷"以外，还是有很多的杂粮充当主食的身份，比如菰米、芋苈等都是古代人的主食。

菰米是茭白的果实，在唐代名气很大，李白、杜甫都曾为它题诗赞誉。而芋苈其实就是"芋头"，当时产于两湖四川一带，甚至一度成为川西的主食。

古人栽稻图

通过不同地方对"饭"的理解，可以看出我国主食结构存在南北差异。北方人将所有用米和面做成的正餐都叫"饭"，而南方人只把米做成的主食叫"饭"。根据史料记载，北方以小米为主食、南方以大米为主食的主食结构早在新石器时代就基本定型了。

茶饼嚼时香透齿：古代点心

点心是中国人饮食生活中不可缺少的食品。

中国点心经过劳动人民的长期实践和数千年的衍化，品种日渐丰富，还融入了很多文化因素，从而形成了各种派系文化，如京派糕点文化、苏派糕点文化等等。

传说北宋女英雄梁红玉击鼓退金兵时，见将士们日夜浴血奋战，英勇杀敌，屡建功勋，很受感动。于是，命令部属烘制各种民间喜爱的糕饼送往前线慰劳将士，以表"点点心意"。从此，"点心"一词便出现了，并沿袭至今。

1. 点心史话

历史上最早的点心应该是茶食。

先秦时期，民间用茶叶原汁煮羹为食。汉晋的茶食略有变化，文人喜欢在茶汤中放点佐料调味。唐宋时期，百姓以茶为媒介，开始制作各色食品。随着时代的发展，茶食成为点心的一部分。

此外，东晋干宝在《搜神记》中，出现了"小食"一词，这词原意是指早餐，后来有了点心的意思。

在中国历史上，关于点心的最早文字记载见于南宋时期。当时的文学家吴曾在《能改斋漫录·事始》中写道："世俗例，以早晨小食为点心，自唐时已有此语。"

可见，"点心"之名始于唐朝，而且他还称点心为"世俗例"，可见当时的点心已具雏形。

此外，他还记载了一件轶事："按唐郑参为江淮留守，家人备夫人晨馔。夫人顾其弟曰：'治妆未毕，我未及餐，尔且可点心。'"意思是，唐代统辖江苏安徽的官宦郑家，早饭还未开，正在梳妆打扮的郑夫人怕弟弟饿，便叫他吃点点心。这说明唐宋时期的点心已较为普遍。

随着唐代甘蔗的广泛栽培和砂糖的大量生产，加上波斯制糖技术的传入，为点心的开发和普及提供了良好的发展条件。从此，点心开始进入了蓬勃发展期。

伴随着茶食和小食的融入，中式点心品种多样，口味丰富。

按种类分，点心分为包、饺、糕、团、卷、饼、酥等。在古代，特色的饭、粥、面等主食，也是属于点心的范畴。从外形上看，点心有几何、象形和自然三种形态。

在口味上，点心偏重于咸、鲜、甜等味道，有些点心复合了几种味道。

古代炊事画像砖

2. 中国面点

我国面点制作工艺可谓百花齐放、异彩纷呈。在不同的物产和民俗风情的影响下，演化出了众多的具有浓郁地方特色的小吃。

（1）面条。

面条历史悠久，早在1900多年前的东汉时期就有"水溲饼"的记载，即是现今所说的"面条"。

制面的方法可谓层出不穷，叹为观止，可擀、可搓、可削、可擦、可拨、可拉……中华面食在清朝时期已经成熟定型。

中国著名的面条包括北京炸酱面、山东打卤面、河南烩面、岐山臊子面、陕西油泼扯面、山西刀削面、兰州清汤牛肉拉面、武汉热干面、四川担担面、上海阳春面、广州馄饨面、香港车仔面、台湾担仔面、安徽板面、河北龙须面等。

（2）馒头。

馒头是一种把面粉加水、糖等调匀，发酵后蒸熟而成的食品，外形多样，有圆形、长形、高桩形等。根据制作和投料比例的不同，分为开花馒头、戗面馒头等。

馒头口感松软，营养丰富，是必不可少的主食。部分地区在制作馒头时，加入馅料，做成包子，呈半圆形，顶部捏合处有褶皱，通常有肉馅、豆沙馅和各种蔬菜馅等。

（3）饼。

在我国古代，饼是一切面食的统称，今天饼的概念逐渐缩小化了，主要是指各种火烤类的"烧饼"和"烙饼"，也包括蒸类的"蒸饼""炊饼"等。其主料是米、麦、豆、薯等，辅料是肉品、蛋奶、蔬果等，通过制坯、包料、成型、熟制等工艺制成。

饼的外延包含极为宽广，特点是花色繁多、历史悠久、宜时当令、可塑性强，深受广大民众所喜爱。

（4）饺子。

饺子是我国面食的一种重要形态，起源于东汉时期，为医圣张仲景首创。成熟的方法有蒸、煮、烙、煎、炸等。饺皮可用烫面、油酥面或米粉制作。

馅可用荤菜或素菜制作，可甜可咸。饺子皮薄馅嫩，味道鲜美，形状独特，百食不厌。

俗语说："大寒小寒，吃饺子过年。"包饺子、吃饺子已经成为大多数家庭欢度春节的一项重要活动。

我国各地的饺子名品众多，如广东用澄粉做的虾饺、上海的锅贴饺、扬州的蟹黄蒸饺、山东的高汤小饺、东北的老边饺子、四川的钟水饺。西安还创制出饺子宴，用数十种形状、馅心各异的饺子组成宴席待客。

（5）烧麦。

烧麦是一种以烫面为皮裹馅上笼蒸熟的面食小吃，是晋南地区的传统名食，状如石榴，晶莹洁白，馅多皮薄，清香可口。

烧麦馅料多为糯米、萝卜、白菜、瘦肉等。吃时配上醋、蒜，味道更佳。

3. 中国点心风味流派

我国点心的风味流派大致可分为两大类型：北味和南味。北味以面粉、杂粮制品为主；南味以米制品、米粉为主——所谓"南米北面"的主食格局。

（1）苏式点心。

江浙一带为富饶的鱼米之乡，经济繁荣，交通发达，苏式点心中以苏州地区为代表；馅料多用果仁、猪板油丁，用桂花、玫瑰调香，口味重甜；代表品种包括苏式月饼、猪油年糕等。

苏式点心花色繁多，在中国烹饪史上占据了重要地位。这与江南得天独厚的自然条件分不开。江南水乡盛产水稻，苏式点心米麦兼用，制品上糕饼并重。

以大米为主料的品种，如松子黄千糕，松软细绵。米枫糕，以酒酿发酵，洁白绵软。

以麦为主料的品种，如苏州木渎枣泥麻饼，入口松软，香甜，风味独特。

如无锡油面筋，色泽金黄，表面光滑，味香性脆，鲜美可口，营养丰富。

苏浙一带是我国著名的花果产区，如苏州郊县吴县，古往今来种植了大量的玫瑰花、桂花等食用香味型花料。苏式面点把色泽艳丽的玫瑰花、桂花等经过腌制加工，成为苏式面点添加色彩和香味的辅料。

苏式点心还选用了某些具有滋补性的辅料，具有较高的营养价值，这也是苏式面点的另一大特色。

如四色片糕,松花片具有养血祛风、益气平肝的功效;杏仁片可起到滋养缓和、止咳的作用;玫瑰片有利气、行血、治风痹、散瘀止血的功效;苔菜片可以清热解毒,软坚散结;芝麻酥糖可以润肠和血、补肝肾、乌须发、补虚冷、健脾胃、润肺止咳等。

（2）广式点心。

广式点心主要流行于珠江流域和我国南部沿海省区,其中以广州最具有代表性。

广式点心以岭南小吃为基础,广泛吸取了北方各地包括六大古都的宫廷面点和西式的糕饼技艺发展而成,具有鲜明南国风格,中西合璧。

用于制作茶点的模具

在广式点心制作中,使用糖、油、蛋较多,味道清爽甜香,营养价值很高,并善于利用荸荠、土豆、芋头、山药及鱼虾等为配料,吸取了西点中布丁和蛋挞的做法,风味独特。如沙河粉、虾饺、荸荠糕、南瓜饼、叉烧包、莲蓉甘露酥等面点,具有浓厚的南国特色。

广式点心的特点是用料精博,品种繁多,款式新颖,口味清新。在制作工艺上讲究精益求精,咸甜兼备,可随季节的变化满足人们的需求。

广式点心的代表品种包括鲜虾荷叶饭、绿茵白兔饺、煎萝卜糕、皮蛋酥、冰肉千层酥、酥皮莲蓉包、粉果、及第粥、干蒸蟹黄烧麦及各类粤式中秋月饼等。

（3）京式点心。

京式点心泛指黄河以北的大部分地区（包括山东、华北、东北等地）制作的面点,可分为大众及宫廷风味。相对南方,大众口味的京式点心油厚味重,就是油用得更多,面皮较厚,常常是皮厚馅少。烹饪方法上有蒸、炸、煎、烙等做法。常用素馅，咸味较多。而宫廷式点心则特别讲究造型精美，常常是形式大于内容。

京式点心最早起源于华北、东北等地的农村和满族等少数民族，进而在北京形成了流派。由于北京独特的地理位置，各民族长期处于杂居状态，使得相互学习和取长补短的机会更多。

北方地区盛产小麦和杂粮，便形成了京式点心独特的风格。如京式点心的四大面食包括抻面、刀削面、拨鱼面、小刀面，不但制作技术精湛，而且口感爽滑、筋道，韧中带劲，深受广大人民的喜爱。此外，京八件、清油饼、都一处烧麦、狗不理包子、肉末烧饼、千层糕、猫耳面、艾窝窝等都享有很高的声誉。

"京八件"是京式糕点中的上品，原是以北京地区为代表的北式糕点中的一个系列品种。"京八件"是外地人的称呼，北京人只直呼为"大八件""小八件"或"细八件"。

何为八件？从字面上就能看出，这原本不是一种糕点的名称。在传统市场上，大八件是指八块糕点配搭一组为一斤，小八件是以八块糕点配搭一组为半斤，最早是为上供预备的。供桌上八个盘子，每盘一样，每样二两，按 16 两一斤的旧制，恰好一斤。

只将食粥致神仙：古代粥文化

中国是世界文明古国，也是世界美食大国。在中国 4000 年有文字记载的历史中，粥的踪影伴随始终。

1. 粥的发展

粥，古时称包糜、酏，俗称稀饭，是东方餐桌上的主食之一。

粥在我国已有数千年的历史，从商代遗址出土的甲骨文中就记载了禾、麦、黍、稷、稻等农作物，这些均是我国劳动人民煮粥的重要谷物。

到了周代我国已进入了奴隶社会，由于生产力的发展，医疗饮食业也随之改进。此时已有了煮粥的方法。《周书》中就有"皇帝始烹谷物为粥"的文字记载。

粥，是中国社会一种极为普遍的现象，曾是权势的代表，也曾是贫穷的象征。贫苦百姓以粥果腹，帝王将相、达官贵人食粥则以调剂胃口、延年养生。

唐穆宗时，白居易因才华出众，得到皇帝御赐的"防风粥"，食七日后仍觉口齿余香，这在当时是一种难得的荣耀。宋元时每年的十二月八日，宫中照例会赐粥与百官，粥的花色越多，代表其所受恩宠越浩大。到清朝时，雍和宫中仍有定点熬制腊八粥的惯例。

2. 粥的养生与食疗文化

粥有两种类型，一是单纯用米煮成的，另一种是用中药和米煮成的。这两种粥都是营养粥，后者因为加入中药，所以又叫药粥。药粥是祖国医学宝库中的一部分。

中国的粥在4000年前主要是食用，2500年前开始用作药用。

由于中国历代医家都十分重视饮食对防病治病的养生作用，因而形成了中国独特的食疗法，而药粥则是其十分重要的一支。《史记·仓公列传》中就有名医淳于意以粥治病的故事。长沙马王堆汉墓有14种医学方技，其中有以服食青粱米粥治疗蛇伤的药粥方，堪称中国最早的药粥方。而后《伤寒论》《千金要方》《本草纲目》等药书也记载了粥的药用价值。

自秦汉以来，历代医书对药粥均有详尽而系统的记载。唐代的《食医心鉴》共收药粥57方；宋代《太平圣惠方》共收药粥129方；《脾胃论》的创始人、金元四大家之一的李东垣在其《食物本草》中，专门介绍了28个最常用的药粥方；明代李时珍在《本草纲目》中选载了药粥62方，分别指出粥具有健脾、开胃、补气、宁神、清心、养血等功效。另外，有些记载粥方的医药典籍，还列出药名、药汤煮粥法、粥兑药汁法等。

据不完全统计，中国医学史籍、文学、地方志中记载的药粥方已有上千种。其中清代黄云鹄所著的《粥谱》一书，共收载粥方247个，有谷类、蔬类、木果类、植药类、卉药类、动物类等，简述了每一粥方的功用及主治。《粥谱》中还谓：粥于养老最宜：一省费，二味全，三津润，四利膈，五易消化，对食粥养生大力推崇，是目前所发现的记载粥方最多的一份资料。

可见，药粥也是中医食疗的一支正规军，在人类与疾病作斗争的漫长历史中，自始至终发挥着极其重要的作用。

南宋著名诗人陆游曾作《粥食》诗一首：

世人个个学长年，不悟长年在目前。
我得宛丘平易法，只将食粥致神仙。

《粥谱》书影

3.粥的品种

粥的品种很多，大致可分为大米粥、小米粥、豆类粥、玉米粥、蔬菜粥、肉类粥、药物粥等十大类。在我国北方许多地区，用面粉也可做成各种各样的粥。

同时由于中国地域广阔，各地饮食风俗千姿百态，粥类的食用方法也丰富多彩。自古有"春食荠菜粥、夏食绿豆粥、秋食莲藕粥、冬食腊八粥"之说，颇有四时食补之道。

广东人会根据不同的需要，用不同的火候做成各式各样的粥。如：用明火煮的加进白果和百合的白粥，能清热降火；用猛火生滚的各类肉粥，低油低脂、原汁原味、口感清新，符合现代人的健康追求；还可以往粥水内加些鲜豆浆，用它烫鱼片、猪肝片、牛肉片、滑鸡、螺片、肉丸、蚝仔……这样做出来的粥都非常的鲜香爽口。

已有3000年历史的潮州砂锅粥，以独特的海鲜风味见长，是粥中的一大分支。

在我国历史上许多医学家就研制出许多不同种类的粥，对人的身体各起着不同的作用。如大米粥，味甘性平，能补脾、养胃、止渴，小米粥补中益气，对脾胃虚寒，中气不足，失眠等病均有一定疗效。其他粥类如豆类粥、蔬菜粥、肉类粥，也有很强的辅助性治疗作用。

清代著名养生学家曹慈山，75岁时撰写了《老老恒言》（又名《养生随笔》）一书，从日常的衣、食、住、行谈如何养生。其中第五卷为《慈山粥谱》，专门论述食粥的益处："粥能益人，老年尤宜，前卷屡及之，皆不过略举其概，未获明析其方……窃意粥乃日用常供，借诸方以为调养，专取适口，或偶资治疾，入口违宜，似又未可尽废，不经汇录而分别之，查检既嫌少便，亦老年调治之阙书也。"

清代才子袁枚在《随园食谱》中说："见水不见米，非粥也；见米不见水，非粥也。必使水米融洽，柔腻如一，而后谓之粥。"

百味消融小釜中：古代火锅文化

清代进士严辰吟善于吟句对联，他为火锅撰联甚多，"围炉聚炊欢呼处，百味消融小釜中"，堪称经典。

在古代，火锅因投料入沸水时发出的"咕咚"声而得名为"古董羹"，是中国独创的美食。

火锅历史悠久，种类也是花色纷呈，百锅千味，是民间不可多得的美味。

古代火锅锅具

1. 火锅史话

火锅的历史十分久远，烹制方法十分简单，早在商周时期就已出现。《韩诗外传》记载，古代举行祭祀或庆典时要"击钟列鼎"而食，众人围在鼎四周，将牛、羊肉等放入鼎中煮熟分食，这便是火锅的萌芽。

据《魏书》记载，三国时代的曹丕时期，已经出现了用铜所制的火锅，但当时并不流行。到了南北朝时期，人们使用火锅煮食逐渐多起来。最初流行于中国寒冷的北方地区，人们用来涮猪、牛、羊、鸡、鱼等各种肉食。

随着中国经济文化日益发达、烹调技术进一步发展，各式火锅也相继闪亮登场。

唐宋时期，经济发展，人类饮食活动增加，烹饪随之有了很快发展，火锅得到了丰富和改良，流行地域不断扩大。诗人白居易喜欢邀友至家吟诗赋词，他有一首诗云："绿蚁新醅酒，红泥小火炉。晚来天欲雪，能饮一杯无。""红泥小火炉"即是唐代流行的一种陶制火锅。

明清时期，火锅开始盛行，重视内容，也注重形式，火锅花样不断翻新。尤其是清朝末期民国初期，在全国已形成了几十种不同的火锅而且各具特色。

按地区特色，火锅可以分为重庆毛肚火锅、四川麻辣火锅、广东海鲜打边炉、广东钙骨打边炉、香港牛肉打边炉、上海什锦暖锅、江浙菊花暖锅、杭州三鲜暖锅、北京羊肉涮锅、云南滇味火锅、湘西狗肉火锅、湖北野味火锅、东北白肉火锅等。

最典型的要数重庆火锅。相比而言，它算是中华火锅家族的"新贵"，最早也就是起源于"麻辣"口味兴起的三四百年前，到民国早中期才真正登堂入室。据说，重庆火锅源自码头工人的"穷人乐"。而今，再不是"穷人乐"了，早已登上各种大雅之堂。有诗赞曰：

错落山城夜举箸，齐齐名店火锅香。
侍儿添盏诗仙酒，幺妹擎盘麻辣汤。
一腹嘉陵江滚滚，千枝斑竹泪行行。
欲将块垒都浇尽，浓雾轻魂醉梦长。

2. 名人火锅轶事

火锅是中国的传统饮食方式，即用火烧锅，以汤导热，涮食物，在上千年的演变过程中，不仅产生了很多与之相关的历史趣闻，还形成了独特的火锅文化。

中国古代很多名人都有一些关于火锅的趣事。

宋代诗人陈藻，终生不仕，授徒不足自给，靠妻子耕织以为生。深秋的时候，他去访问老朋友，朋友用新酿制的美酒与火锅款待他，陈藻吃罢赞不绝口，留下一首七绝："白秫新收酿得红，洗锅吹火煮油葱。莫嫌倾出清和浊，胜是尝来辣且浓。"

元世祖忽必烈就喜欢吃火锅。有一年冬天，在行军之中他忽然要吃羊肉，聪

古代火锅锅具

明的厨师情急之中便将羊肉切成薄片，放入开水锅中烫熟，加上调料、葱花等物，忽必烈食后赞不绝口，并赐名为"涮羊肉"。

明代文学家杨慎自小与火锅结缘，他的火锅对联也被传为佳话。

当时他随父亲共赴弘治皇帝在御花园设的酒宴。宴上有涮羊肉的火锅，火里烧着木炭，弘治皇帝借此得一上联："炭黑火红灰似雪"，要众臣对下联，大臣们顿时个个面面相觑。

此时，年少的杨慎悄悄地对父亲吟出下联："谷黄米白饭如霜。"其父就把儿子的对句念给皇上听，皇上听后龙颜大悦，当即赏御酒一杯。

清代乾隆皇帝酷爱火锅。据载：乾隆四十四年（1779年）8月16日至9月16日一月内，皇室就吃了23种火锅，合起来有66次。他在嘉庆元年（1796年）正月摆设的"千叟宴"，全席共上火锅1550余个，应邀品尝者达5000余人，成为历史上最大的一次火锅盛宴。

第三章

佳节良辰忆旧俗：古代传统节日食俗

中华传统节日，都有其特定的风俗习惯和活动内容。其中，饮食是中华传统节日文化的主体内容和重要组成部分。

我国传统节日，几乎每个都有相对应的特定的饮食内容：春节吃团圆饭、元宵节吃汤圆、龙抬头吃龙须面、三月三吃荠菜煮鸡蛋、端午节吃粽子、中秋节吃月饼、重阳节吃重九糕、冬至吃饺子、腊八喝腊八粥……

饮食成为传统节日一道亮丽的民俗风景线。

碧井屠苏沉冻酒：春节食俗

春节，古代称"元旦""元日"等，是中华民族最重要的传统节日。我国人民过春节的历史，可以上溯到尧舜时代，不过那时的春节不是在正月。到汉武帝时，确定以农历正月初一，即"岁首"为春节，一直至今。

在春节各种约定俗成的文化中，最为人们津津乐道的当属"食"文化，过春节所食用的各种美味食品中都包含着一定的文化含义。

传说春节起源于原始社会末期的"腊祭"，当时每逢腊尽春来，先民便杀猪宰羊，祭祀神鬼与祖灵，祈求新的一年风调雨顺，免去灾祸。因此，春节的饮食多取吉利的用语。如春节必吃炒青菜，寓意"亲亲热热"；必吃豆芽菜，因黄豆芽形似"如意"；必食鱼头，但不能吃光，叫作"吃剩有鱼（余）"，等等。

春节食俗，一般以吃年糕、饺子、糍粑等美食为主，还伴有众多活动，极尽天伦之乐。

1. 饺子

"舒服不过倒着，好吃不过饺子"，饺子在中华美食中占有十分重要的地位。

饺子是中国人民十分喜爱的传统食品，是传统食品的代表。它的特点是皮薄馅嫩、味道鲜美、形状独特、百食不厌。

饺子是财富的象征，或者说，包饺子的行为象征着我们中国人对财富的渴望和憧憬。据《明宫史·史集》记载，除夕子时，即正月初一之初始："五

［清］丁观鹏《太平春市图》

更起……饮椒柏酒，吃水点心，即扁食也。或暗包银钱一二于内，得之者以卜一岁之吉。"所谓"扁食"，就是饺子在古代的别称。

在漫长的发展过程中，饺子形成了繁多的名目，古时有"扁食""饺饵""牢丸""粉角"等名称。唐代称饺子为"汤中牢丸"，元代称为"时罗角儿"，明末称为"粉角"，清朝称为"扁食"。而今，我国北方和南方对饺子的称谓也不尽相同，北方人叫"饺子"，南方相当一部分地区却称为"馄饨"。

饺子因五花八门的用馅，名称也各不相同，有羊肉水饺、猪肉水饺、牛肉水饺、三鲜水饺、高汤水饺、红油水饺、花素水饺、鱼肉水饺、水晶水饺等等。

此外，因其成熟方式不同，有水饺、煎饺、蒸饺等。因此，食用饺子无论在精神还是口味上都是一种很好的享受。

2. 年糕

年糕，是我国人民欢度春节的传统食品。尤其是南方每逢过年，都有做年糕、吃年糕的习俗。新年必吃年糕，南北同风。

由于年糕的谐音"年高"，寓意着年年要高升，寄予了人们美好的祝愿。有诗这样称颂年糕：

年糕寓意稍云深，白色如银黄色金。
年岁盼高时时利，虔诚默祝望财临。

年糕是江浙一带必备的新年食品，种类很多，有桂花糖年糕、水磨年糕、猪油年糕、八宝年糕等。江苏的年糕以苏州最为典型，是用糯米做的，主要是桂花糖年糕与猪油年糕。宁波的年糕在浙江是最为普遍的，主要是晚粳米做的水磨年糕。

北方的年糕以甜味为主。用黏高粱米加一些豆类制年糕是东北人的习惯。北京人喜欢用江米或黄米来制作红枣年糕、百果年糕和白年糕。山西北部、内蒙古等地，习惯在过年时吃用黄米粉油炸的年糕，有的还包上豆沙、枣泥等馅。河北人则喜欢在年糕中加入大枣、小红豆及绿豆等一起蒸食。山东人则用黄米、红枣蒸年糕。

清代女诗人凌祉媛的《唐多令·年糕》中写道：

切玉妙能工。香调桂米浓。快登筵、粉腻酥融。仿佛刘郎题字在，谁印取、

口脂红。

　　佳号复谁同。年年祝岁丰。更团花、簇满盘中。市上携来纷馈饷，须买到、落灯风。

　　这首以"唐多令"为词牌名的小令，从年糕的制作写到年糕的内涵，语言优美雅致，读来即是一种享受。

3.屠苏酒

　　古时汉族风俗有于农历正月初一饮屠苏酒以避瘟疫的习俗，故又名岁酒。

　　屠苏是古代的一种房屋，因为是在这种房子里酿的酒，所以称为屠苏酒。

　　屠苏，意为屠绝鬼气，苏醒人魂。

　　屠苏酒据说是我国汉末名医华佗创制，由大黄、白术、桂枝、防风、花椒、乌头、芨等中药入酒中浸制而成，具有益气温阳、祛风散寒、避除疫疠之邪的功效。后由唐代名医孙思邈将其流传开来。以后，经过历代相传，饮屠苏酒便成为过年的风俗。

　　古时饮屠苏酒，方法很别致。

　　一般人饮酒，总是从年长者饮起，但是饮屠苏酒却正好相反，是从最年少的饮起。也就是说合家欢聚饮屠苏酒时，先从年少的小儿开始，年纪较长的在后，逐人饮少许。

[清] 姚文瀚《岁朝欢庆图》

　　宋朝文学家苏辙的《除日》诗道："年年最后饮屠苏，不觉年来七十余。"说的就是这种风俗。

饮屠苏酒也是过年的一种风俗。据说于正月初一早上喝此酒，可保一年不生病。

试灯风里卖元宵：元宵节食俗

正月是农历的元月，古人称为"宵"，所以把一年中第一个月圆之夜正月十五称为元宵节。

元宵节，又称上元节、小正月、元夕或灯节，是我国重要的传统节日，在元宵节这天，人们出门赏月、燃灯放焰、喜猜灯谜、共吃元宵等。

此外，不少地方元宵节还增加了耍龙灯、耍狮子、踩高跷、划旱船、扭秧歌、打太平鼓等传统民俗表演。

元宵节作为春节后的第一个节日，其食、饮大都以"团圆"为旨，象征全家团团圆圆、和睦幸福；人们也以此怀念离别的亲人，寄托了对未来生活的美好愿望，同时祝愿当年风调雨顺、五谷丰登。

［明］佚名《宪宗元宵行乐图》局部

1. 元宵

我国有元宵节吃元宵的风俗。相传汉文帝时期就已经将正月十五定为元宵节，及至汉武帝创建了"太初历"，进一步肯定了元宵节的重要性。

元宵节的食品最初是浇上肉汁的米粥或豆粥，这些食品主要是用于祭祀，真正意义上的节日食品则是元宵。

关于元宵的来历还有一段民间传说。

在春秋末期，楚昭王复国归途中经过长江，见有物浮在江面，色白而微黄，内中有红如胭脂的瓤，味道甜美。众人不知此为何物，昭王便派人去问孔子。孔子说："此浮萍果也，得之者主复兴之兆。"

因为这一天正是正月十五日，以后每逢此日，昭王就命手下人用面仿制此果，并用山楂做成红色的馅煮而食之，这便是流传后世的元宵。

宋代诗人姜白石在《咏元宵》中曾写道："贵客钩帘看御街，市中珍品一时来。"这"市中珍品"就是指元宵。

还有这样一首诗《元宵煮浮圆子》曰：

今夕是何夕，团圆事事同。
汤官寻旧味，灶婢诧新功。
星灿乌云里，珠浮浊水中。
岁时编杂咏，附此说家风。

诗中说明了吃元宵象征团圆的意思，一是因为它的形状是圆形，又因它漂在碗里，宛如一轮明月挂在星空。天上月儿圆，碗里汤圆圆，家里人团圆。

2. 汤圆

吃汤圆是元宵节最重要的习俗之一，主要流行于中国南方。而在中国北方，元宵节通常会吃元宵。

汤圆象征着阖家团圆，吃汤圆是正月十五元宵节的传统食俗，意味着新的一年，团团圆圆。

汤圆的形状和元宵一样都是圆的，也是糯米面做的，但是它们俩是两回事，元宵是摇出来的，汤圆是包出来的。

汤圆的做法跟包饺子有点相似，先把糯米粉用热水拌匀，和成面团，揪剂子，用手捏圆皮，再包入馅料，然后封口团成圆形。

汤圆的口感很黏很糯，可以煮着吃，吃的时候要带着原汤。

3. 油锤

唐宋时，元宵节的食品中有油锤。宋代《岁时杂记》中说："上元节食焦锤最盛且久。"说明油锤为宋代的汴梁（今河南开封）元宵节的节日食品。

油锤的做法和形态在《太平广记》中有详细的记载：油热后从银盒中取出锤子馅，包裹和好的软面团中团，再将团好的锤子放到锅中煮熟，用银笊捞出放到新打的井水中浸透；再将锤子投入油锅之中，炸至焦黄取出。

油锤吃起来"其味脆美，不可言状"。实际上，当时的油锤就类似于现在的炸元宵。

4. 面灯

元宵节的另一种传统食品是面灯，也叫面盏，是用面粉做的灯盏，在正月十六落灯之日煮或蒸而食之，多流行于北方地区。

面灯的形式多种多样，有的做灯盏十二只（闰年十三只），盏内放食油点燃，或将面灯放锅中蒸，视灯盏灭后盏

面灯

内余油的多寡或蒸熟后盏中留水的多少，以卜来年 12 个月份的水、旱情况。

清乾隆年间陕西《雒南县志》载："正月十五，以荞麦面蒸盏燃灯，按十二月，以卜雨降。"表达了人们祈求风调雨顺的愿望。

由此可见，中国的元宵食俗多种多样，在不同地区饮食风俗也不尽相同。

清代李行南《申江竹枝词》记载了上海过元宵节的情景："元宵锣鼓镇喧腾，荠菜香中粉饵蒸。祭得灶神同踏月，爆花正接竹枝红。"可见，在上海、江苏的一些农村，元宵节还有吃"荠菜圆"的习俗。

陕西人元宵节有吃"元宵菜"的习俗，即在面汤里放各种蔬菜和水果；而在河南洛阳、灵宝一带，元宵节还有吃枣糕的食俗。

春盘春酒年年好：立春食俗

中国以立春为春季的开始，立春也是一年中的第一个节气，意味着一年四季将由此开启。明代作品《群芳谱》对立春解释为："立，始建也。春气始而建立也。"

立春的食物多以春字来命名，代表了人们对春天的向往，饮食习俗也反映了人们在这一年里的希望和美好的祝愿。

据汉代文献记载，中国很早就有"立春日食生菜……取迎新之意"的饮食习俗；而到了明清以后，又出现了所谓的"咬春"，主要是指在立春日吃萝卜。如明代刘若愚《酌中志·饮食好尚纪略》载："至次日立春之时，无贵贱皆嚼萝卜。"又如清代潘荣陛《燕京岁时记》载："打春即立春，是日富家多食春饼，妇女等多买萝卜而食之，曰'咬春'，谓可以却春困也。"

除此之外，民间在立春之日还有其他食俗。

［唐］张萱《虢国夫人游春图》

1. 春盘

春盘，早在晋代已有，那时叫"五辛盘"。"五辛"分别指5种辛辣蔬菜：小葱、大蒜、辣椒、生姜、芥末，吃"五辛"可杀菌驱寒。那个时候，将春饼和五辛菜放在一个盘中，用于宴席和馈赠。

自唐朝起，民间普遍流传着吃春盘的立春食俗。如南宋后期陈元靓所撰的《岁时广记》一书引唐代《四时宝镜》记载："立春日，都人做春饼、生菜，号

'春盘'"。

"春盘"一词也屡见于唐代的诗词作品中，如诗人岑参在《送杨千牛趁岁赴汝南郡觐省便成婚》一诗中写道："汝南遥倚望，早去及春盘。"

杜甫曾在《立春》一诗中，对唐代立春用的春盘作过描述：

春日春盘细生菜，忽忆两京梅发时。
盘出高门行白玉，菜传纤手送青丝。

到了宋代这一习俗更加普遍，北宋词人苏轼在其诗词作品中多次提及这一习俗，如"雪沫乳花浮午盏，蓼茸蒿笋试春盘""愁闻塞曲吹芦管，喜见春盘得蓼芽"；南宋诗人陆游在其《伯礼立春日生日》和《立春日作》两词中分别有"正好春盘细生菜""春盘春酒年年好"这样的诗句。

到了清代，潘荣陛在《帝京岁时纪胜·正月·春盘》中也有立春吃春盘的记载。

2. 春饼

立春这天，民间有吃春饼的习俗。传说吃了春饼和其中所包的各种蔬菜，将使农苗兴旺、六畜苗壮。

有的地区认为吃了包卷芹菜、韭菜的春饼，会使人们更加勤（芹）劳，生命更加长久（韭）。晋代潘岳所撰的《关中记》记载："（唐人）于立春日做春饼，以春蒿、黄韭、蓼芽包之。"清代诗人袁枚的《随园食单》中也有春饼的记述："薄若蝉翼，大若茶盘，柔腻绝伦。"

旧时，立春日吃春饼习俗不仅普遍流行于民间，在皇宫中春饼也经常作为节庆食品颁赐给近臣。如陈元靓的《岁时广记》载："立春前一日，大内出春饼，并酒以赐近臣。盘中生菜染萝卜为之装饰，置奁中。"

3. 春卷

春卷也是立春之日人们经常食用的一种节庆美食。

［清］余省《桃花双绶图轴》

"春卷"的名称最早见于南宋吴自牧的《梦粱录》一书，该书中曾提到过"薄皮春卷"和"子母春卷"这两种春卷。到了明清时期，春卷已成为深受人们喜爱的风味食品。

时至今日，春卷还是许多大酒店宴席上一道风味独特、备受欢迎的名点。

春卷与春饼，虽然外形相似，但南北习俗略有不同，南方流行吃春卷，北方则流行吃春饼。

北方人立春吃春饼，就是用面粉烙制或蒸制的薄饼，包卷着芹菜、韭菜等新鲜蔬菜和肉，据说会使农苗兴旺、六畜茁壮。

相较之下，南方人习惯吃春卷。春卷与北方春饼做好饼之后包着菜吃不同，春卷是用干面皮包馅心，经煎、炸而成。根据馅的不同，春卷分为豆沙春卷、花生春卷、白菜肉馅春卷、荠菜春卷等。春卷皮薄酥脆、馅心香软，别具风味。和春饼相似，春卷也代表了迎春喜庆的吉兆。

春盘、春饼、春卷作为一种传统的饮食文化，原本是立春节庆习俗的组成部分，现在这种节庆习俗已经淡化了很多，甚至于许多年轻人都已经不知道这一习俗了。现在，人们更多地用吃面条和饺子代替了吃春盘、春饼、春卷，来迎接春天的到来，所以民间广泛流传有"迎春饺子打春面"的说法。

 雨甜春水上潮鱼：中和节食俗

中和节又称春社日，时在农历二月一日，祭祀土神，祈求丰收，传说中还是黄帝诞辰的日子，也是炎黄子孙共同的节日。

中和节兴于长安，始于唐代贞元之初，首倡者是唐德宗李适。随着历史的演化，与"二月二，龙抬头"一同庆贺。

这一天，民间以青囊盛百谷瓜果种互相赠送，称为献生子；里间酿宜春酒，以祭勾芒神，祈求丰年；百官进农书，表示务本。

宋代韩琦《中和节后园》诗云：

半销残雪在庭柯，寂寞园林试强过。

正病寒威连月困，不知春色一朝多。

小桃楼角香心动，百舌枝头语意和。

促理新声加酿酒，只忧韶景去如梭。

关于中和节的食俗，清末的《燕京岁时记》载："二月二日……今人呼为龙抬头。是日食饼者谓之龙鳞饼，食面者谓之龙须面。闺中停止针线，恐伤龙目也。"

中和节的食俗反映了广大民众对春雨的企盼，同时也反映劳动人民祈求身体健康的美好愿望。

中和节木版画《龙抬头》

1. 太阳糕

中和节本身就是祭拜太阳的节日，也被称为"太阳的生日"，所以要吃"太阳鸡糕"。

这种糕是用糯米加糖制成的一种糕点，上面用红色印出三足公鸡的造型，或者用模具在糕点上压出"金乌圆光"的图形代表太阳。

在《燕京岁时记》中有这样的记载：

太阳糕

二月初一日，市人以米面团成小饼，五枚一层，上贯以寸余小鸡，谓之太阳糕。都人祭日者买而供之，三五具不等。

之所以要印上公鸡的图形，就是因为公鸡打鸣之后，太阳就会冉冉升起。

其实太阳糕上面公鸡的造型源自朱雀七宿。人们在春分祭日时，正是朱雀位于南天正中之时，朱雀为火，代指太阳。后来逐渐演变成了三足金乌，也就是乌鸦。

2. 撑腰糕

江南水乡在农忙伊始的早春二月，历来有"二月二，吃撑腰糕"的传统习俗，且流传甚广。

这种嫩黄香糯的油炸年糕片，可以健身强筋、不伤腰部，撑腰糕的名字因此而来。俗语称："吃了撑腰糕，一年到头，筋骨强健，腰背硬朗。"

撑腰糕

撑腰糕一般有两种吃法：一是用隔年年糕切成薄片，放在油锅内煎得嫩黄，吃油煎年糕；一是用糯米粉将红糖拌和后蒸成糕，上面再撒些桂花，入口松软、香甜，美味可口。

此外，撑腰糕还有一定的象征意义。如"糕"与"高"谐音，其中就有长寿的意思，反映出劳动人民祈求身体健康的美好愿望。

明代蔡云曾对此俗作过生动描绘：

二月二日春正晓，撑腰相劝啖花糕。
支持柴米凭身健，莫惜终年筋骨牢。

还有一首《吴中竹枝词》写道：

片切年糕作短条，碧油煎出嫩黄娇。

年年撑得风难摆，怪道吴娘少细腰。

3. 烙饼

中国民间在中和节之日有吃烙饼的食俗，这种食俗又被形象地称作"吃龙鳞"。

烙饼一般比手掌还要大，其形态很像是一片龙鳞，很有韧性。烙饼里面还能卷很多菜，如酱肉、肘子、熏鸡、酱鸭等用刀切成细丝，再配几种家常炒菜如肉丝炒韭芽、肉丝炒菠菜、醋烹绿豆芽、素炒粉丝、摊鸡蛋等，一起卷进烙饼里，蘸着细葱丝和淋上香油、面酱等调料，滋味鲜香爽口。

4. 猪头肉

中和节的另一道传统食品就是猪头肉。自古以来，人们供奉祭神总要用猪、牛、羊三牲，后来简化为三牲之头，猪头即其中之一。

另据宋代的《仇池笔记》记录的一个故事：

北宋节度使王金斌奉宋太祖之命平定巴蜀，一日大战之后甚感饥饿，于是闯入一乡村小庙，却遇上了一个喝得醉醺醺的和尚。王金斌大怒，拔刀欲斩，哪知和尚全无惧色。王金斌很奇怪，转而向他讨食，不多时和尚献上了一盘"蒸猪头"，并为此赋诗曰：

嘴长毛短浅含膘，久向山中食药苗。
蒸时已将蕉叶裹，熟时兼用杏浆浇。
红鲜雅称金盘汀，熟软真堪玉箸挑。
若无毛根来比并，毡根自合吃藤条。

王金斌吃着蒸猪头，听着风趣别致的"猪头诗"甚是高兴，于是，封那和尚为"紫衣法师"。后来，猪头肉成为转危为安、平步青云的吉祥标志。

5. 中和酒

中和节还有饮中和酒、宜春酒的习俗，说是可以医治耳疾，因而人们又称之为"治聋酒"。

宋代李涛在《春社日寄李学士》诗中写道：

社翁今日没心情，为乏治聋酒一瓶。

恼乱玉堂将欲通，依稀巡到等三厅。

在《新唐书·李泌传》中记载："废正月晦，以二月朔为中和节，里闾酿宜春酒，以祭勾芒神，祈丰年。"

勾芒就是春神，也是太阳神，是人们祈求丰收的一种习俗。

满眼蓬蒿共一丘：清明节食俗

清明节在每年阳历 4 月 5 日或它的前后日，农历则在二、三月间，是中国传统节日之一。

清明作为二十四节气之一，最早出现在《淮南子》中："春分后十五日，斗指丁，为清明。"

说起清明节，很多人首先想到的是扫墓祭祀，缅怀先人。但实际上，在古代，清明节是"梨花风起正清明，游子寻春半出城"，拥有各种游戏活动的欢乐节日，后来，逐渐与上巳、寒食融合，成为今天的清明节。

《岁时百问》中说："万物生长此时，皆清洁而明净，故谓之清明。"此时春光明媚、草长莺飞、万物繁盛、生机益然，正是郊游踏青的好时节。经历了一冬的蛰伏，人们都向往着走出家门，投入大自然，享受万紫千红的春天：

骑驴担酒祭祖坟，一路春光满眼新。

况是清明好天气，不妨游衍莫忘归。

旧俗在清明前一天，禁火寒食。传说百姓为哀悼春秋时晋文公的忠臣介子推，忌日不忍举火，全吃冷食，这一天后来就叫寒食节，也称禁烟节。

这一天，晋国百姓家家门上挂柳枝，人们还带上食品到介子推墓前野祭、扫墓，以表怀念之意，此风俗一直延续至今。

清明食俗便是伴随着清明祭祖活动而展开的，这日家家要准备丰盛的食品前往本家祖坟上祭奠。

［北宋］张择端《清明上河图》（局部）

1. 青团

青团是江南一带百姓用来祭祀祖先必备的食品，在江南民间食俗中显得格外重要。

清明吃青团的食俗可追溯到两千多年前的周朝。据《周礼》记载，当时有"仲春以木铎循火禁于国中"的法规，于是百姓熄炊，"寒食三日"。在寒食期间，即清明前一二日，还特定为"寒食节"。

古代寒食节的传统食品就有青团，以供寒日节充饥，不必举火为炊。

青团是用清明茶或艾叶和咸盐或石灰粉一起煮熟，去掉苦涩味后捣烂，配上糯米、早籼米磨成的米粉拌匀糅合、包馅制作而成。青团的馅心是用细腻的糖豆沙制成，包馅时另放入一小块糖猪油。团坯制好后，将它们入笼蒸熟，出笼时将熟菜油均匀地用毛刷刷在团子的表面就制成了。

青团油绿如玉，糯韧绵软，清香扑鼻，吃起来甜而不腻，肥而不腴。

2. 艾粑

在闽西一带流传清明时节吃艾粑的古老习俗，据说吃艾粑在北宋时就已经出现。

这时候的艾草刚刚返青不久，清香鲜嫩，客家人把它做成艾粑，一是祭奠祖先，二是艾粑具有药性，可以清凉解毒，祛病强身。

艾草采来后用清水洗净，再按一定比例与糯米搅拌在一起，放在石臼中舂成细细的粉末。

客家人做艾粑喜欢全家老少坐在一起，一来热闹，二来又增加了家庭成员之间的感情。

艾粑做好以后，左邻右舍、亲朋好友之间互相赠送，这样既能消除彼此之前的隔阂，又能促进友情，这是客家人千百年的传统。

青团与艾粑最大的区别就是原材料上的区别：一般青团的制作原料主要是艾草，除此之外，还有泥胡菜、鼠曲草、浆麦草等；而艾叶粑粑的制作原料是艾叶。

3. 馓子

中国各地清明节有吃馓子的食俗。

"馓子"为油炸食品，香脆精美，古时又叫环饼、寒具。《齐民要术》记载："环饼一名寒具……以蜜水调水溲面。"

北宋著名文学家苏东坡还曾作《馓子》诗：

纤手搓来玉色匀，碧油煎出嫩黄深。

夜来春睡知轻重，压扁佳人缠臂金。

如今，清明节禁火寒食的风俗在中国大部分地区已不流行，但与这个节日有关的馓子却深受世人的喜爱。

现在流行的馓子有南北方的差异：北方馓子大方洒脱，以麦面为主料。南方馓子精巧细致，多以米面为主料。

在少数民族地区，馓子的品种繁多，风味各异，尤其以维吾尔族、东乡族和纳西族以及宁夏回族的馓子最为有名。

4. 面花

面花是山西、陕西部分地区清明节的传统美食，陕西北部叫"燕燕"；山西部分地区叫"子推馍"，据传是为了纪念春秋时期晋国忠臣介子推。

面花的做法是将面粉和水搅拌揉成大面团，捏成燕子形状，上笼蒸熟后烤制成干馍，然后在清明用柳条穿起来，悬于门楣。

也有地区在清明期间制作十二生肖面花，祈求平安。

另外，中国南北各地在清明佳节还有食鸡、蛋糕、夹心饼、清明粽、馍糍、明粑、干粥等多种多样富有营养的地方风俗食品的习俗。

面花

但祈蒲酒话升平：端午节食俗

每年农历五月初五，是中国传统的端午节。"端"为开始之意，一个月中的第一个五日称为"端五"。五月初五，二五相重，也称"重五"。因中国习惯把农历五月称作"午月"，所以又把端五称为"端午"。

端午节在中国已有两千多年的历史。每年的端午节，家家户户都挂艾叶、菖蒲，并有吃粽子、饮雄黄酒的风俗，其最初的目的是为了逐疫辟邪，后来逐渐成为一种饮食文化。

［清］徐扬《端阳故事图·悬艾人》

1. 粽子

端午节吃粽子，和新年吃饺子一样是传统。全世界各地的华人，不管身在何方，都会按照中华民族的传统，在农历五月初五吃粽子。

中国传统的说法是，端午吃粽子是为了纪念楚国爱国诗人屈原。

相传，屈原于五月五日投汨罗江而死，楚人得知后很悲哀。每年端午这一天，楚国人便以竹筒贮米做成筒粽，然后投入江中以祭屈原。年年如此，从未间断。

东汉刘秀建武年间，有一天，长沙人区回遇见一位自称三闾大夫屈原的人对他说："你们每年对我的祭祀是很好的，但是我却常常苦于筒粽被江中的蛟龙所窃食。希望你们以后祭拜我的时候，可以用花叶把竹筒塞上，再缚上彩丝，因为蛟龙最怕这两样东西。"后来人们遂改用花叶和五彩丝包裹粽子。

但据专家考证，粽子只不过是民间普通食品，最初吃粽子也不固定在端午，说端午节吃粽子是祭屈原，是后人附会而形成的，只是反映民众的心理愿望而已。

实际上，为了纪念春秋时晋国的介子推而形成民间节俗的"寒食节"（清明前一天）吃粽子，起源要比端午食粽早。至今，许多地方仍流行清明前一天与清明食粽的民间风俗。

粽子的历史可谓久远，自春秋时期已经在民间广为流传了，当时称为"角黍"。

真正有文字记载的粽子见于晋周处的《岳阳风土记》："俗以菰叶裹黍米……煮之，合烂熟，于五月五日至夏至啖之，一名粽，一名黍。"粽子被正式定为端午节食品。

南北朝时期，出现了杂粽，即在米中掺杂禽兽肉、板栗、红枣、赤豆等，不仅品种增多，还用作交往的礼品。

到了唐代，粽子的用米已"白莹如玉"，其形状出现锥形、菱形。

宋朝时，已有"蜜饯粽"，即果品入粽。诗人苏东坡有"时于粽里见杨梅"的诗句。这时还出现用粽子堆成楼台亭阁、木车牛马做的广告，说明宋代吃粽子已很时尚。

元、明时期，粽子的包裹料已从菰叶变革为箬叶，后来又出现用芦苇叶包的粽子，附加料已出现豆沙、猪肉、松子仁、枣子、胡桃等，品种更加丰富多彩。

明清两代，粽子更是作
为一种吉祥食品。相传，那
时凡参加科举考试的秀才，
在赴考场前，要吃家中特意
给他们包的细长像毛笔的粽
子，称"笔粽"，取其谐音"必
中"，为讨吉言口彩。

粽子不仅形状很多，品
种各异，而且各地的风味也
各不相同，主要有甜、咸两种。
甜味有白水粽、赤豆粽、蚕
豆粽、枣子粽、玫瑰粽、瓜
仁粽、豆沙猪油粽、枣泥猪
油粽等。咸味有猪肉粽、火
腿粽、香肠粽、虾仁粽、肉

[清]徐扬《端阳故事图·裹角黍》

丁粽等，但以猪肉粽较多。另外还有南国风味的什锦粽、豆蓉粽、冬菇粽等，还
有一头甜一头咸、一粽两味的"双拼粽"。

这些粽子均以佐粽的不同味道，使得粽子家族异彩纷呈。

如今，粽子与正月的元宵、中秋的月饼一起，被称为中国的三大节令食品。

2. 五黄

在中国许多地方流行有端午节食"五黄"的习俗，主要目的为杀毒去邪。"五
黄"指雄黄酒、黄鱼、黄瓜、咸蛋黄、黄鳝（有的地方也指黄豆）。

端午饮雄黄酒的习俗，从前在长江流域地区极为盛行。雄黄是一种矿物质，
俗称"鸡冠石"，其主要成分是硫化砷，并含有汞，有毒。

雄黄的颜色澄红，有解毒杀虫之功，可治痈疮肿毒、虫蛇咬伤。俗信端午节
时有"五毒"之说，"五毒"指蛇、蝎、蜈蚣、壁虎和蟾蜍。民间认为，饮了雄
黄酒便可杀"五毒"。

但是，雄黄如果和烧酒同饮，稍不留意也会引起中毒。难怪清人梁章钜在《浪

迹丛谈》中说："吾乡每过端午节，家家必饮雄黄烧酒，近始知其非宜也。"

3. 鸡蛋

江南水乡的孩子们在端午节这天，胸前都要挂一个用网袋装着的鸡蛋。

关于此俗，民间有一个传说：

在很久以前，天上有个瘟神，每年端午的时候总要下界传播瘟疫害人。受害者多为孩子，轻则发烧厌食，重则卧床不起。一些做妈妈的纷纷到女娲娘娘庙烧香磕头，求她消灾降福，保佑小孩。

女娲得知此事就去找瘟神说："今后凡是我的嫡亲孩儿，决不准许你伤害。"

瘟神知道女娲法力无边，不敢和她作对，就问："不知娘娘有几个嫡亲孩儿在下界？"

女娲一笑说："我的孩儿很多。这样吧，我在每年端午这天，命我的嫡亲孩儿在衣襟前挂上一只蛋袋，凡是有蛋袋的孩儿，都不准许你胡来。"

到了这年端午，瘟神又下界，只见一个个孩子胸前都挂着一个小网袋，里面装着煮熟的鸡蛋。瘟神以为都是女娲的孩子，就不敢动手了。

从此，端午吃鸡蛋之俗逐渐流传开来。

4. 煎堆

福建晋江地区，每逢端午节有"煎堆补天"的风俗。

所谓煎堆，就是用面粉、米粉或番薯粉和其他配料调成面团，下油锅煎，外形看起来很像江浙地区一带的麻团。

端午节正逢当地梅雨季节，常常阴雨不断。传说远古时代，女娲炼石补天处，每年都有裂缝，所以才阴雨连绵，必须用煎堆补天，方能塞漏止雨。人们相信，端午吃了煎堆，节后就没有阴雨天气。

这一食俗，反映了老百姓担心久雨成涝，影响夏季农作物收成的心理。

［清］徐扬《端阳故事图·射粉团》

千秋灵会此宵同：七夕节食俗

中国农历七月初七是七夕节，民间也称其为"乞巧节"。在这一天民间不仅会用不同的形式祭拜织女，各地也都形成了一套有地方特色的七夕食俗，蕴含着人们对美好生活和灵巧双手的向往，充满了趣味性和浪漫色彩。

七夕乞巧风俗起源于人们对牛郎星（天鹰座）和织女星（天琴座）的崇拜心理，而后世流传的牛郎织女的美丽爱情故事，更给这个节日增添了浪漫的神话色彩。

在这一天，女性们要祭拜善良勤劳、心灵手巧的织女，并向织女乞巧，她们不仅要比赛绢织、绣花等女红手艺，还要做"巧果"。

［清］丁观鹏《乞巧图》

1. 古代七夕节食俗

乞巧活动在唐代就已经风行于民间了。唐人郑处诲撰《明皇杂录》载，当时洛阳一带，有在七夕制作"乞巧装"和"同心脍"的风俗，这些物品有预示眼明手巧和心心相印之意。

宋时七夕活动变得更加丰富多彩，根据北宋孟元老著《东京梦华录》中记载，京城汴梁人家会在每年的七月七日晚在庭院里搭建彩楼，称为"乞巧楼"，并要摆设花果、酒等食品，让女性焚香列拜。

南宋陈元靓编《岁时广记》记载，七夕这一天人们要制作煎饼，用其供奉牛郎织女，祭拜完毕，把这些煎饼分给全家人食用。这种食俗一直延续到了清朝，只不过在清朝又有了发展。

2. 乞巧果子

七夕节历来有吃巧食的食俗。瓜果、面点等都可以当作巧食，而作为节令面食的"乞巧果子"则是最为普遍的七夕节食品。

这些乞巧果子款式多样，形状不一，用米面或者麦面当主料，以油炸或者炉烤的方式制成。宋代时，街市上已出现了买卖七夕巧果的现象。

巧果的传统做法为：首先把白糖放在锅中熔为糖浆，然后加进面粉、芝麻等辅料，拌匀后摊在案上，晾凉之后再切成均匀的长方形，最后再折为梭形或圆形，放到锅中油炸至金黄即可。有些女子还会用一双巧手把这些色泽艳丽的饼捏成各种与七夕传说有关的花样来。

此外，乞巧时所用的瓜果形态也丰富多彩：或将瓜果雕成奇花异鸟，或在瓜皮表面雕刻图案，此种瓜果称为"花瓜"。

3. 民间各地乞巧食俗

中国历史上，各地的七夕节饮食风俗都带有浓厚的地方特色，但是一般都称其为吃巧食，其中饺子、面条、油果子、馄饨等也被很多地方当作此节日的食物。

有些地区在七夕节有吃云面的食俗，这种云面是加上露水制成的。人们相信食用它能获得灵巧的双手和智慧。

有一些民间糕点作坊，喜欢制作一些织女形象的酥糖，民间俗称其为"巧人"或"巧酥"；出售时又称为"送巧人"。此风俗至今在中国一些地方都存在。

有些地区的七夕食俗带有了明显的

［清］陈枚《月曼清游图·桐荫乞巧》

竞赛性质：女子们在这一天蒸巧饽饽、烙巧果子，比赛谁的做饭手艺更好。

还有些地方七夕节有做巧芽汤的习俗，大多在七月初一将谷物浸泡在水中，几天之后谷物发芽；七夕这天，剪芽做成汤。人们认为，小孩子吃了巧芽，会更聪明伶俐、健康活泼。

万里此情同皎洁：中秋节食俗

中秋佳节，秋实累累，一年辛勤劳动都将在此时结出丰硕果实。届时家家都要置办佳肴美酒，怀着丰收的喜悦，欢度佳节，从而形成中国丰富多彩的中秋饮食风俗。

按照中国的历法，农历八月居秋季之中，而八月的三十天中，十五又居一月之中，故八月十五日称为"中秋"。

"中秋"一词，最早在《周礼》中出现，唐代就已经有很多相关诗词，宋代以后日渐盛行，成为了我国阖家团圆、仅次于春节的第二大节。

在古代，农耕顺应四季，只有秋天是物产最丰富的丰收季节。秋分时节，瓜果成熟，五谷丰收，大家选在这个时候相聚，摆上一桌瓜果，做上一锅新粮做的饭，先祭月以感谢大自然的赐予，再欢聚同食以庆丰收。因为有着祭月的习俗，所以秋分这天也被称作祭月节。

随着历史的发展和历法融合，各地逐渐将这个祭月、庆祝丰收的节日统一调至农历八月十五，也就是如今的八月十五中秋节。

［宋］马远《月下把杯图》

1. 月饼

据传吃月饼的风俗始于唐代的甜饼，后才形成了专门的中秋节日的糕点。因为月饼为圆形，所以寓有家家团圆、欢乐之意。

月饼作为一种食品开始于宋代。词人苏东坡就有"小饼嚼如月，中有酥与饴"之句，诗中的"酥"与"饴"道出了月饼的主要特点。当时专门记载宋代民俗的《梦粱录》中也说："市食点心，时时皆有……芙蓉饼、菊花饼、月饼、梅花饼……就门供卖。"

不过，那时的月饼还没有成为中秋佳节的节令食品。月饼作为一种时令食品并与中秋赏月联系在一起，始见于南宋的《武林旧事》。

自明代之后，有关中秋赏月吃月饼的记述就比较普遍了。如明人田汝成在《西湖游览志余》卷二十里说："八月十五日谓之中秋，民间以月饼相遗，取团圆之意。"说明在中秋这天吃月饼，有以圆如满月的月饼来象征月圆和团圆的意义。明人沈榜在《宛署杂记》里说，每到中秋，百姓们都制作面饼互相赠送，大小不等，呼之为"月饼"。可见，"中秋佳节吃月饼"是中国流传几百年的传统风俗。

中秋佳节，人们品尝月饼，怀旧思乡，渴望团圆，已成为中华民族的一种古老风俗。于是，月饼就有了丰富的文化内涵。

月饼品种繁多，按口味来分，有麻辣味月饼、甜味月饼、咸味月饼、咸甜味月饼；按产地来分，有京式月饼、苏式月饼、广式月饼、潮式月饼、宁式月饼、滇式月饼等；按月饼馅心分，有豆沙月饼、五仁月饼、芝麻月饼、冰糖月饼、火腿月饼等；按饼皮分，则有混糖皮月饼、浆皮月饼、酥皮月饼等；就造型来讲，有光面月饼、花边月饼和孙悟空月饼、老寿星月饼等。

如今，月饼不仅是别具风味的节日食品，而且成为四季常备的精美糕点，颇受人们欢迎。

2. 月亮饼

古代中秋佳节，还有吃月亮饼的习俗。

月亮饼是用面粉加入菜肉做成圆饼，放入油锅当中煎至两面金黄，看上去黄灿灿的，就像天上的月亮一样。

所以到了中秋节，老一辈的人都会自己在家制作月亮饼给孩子们吃，希望孩子吃了月亮饼之后能够得到月神的庇护。

3. 石榴与柚子

民间流传着一句俗语："八月十五月正南，瓜果石榴列满盘。"作为我国流传已久的中秋节传统风俗，风清月朗、桂香沁人，一家人在一起尝尝月饼、吃水果、赏月亮，喜庆团圆，别有风味。

中秋节除了吃月饼以外，各种当季瓜果必不可少，石榴与柚子更是必吃的水果。民谚云：北送石榴南送柚。

石榴的外形很鲜艳，不管是石榴籽还是石榴的外表，都是红通通的。宋代诗人杨万里的《石榴》诗云：

雾壳作房珠作骨，水晶为粒玉为浆。
刘郎不为文园渴，何苦星槎远取将。

中秋前后石榴成熟上市，因其颜色鲜艳、饱满多子，入口如晶粒玉浆，常被国人视为吉祥物，寓意多子多福、家族兴旺、绵延不断，成为中秋节必备的桌上供品之一。

古人称石榴"千房同膜，千子如一"。在北方一些地区，结婚后还没生育子女的女性中秋节这一天一定要吃石榴，认为吃了这晶莹剔透的石榴就能获得上天赐福"多生子"。

柚子是南方一些地区中秋节的必备果品，在中秋节走亲访友也会专门送柚子，取其谐音"有子""佑子"，祝福人丁兴旺、平安吉祥，类似北方中秋时节送石榴。

一是因为柚子谐音"游子"，形

[清]陈枚《月曼清游图册·琼台赏月》

状又是圆的，象征离家的游子回家团圆。

另外一个原因就是"柚"谐音"佑"，柚子，佑子也，寓意得到月神保护庇佑的美好愿望。在南昌方言里，柚子谐音"有子"，中秋节吃柚子有早生贵子的寓意。

如今，随着物流的发达，南北早已互通，中秋可食用的水果早已没有了地域差异，但是风俗习惯仍各自保留。

4. 田螺

中秋吃田螺也是民间的旧俗。在清咸丰年间的《顺德县志》中有记："八月望日，尚芋食螺。"

民间认为，中秋田螺可以明目。据分析，螺肉营养丰富，而所含的维生素 A 又是眼睛视色素的重要物质，食田螺可明目，言之成理。

中秋节前后，正是田螺空怀的时候，腹内无小螺，因此，肉质特别肥美，是食田螺的最佳时节。

如今在广州民间，不少家庭在中秋期间还都有炒田螺的习惯。

5. 芋头

中秋节还有吃芋头的食俗，其寓意是为了辟邪消灾，并有表示不信邪之意。

如清代乾隆癸未年的《潮州府志》曰："中秋玩月，剥芋头食之，谓之剥鬼皮。"可见在当时"剥芋头"有剥鬼而食的意思，体现了古人不畏鬼魅的气概。

6. 南瓜

江南各地过中秋节，有钱人家吃月饼，穷苦人家有吃南瓜的风俗。

浙江海盐地区南瓜质量好，曾经是地方特产之一。农民收获南瓜后，不管是吃还是卖，总会选几个最大最好吃的老南瓜藏起来，留待八月半吃，以及送亲友过中秋节之用。吃和送自己种植的又红又圆又甜的老南瓜，是老百姓对红红火火、团团圆圆和甜甜蜜蜜的生活向往。

时至今日，海盐南北湖及其周边地区的人家，八月半吃老南瓜的习俗仍部分保留着。

7. 桂花酒

在中国古代，每逢中秋之夜人们还要饮桂花酒，仰望着月中丹桂，闻着阵阵桂香，喝桂花美酒，已成为节日的一种美妙的享受。

桂花不仅可供观赏，而且还有食用价值。屈原的《九歌》中便有"援骥斗兮酌桂浆""奠桂兮椒浆"的诗句。可见中国饮桂花酒的年代已是相当久远了。

"忆对中秋丹桂丛，花在杯中，月在杯中。"辛弃疾《一剪梅·中秋元月》中简简单单一句词，便生动展示了古人闻着桂花香、赏着中秋月、饮着杯中酒的中秋月夜。

八月桂菊盛开，为顺应中秋时节，古人会摘取桂花、菊花等应季花放入酒中，酿制出时令美酒。

［清］陈毓楣《折桂图》

与客携壶上翠微：重阳节食俗

重阳节历史悠久、年代久远，尽管各地有不同的过节食俗，但其核心文化价值始终是寓意平安和谐、生命长久和健康长寿，从古至今从未改变。

重阳节也叫重九节，因为正值农历九月九日，二九相重，日月并应。古时人们把"九"作为阳数之极，所以也称重阳节。

重阳节源自天象崇拜，起始于上古，普及于西汉，鼎盛于唐代以后。

据考证，重阳节的源头，可追溯到上古时代，彼时有在季秋拜神祭祖的礼俗活动。

汉代作品《西京杂记》中收录了古时重阳节求寿之俗。这是在文字资料上关于重阳节求寿之俗的最早记录。

"重阳节"名称文字记载始见于三国时期。三国时魏文帝曹丕《九日与钟繇书》中曾这样描述当时的重阳节:"岁往月来,忽复九月九日。九为阳数,而日月并应,俗嘉其名,以为宜于长久,故以享宴高会。"魏晋时期,节日气氛渐浓,倍受文人墨客吟咏。

唐朝时重阳节被定为正式节日,从此以后,宫廷、民间一起庆祝重阳节,并且在节日期间进行各种各样的活动。

大诗人杜牧《九日齐山登高》诗云:

江涵秋影雁初飞,与客携壶上翠微。
尘世难逢开口笑,菊花须插满头归。
但将酩酊酬佳节,不用登临恨落晖。
古往今来只如此,牛山何必独沾衣。

宋代,重阳节更为热闹,《东京梦华录》曾记载了北宋时重阳节的盛况;《武林旧事》也记载南宋宫廷"于八日作重九排当",以待翌日隆重游乐一番。

明清时期,重阳风俗依旧盛行。

古时民间在重阳节有登高祈福、出游赏景、拜神祭祖及饮宴祈寿等习俗。饮食方面,流传有吃重阳糕、尝菊花酒等食俗。

[清]石涛《重阳登高图》

1. 重阳糕

重阳糕,也叫花糕或重阳花糕,是重阳节的节日糕点。重阳糕的制作方式和食用习俗因地而异,关于它的源起和民俗文化的寓意也有多种说法。

一般认为重阳糕源起重阳节登高的习俗。据南朝梁吴均《续齐谐记》载,汉代时一个叫桓景的人师从费长房学仙,有一天费长房告诉桓景:九月九日有大灾降临你家,可教家人缝制布囊,内盛茱萸,系之臂上,届时登山饮菊花酒,灾祸可消。桓景依言行事,果然无恙。

后人仿效,遂形成九月初九登高山、饮菊酒、插茱萸等一整套重阳节俗。

约自宋代起，重阳节食"重阳糕"的习俗正式出现。南宋吴自牧在《梦粱录》中记载了临安（杭州）的重九之俗："此日都人店肆以糖面蒸糕……插小彩旗，名重阳糕。"

之后，明人刘侗、于奕正在《帝京景物略》中记载了北京的重九之俗："糕肆标纸彩旗，曰花糕旗。"这种插小旗于花糕上的传统，迄今仍然风行。

这是由于一般市民因受地理条件和物产资源的限制，欲登高避祸或采集茱萸多有不便，所以才用食糕代替登高（糕）、以插纸旗代替插茱萸。

2. 菊花酒

古时九月九日这天，人们采下初开的菊花和一点青翠的枝叶，掺和在准备酿酒的粮食中，然后一齐用来酿酒，放至第二年九月九日饮用。菊花酒在古代被看作是重阳必饮、祛灾祈福的"吉祥酒"。

菊花酒早在汉代就已经出现，据西汉学者刘歆《西京杂记》载："菊花舒时，并采茎叶，杂黍为酿之，至来年九月九日始熟，就饮焉，故谓之菊花酒。"到了明清时代菊花酒仍然在民间盛行，人们又在菊花酒中加入很多种草药。明代高濂在《遵生八笺》中记载，菊花酒已经成为当时盛行的健身饮料，具有较高的药用价值，传说喝了菊花酒可以延年益寿。从医学角度看，菊花酒可以明目、治头昏、降血压，有减肥、轻身、补肝气、安肠胃、利血之妙。

［清］陈枚《月曼清游图册·重阳赏菊》

3. 糍粑

吃糍粑是中国西南地区重阳佳节的又一食俗。

糍粑分为软甜、硬咸两种。

软糍粑的做法是：将洗净的糯米下到开水锅里，一沸即捞，上笼蒸熟，再放臼里捣烂，揉搓成团即可。食用时，把芝麻炒熟，捣成细末，把糍粑团搓成条，揪成小块，拌上芝麻、白糖等，其味香甜适口，称为"软糍粑"（温食最佳）。

硬糍粑又称"油糍粑"，做法是：糯米蒸熟后不捣烂，放在案上搓成团，擀开后放些食盐和花椒粉做成"馅芯"，再卷条切片，再入油锅中炸制。硬糍粑成色金黄美观，咸麻香脆，回味无穷。

4. 柿子

在中国古代重阳节还有吃柿子的习俗。

传说有一年，当时还是和尚的朱元璋外出化缘。这一天正值重阳节，朱元璋走了一整天，水米未进，感到饥渴难当。

当他行至剩柴村时，只见家家墙倒树凋，均为兵火所烧。朱元璋暗自悲叹，举目环视，发现村子东北方有一棵柿子树，树上果实累累，香味扑鼻。

朱元璋大喜，连忙爬树摘果，吃了个饱。朱元璋感慨良久而去。

后来，朱元璋率军攻采石（今安徽马鞍山市采石矶）、取太平（今安徽太平县），恰巧又道经于此。他发现当年的柿树犹存，便将以前在此食柿的事告于侍臣，并下旨："封柿为凌霜侯，令天下人在重阳节均食柿子，以示纪念。"

天边风俗自相亲：冬至食俗

"六阴消尽一阳生。暗藏萌，雪花轻。九九严凝，河海结层冰。"每年阳历的12月22日左右，是中国民间的一个传统节日——冬至。

冬至是中国白天最短、黑夜最长的一天：过了冬至，白天就会逐渐变长，黑夜逐渐变短。因此，古人即把冬至这一天视为秋冬两季的分水岭，且以节日命名之，并伴以各种活动加以庆祝、纪念和铭记。

冬至是"二十四节气"之第 22 个节气，俗称"冬节""长至节""亚岁"等，是我国古代一个非常重要的节气，也是中华民族的一个传统节日。

唐代诗人杜甫《小至》诗云：

天时人事日相催，冬至阳生春又来。
刺绣五纹添弱线，吹葭六琯动浮灰。
岸容待腊将舒柳，山意冲寒欲放梅。
云物不殊乡国异，教儿且覆掌中杯。

中国北方冬季寒冷，为消磨漫长的冬季，古人发明了数"九"，即从冬至这一天开始算起，每九天算"一"，以此类推。等数到"九"时，便已是春暖花开之时。

数九常见的方式有画梅、写九两种。

画梅法如《帝京景物略》所云："日冬至，画素梅一枝，为瓣八十有一，日染一瓣，瓣尽而九九出，则春深矣，曰'九九消寒图'。"

另据清人吴振棫《养吉斋丛录》记载："道光初年，御制'九九消寒图'，用'亭前垂柳珍重待春风'九字，字皆九笔也。懋勤殿双钩成幅，题曰'管城春满'。"当时道光帝亲书这九个双钩空心字，让大臣们逐日描红填写一画。

《九九消寒图》不仅仅是古人的闲趣，其实也和大多数传统文化和风俗一般，是一种生活方式，传达了无限的情思深意，或是寄托美好愿望，或是真诚的祝福。

古代有"冬至大如

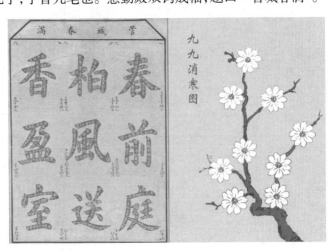

《九九消寒图》

年"之说，表明古人对冬至十分重视。正因如此，冬至的饮食文化也是丰富多彩的，诸如馄饨、饺子、汤圆、冬至盘、赤豆粥、黍米糕等不下数十种。

1. 饺子与馄饨

民谚有云："十月一，冬至到，家家户户吃水饺。"在中国北方大部分地区，每到农历冬至这一天，不论贫富都有吃饺子的习俗。

传说，冬至吃饺子是不忘"医圣"张仲景传下"祛寒娇耳汤"之恩，至今南阳仍有"冬至不端饺子碗，冻掉耳朵没人管"的民谣。

据说某年冬天奇寒，百姓饥寒交迫，冻烂耳朵。张仲景率弟子架起大锅，熬煮羊肉和驱寒药物，然后捞出切碎，用面皮包成耳形的"娇耳"煮熟，无偿分给百姓们，既治好了冻疮，又解除了饥饿。人们感念张仲景恩德，仿照"娇耳"之形制成饺子，作为冬至节主食。

戴暖耳图

据清人潘荣陛著《燕京岁时记》载："冬至馄饨夏至面。"冬至这天，京师人家多食馄饨。南宋时，当时临安（今杭州）也有每逢冬至这一天吃馄饨祭祖的风俗。

据传此食俗源于吴越之战。春秋战国时期，吴越相争，越国战败后，进贡美女西施侍奉吴王夫差。西施煮馄饨献给夫差吃，夫差吃后大为赞赏，于是，冬至节吃馄饨的习俗便传入民间，沿袭不衰。

馄饨名称很多，广东地区称作"云吞"，湖北称作"包面"，江西称作"清汤"，四川称作"抄手"，新疆称作"曲曲"。

2. 汤圆

"家家捣米做汤圆，知是明朝冬至天。"冬至这天，江南一些地区的传统食俗是吃汤圆，当地有"吃了汤圆大一岁"之说。

汤圆也称汤团，冬至吃汤团又叫"冬至团"。

据清朝文献记载，江南人用糯米粉做成面团，里面包上精肉、苹果、豆沙、萝卜丝等。冬至团可以用来祭祖，也可用于互赠亲朋。

旧时上海人最讲究吃汤团，他们在家宴上尝新酿的甜白酒、花糕和糯米粉圆号，然后用肉块垒于盘中祭祖。

3. 冬至肉

吃冬至肉是南方冬至扫墓后同姓宗族祠堂按人丁分发"胙肉"的古老食俗。

肉有生、熟两种，分时有许多规矩，加区别学历高低：清有童生、秀才、举人、进士四级，民国有高小、中学、大学、留学四级，以示鼓励；优先照顾老人，在50、60、70、80、90年龄段，数量依次递增，以示敬重。

冬至肉用祠堂公积金或富家捐款购置，族长主理其事，在当时被视作一份厚礼。

冬至吃狗肉的习俗据说是从汉代开始的。相传，汉高祖刘邦在冬至这一天吃了樊哙煮的狗肉，觉得味道特别鲜美，赞不绝口。

从此在民间形成了冬至吃狗肉的习俗，人们纷纷在冬至这一天吃狗肉、羊肉以及各种滋补食品，以求来年有一个好兆头。

4. 豆腐

在北方一些地区，冬至节被称为"豆腐节"。节日这天，家家吃小葱拌豆腐。

相传明太祖朱元璋某日忽然接收密报，说大臣刘伯温有反状。朱元璋于是下诏令刘伯温三天内将其掌管的账目全部交审。三日后，刘伯温拿着账本、拎着瓦罐来见朱元璋。朱元璋审过账目，没发现什么问题。打开瓦罐一看，里面是一道家常菜：小葱拌豆腐。

朱元璋当即就明白了：这是刘伯温在为自己申辩，暗含自己一清二白！

于是，便有了这个节日食俗。

5.赤豆糯米饭

在江南一带，民间还有冬至之夜全家欢聚一堂共吃赤豆糯米饭的习俗。关于它的由来，还有一段有趣的传闻。

相传，古代天神共工氏，他的儿子不成才，作恶多端，死于冬至这一天，死后变成疫鬼，继续残害百姓。但是，这个疫鬼最怕赤豆，于是人们就在冬至这一天煮吃赤豆饭，用以驱避疫鬼、防灾祛病。

[清] 陈枚《围炉博古图》

南宋著名女词人朱淑真诗云：

黄钟应律好风催，阴伏阳升淑气回。

葵影便移长至日，梅花先趁小寒开。

八神表日占和岁，六管飞葭动细灰。

已有岸旁迎腊柳，参差又欲领春来。

冬至经过数千年的发展，形成了独特的节气饮食文化。

晴腊无如今日好：腊八节食俗

农历十二月初八，古代称为"腊日"，俗称"腊八节"。在这一天，中国自古

村童送腊鼓
丰亨不识不
知赤子情岂
为催花频擊
鼓圍圍盡是
太平聲

［清］佚名《村童腊鼓图》

以来就有吃腊八粥的习惯。这种习惯不仅历史悠久，也逐渐在各地方形成了丰富多彩的腊八食俗。

先秦时，人们就有在腊八这天祭祀祖先和神灵祈求来年五谷丰登和吉祥如意的习俗。

相传，佛教创始人释迦牟尼也是在这一天修道成佛，因此腊八也是佛教徒的重大节日，称为"佛成道节"。

1. 古代的腊八食俗

腊八粥原本是佛教徒在腊八这天食用，在唐代就出现了吃腊八粥的食俗。

唐宋以后，在腊八这天，寺院里要准备腊八粥，民间也纷纷开始效仿。宋代孟元老在《东京梦华录》中记载："诸大寺作浴佛会，并送七宝五味粥，谓之腊八粥。"北宋著名文学家苏轼也有"今朝佛粥更相馈"的诗句。

到了元、明两代，宫廷之中也出现了做腊八粥的食俗。元代孙国敕在《燕都游览志》中记载："十二月八日赐百官粥，民间亦作腊八粥。"《明宫史》中还有"初八日，吃腊八粥"的描写。

到了清代，腊八吃粥的食俗更是得到了宫廷的重视。雍正皇帝曾经将北京安定门内国子监以东的府邸改为雍和宫，每逢腊八日，在宫内万福阁等处，用锅煮腊八

清院本《十二月令图轴·十二月》

粥并请来喇嘛僧人诵经，然后将粥分给各王公大臣，供其品尝食用以度节日。

可见，腊八节食用腊八粥的食俗在中国已经有着悠久的历史了。

清代营养学家曹燕山曾经在《粥谱》中详细描述了腊八粥的保健营养功效，他认为腊八粥可以调理饮食，易于被人体吸收，是"食疗"中的佳品，有养心、补脾、和胃、清肺、益肾、通便、利肝、安神、消渴、明目的效果。这些结论都已经被现代科学所证实。

2. 腊八粥的做法

最初的腊八粥是用红小豆来熬制，后经过演变加上了很多特色，形成了具有地域特色的腊八食俗。

南宋周密撰《武林旧事》中说："用胡桃、松子、乳覃、柿、栗之类作粥，谓之腊八粥。"

清人富察敦崇在《燕京岁时记》里称"腊八粥者，用黄米、白米、江米、小米、菱角米、栗子、去皮枣泥等，和水煮熟，外用染红桃仁、杏仁、瓜子、花生、榛穰、松子及白糖、红糖、琐琐葡萄以作点染"，颇有京城特色。

人们往往在腊月初七的晚上就开始为煮粥忙碌了，洗米、泡料、剥皮、挑选，然后在半夜之时开始煮。要用微火炖，一直要炖到第二天清晨，腊八粥才能算熬好。

腊八粥熬好之后，首先要祭祀祖先，之后还要赠送亲朋好友。

旧时习俗，腊八粥一定要在中午之前送出去，最后剩下的才可以全家人共同食用。

如果出现了剩下的腊八粥，吃了几天都吃不完的情况，人们就会认为这是个好兆头，有"年年有余"的吉祥寓意。

如果有人家把粥送给贫穷人家，那更是一件为自己积德的大好事。

如果院子里种着花卉和果树，人们就会在树干上涂抹一些腊八粥，希望来年多结果实。

3. 腊八蒜与腊八面

腊八节泡腊八蒜，这个食俗在华北地区尤为盛行。

在腊八这天，人们将剥了皮的蒜瓣放到一个可以密封的罐子或者瓶子之类的

古代小寒图

容器里面，然后倒入醋，封上口。慢慢地，泡在醋中的蒜就会变绿，最后会变得通体碧绿。

在中国北方一些不产或少产大米的地方，人们不吃腊八粥，而是吃腊八面。前一天要用各种果、蔬做成臊子，把面条擀好，到腊月初八早晨全家吃腊八面。

灶君朝天欲言事：祭灶节食俗

灶王爷，又称"灶神""灶王"等，是中国古代民间信仰和崇拜的灶神和饮食之神。传说农历腊月二十三这天是灶王爷上天言事的时间，民间在这一天有祭灶、吃灶糖和灶饼的风俗。

祭灶习俗在中国也有着极深的影响，旧时每家灶间都设有"灶王爷"的神位。传说这位灶神是玉皇大帝封的"九天东厨司命灶王府君"，专门负责管理各家的灶火，被作为一家的保护神而受到崇拜。

腊月二十三这天，在民间又被称为"小年"。旧时，每家在这天都要举行祭灶仪式，人们会在灶君神像前供上关东糖、清水和秫草，送灶

灶神

君爷"上天"。

传说在腊月二十三这一天，灶神要回天宫汇报人间的情况，到正月初一才回到人间。为了让灶神"上天言好事，下界保平安"，所以人们要为其送行。

对于祭灶的具体日期，古代有所谓"官三民四船家五"的说法，也就是官府在腊月二十三日，一般民家在二十四日，水上人家则在二十五日举行祭灶。

1. 灶糖

祭灶的风俗在中国有着悠久的历史。《礼记·月令》云："祀灶之礼，设主于灶径。灶径即灶边承器之物，以土为之者。"《战国策·赵策》云："复涤侦谓卫君曰：臣尝梦见灶君。"可见两千多年前祭灶礼就被列为"五祀"之一，出现了祭灶习俗。

祭灶的食品，历代都有所变化。汉魏时期，祭灶多用黄羊，南北朝时期多用"豚酒"。到了宋代，人们开始使用米饵、鱼、猪头等食品。

明清时代祭灶的食品由最初的荤食转变为了素食，民间开始盛行用一种叫作"灶糖"的食品祭灶。"灶糖"其实就是被人们所熟知的麦芽糖，后来民间俗称这种食物为"糖瓜"。

传说灶爷是玉帝派往人间监督善恶之神，它有上通下达，联络天上人间感情，传递仙境与凡间信息的职责。在他上天之时，人们供他灶糖，希望他吃过甜食，在玉帝面前多进好言。

另一种说法是，人们想利用麦芽糖的黏性封住灶王爷的嘴巴，叫他有口难开，不能多嘴报告出家中的坏事，免生是非。

也有说法认为，祭灶用灶糖，并非粘灶爷的嘴，而是粘嘴馋好事、爱说闲话的灶君奶奶的嘴。

2. 关东糖

关东糖又称灶王糖、大块糖，是东北地区祭灶的常用食品，一年之中，只有在小年前后才有出售。

关东糖是用麦芽、小米熬制而成的糖制品。清人写的《燕京岁时记》中记载：清代祭灶，供品中就有"关东糖""糖饼"。

旧时，关东糖在东北的农村、城市里，大街小巷、街市上，都有小贩叫卖："大块糖，大块糖，又酥又香的大块糖。"

乳白色的大块糖，放在方盘上，一般有三寸长，一寸宽，扁平，呈丝条状。新做的大块糖，放在嘴里一咬，又酥又香，又有黏性，有一种特殊风味，是关东男女老少都十分喜爱的一种糖。

在晋北地区习惯用饧，是麻糖的初级品，非常黏，现在统称麻糖。当地民间流传有"二十三，吃饧饭"的谚语。稍微讲究一点的人家，在供上糖瓜之余还会再供上一碗用糯米蒸熟的莲子八宝饭。

3. 祭灶食俗

在祭灶节这天，一些地区民间也讲究吃饺子，取意"送行饺子接风面"。

有些地方也有用"灶饼"祭灶的食俗。这种饼是由米发酵之后的精白面加上适量的碱做成的，里面包有柿饼、红糖、枣、大葱、丁香等配料，包好后擀成饼，放入柴灶里烙熟食用。家中的每个人都要吃一个饼；如果家人外出，返回时则一定要补吃，人们认为吃了这个饼会保佑人们来年不挨饿。

晋东南地区还流行吃炒玉米的习俗，民谚有"二十三，不吃炒，大年初一一锅倒"的说法。这些地区的人们喜欢把炒玉米用麦芽糖粘起来，然后再冰冻成大块，吃起来酥脆香甜。

4. 祭灶仪式

旧时，差不多家家灶间都设有"灶王爷"神位，人们称这尊神为"司命菩萨"或"灶君司命"。传说他是玉皇大帝封的"九天东厨司命灶王府君"，负责管理各家的灶火，被作为一家的保护神而受到崇拜。

灶王龛大都设在灶房的北面或东面，中间供上灶王爷的神像。没有灶王龛的人家，也有将神像直接贴在墙上的。

有的神像只画灶王爷一人，有的则有男女两人，女神被称为"灶王奶"。这大概是模仿人间夫妇的形象。

灶王爷像上大都还印有这一年的日历，上书"东厨司命主""人间监察神""一家之主"等文字，以表明灶神的地位。两旁贴上"上天言好事，下界保平安"之类的对联，以保佑全家老小的平安。

祭灶时，除了以上常用供品外，一些地方还有给灶王爷骑的神马供以香糟炒

豆和清水的食俗。供品中还要摆上几颗鸡蛋，是给狐狸、黄鼠狼之类的零食——据说它们都是灶君的部下，不能不打点一下。

祭灶时上香、送酒，还要为灶君坐骑撒马料，从灶台前一直撒到厨房门外。

这些仪程完了以后，就要将灶君神像拿下来烧掉，等到除夕时再设新神像。

古人祭灶都有哪些仪式呢？宋代诗人范成大的这首《祭灶词》对此做了详细的记录：

灶神

古传腊月二十四，灶君朝天欲言事。
云车风马小留连，家有杯盘丰典祀。
猪头烂热双鱼鲜，豆沙甘松粉饵团。
男儿酌献女儿避，酹酒烧钱灶君喜。
婢子斗争君莫闻，猫犬角秽君莫嗔。
送君醉饱登天门，杓长杓短勿复云。
乞取利市归来分。

诗中所言祭祀的吃食有猪头、双鱼、豆沙、饵团，不可谓不丰盛。男子祭祀，女子须回避。敬酒烧纸钱，灶王爷最是欢喜。灶王爷饱餐一顿之后，上天言事就不说那些不好的家长里短，只祈求他带回来利市与我们一起分享。

祭灶仪式结束后，人们开始食用灶糖和火烧等祭灶食品，有的地方还要吃糖糕、油饼，喝豆腐汤。

不如侬家唱采茶：少数民族节日食俗

民族饮食是中华饮食文化不可分割的一部分。

我国是一个多民族的国家，各民族在漫长的历史发展过程中，形成了各自独特的本民族节日饮食，品类繁多，内涵丰富。

1. 蒙古族节日食俗

蒙古族的传统节日主要有旧历新年，蒙古语为"查干萨仁"，即白色的月。蒙古族的年节亦称"白节"或"白月"，这与奶食的洁白紧密相关。此外还有祖鲁节、麦尔节、祭敖包、打鬃节、那达慕、马奶节等。

（1）过年食俗。

蒙古族的年节亦称"白节"或"白月"，这与奶食的洁白紧密相关，而且"白"在蒙古人心目中具有"开元"之意。据史书记载，自元朝起蒙古族接受了汉族历法，因此，蒙古族白月与汉族春节正月相符。这就是蒙古族过"春节"的由来。

除夕吃"手把肉"是蒙古族传统习俗，以示合家团圆。除夕晚上吃年夜饭时，一家人把煮好的整羊摆到案头，把羊头

［元］刘贯道《元世祖出猎图》

放在整羊上面，羊头朝向年纪最长、辈分最高的长者。户主用刀在羊头的额部划一个"十"字后，全家人开始享受丰盛的晚餐。

喝酒，主要是马奶酒，也是蒙古族过除夕必不可少的程序。

蒙古族的年夜饭，按常规要多吃多喝。民间还流行年夜饭的酒肉剩得越多越好的说法，象征新的一年全家酒肉不竭、吃喝不愁。

（2）马奶节食俗。

马奶节是蒙古族的传统节日，以赞颂骏马和喝马奶酒为主要内容，流行于内蒙古锡林郭勒盟和鄂尔多斯的部分牧区。通常在农历八月下旬举行，日期不固定，为期一两天。

节日期间，除准备足够的马奶酒外，还以全羊席、"手把肉"款待宾客。

2. 维吾尔族节日食俗

维吾尔族多数信仰伊斯兰教，传统节日大都是伊斯兰教的宗教节日，如肉孜节、古尔邦节等；民族节日有诺鲁孜节等。

新疆吐鲁番阿斯塔那古墓出土《双童图》（局部）

（1）肉孜节食俗。

肉孜节意译为"开斋节"。按伊斯兰教教规，节前一个月开始封斋，即在日出后至日落前不准饮食，期满30天开斋，恢复白天吃喝的习惯。

开斋节前，各家习惯炸馓子、油香，烤制各种点心，准备节日食品。节日期间人人都穿新衣服、戴新帽，相互拜节祝贺。

（2）古尔邦节食俗。

古尔邦节是伊斯兰教主要节日之一，亦称宰牲节；我国穆斯林将古尔邦节又称"忠孝节"，在肉孜节后的第70天举行。

维吾尔族同其他信仰伊斯兰教的民族一样，特别重视宗教节日。尤其视"古尔邦节"为大年，庆祝活动极为隆重，沐浴礼拜，宰牛杀羊馈赠亲友，接待客人。

节日的筵席上，主要有手抓饭、馓子、手抓羊肉、各式糕点、瓜果等。

维吾尔族人喜食水果，这与新疆盛产葡萄、哈密瓜、杏、苹果等果品有关，可以说瓜果是维吾尔族人民的生活必需品。

节日期间，家境稍好一点的家庭，都要宰一只羊，有的还宰牛、宰骆驼。宰杀的牲畜肉不能出卖，除将规定的部分送交寺院和宗教职业者外，剩余的用作招待客人和赠送亲友。

（3）诺鲁孜节食俗。

诺鲁孜节，也叫迎春节，距今至少已有3000年的历史，内容与汉民族的春节相似。该节日每年自3月21日起，延续3天至15天不等。

维吾尔族在信奉伊斯兰教以前，崇拜天神、日神、月神、星神、水神、地神、火神（灶神）、祖先神等。在他们看来，星神是掌握人类命运祸福的主神，其中白羊星是造福人类的主神之一，而双鱼星则是人畜的病源。人们正好在双鱼星降落、白羊星升起时，举行诺鲁孜节，并把这一天定为自己的新年节。

节日当天日出以后，维吾尔族人要做"诺鲁孜饭"，家家户户用剩余的粮食和食物，加上多种佐料（也加野生调味佐料）煮成稠粥，称作"克缺"或"冲克缺"（丰盛粥）。

入夜时分，到处都可以听到击诺鲁孜乐的鼓号声。听到鼓

伊斯兰教庆祝新年

声的母亲们开始忙碌着做"诺鲁孜宴"的准备。首先取出象征着"福禄无边"的、去年诺鲁孜节打好后精心晾晒保存至今的"艾麦克馕"（薄饼馕），摆放在桌布正中央，四周摆放其他食品及干鲜果。父亲会庄重地将"福禄馕"掰成若干小块，均分给家里的每一个成员，然后随意尝食其他食品。

吃完后父亲举手祷告，子女们跟诵，"诺鲁孜宴"便告一段落。

3. 土家族节日食俗

土家族的传统节日有过赶年、元宵节、社日、花朝节、寒食节等，其中最具特色的是过赶年。

过年是土家族最大的节日，从腊月二十三过小年开始，到正月十四、十五结束。过大年的时间比汉族提前一天。故又称"赶年"。

至于提前一天过年的原因，主要有两种说法：

其一说，在明代嘉靖年间，正值年关，土家族人正准备热热闹闹过年，突然朝廷下来圣旨，调土家族士兵赶赴苏淞协剿倭寇。按路程计算要按时到达指定地点，不等过年就得出发。为了使这些已集中起来马上就要离开家乡、上战场的土家族官兵过了年再走，就决定提前过年。过年后，土家族官兵紧急出征，按时到达，并同朝廷将士及其他少数民族官兵一道将倭寇击败。由于土家族官兵战功卓著，荣立"东南第一战功"。后人为了纪念这个很有意义的日子，每逢过年都提前一天，久而久之，成为习惯。

其二说，土家族的祖先生活在兵荒马乱的年代，就连过年也难得几天安稳日子。有一年，过年前几天，探得敌方正集中人马，打算在过年这一天前来侵犯。土家族人为了不错过年的机会，于是就提前过了年。第二天，斗志旺盛的土家族人迎头痛击来犯之

土家织锦

敌，并取得了胜利。后来，土家族人以提前一天过年的形式纪念胜利的节日，从而成为习俗传承下来。

土家族过年的方式很特别：土家族人杀年猪后，把猪放在门后，用蓑衣盖上，一人持刀守候。若有人从门前经过，即拿刀追赶，赶上了就拉到家里吃一顿肉。

吃团年饭也很有讲究：肉不细解，吃大块肉；菜不分炒，吃"合菜"；喝大碗酒；年饭用大蒸笼蒸好，可吃数日；团年时，关上门，抓紧吃喝，不许说话。

上桌后，每人夹一坨肉放在自己碗内的饭上，在饭上插上筷子，表示祭祖宗。有的吃年饭的时间要长，饭后不能立即抹桌、洗碗。

4.壮族节日食俗

壮族几乎每个月都要过节，但最隆重的节日莫过于春节，其次是七月十五中元鬼节、三月三歌节、八月十五中秋节，还有端午节、重阳节、尝新节、冬至节、牛魂节、送灶节等。

壮族花山岩画

（1）春节食俗。

壮族的节日很多都与汉族相通，但在食俗上却有自己独特的文化。"抢头鸭、吃母粽"等都是壮族人过年时的迎春大事，除此之外还有很多美食和风俗。

壮族过春节一般在腊月二十三过完送灶节后便开始着手准备，要把房子打扫得窗明几净，二十七宰年猪，二十八包粽子，二十九做糍粑。

壮族在春节期间对吃特别讲究。

汉族的年谣"腊月二十六，杀猪割年肉"，而在壮族人家一般是在腊月二十七杀年猪，杀了年猪就算是拉开过年的序幕了。

为了杀年猪，壮族人民早早就做好了准备，提前将猪精心饲养半年之久，待时间一到，便开始喜庆的"杀年猪"活动。

猪杀完后一次吃不完，壮族人会将剩下的猪肉清洗干净，用刀砍成长条，抹上作料后挂在门房上或火塘边。

在除夕这天，家家户户都会做很多的五色糯米饭，用来迎接新年，祈祷来年五谷丰登、五福临门。这五种颜色是用天然的植物萃取色，将糯米浸泡在四种不同颜色的水中，上色后再和原色的糯米一起蒸熟，米香诱人、色泽亮丽，看起来十分漂亮。

这米饭还一定要有剩余，留到第二天再吃，象征着年年有余，来年有好收成，俗称"压年饭"。

此外，春节期间壮族人民大多不喜吃青菜，他们认为，吃青菜来年田里就会长草，十分影响庄稼的收成。

除夕晚上，在丰盛的菜肴中最富特色的是整煮的大公鸡，家家必有。壮族人认为，没有鸡不算过年。

"抢头鸭"也是壮族地区春节的习俗之一，比赛谁家能第一个讨到新年的好彩头。在大年三十晚上，待到12点的钟声一响，家家户户都会争先宰鸡杀鸭，然后将粽子煮上，按照顺序鸡和鸭摆在供桌的中间，粽子放在两边，两侧还各有一把夹着猪尾、贴着红纸的大蒜苗，一一祭祀祖先、灶王、门神、猪圈、牛栏。待祭祀完毕后点燃鞭炮，先放鞭炮的人家便抢得了"头鸭"，寓意在新的一年交到了好运。

北方人过年吃饺子，南方人过年吃年糕，而壮族人过年却是吃粽子。壮族人吃年粽已有上千年的历史。粽子在壮族同胞眼中是"高贵"的食物，称之为"年粽"，用来祭祀祖先或招待客人。

一般一锅年粽要花费两天的时间，但这年粽和我们平时吃的粽子可不大一样。年粽有"公母"之分，母粽子通常比较大，一个母粽重达十几二十多斤，可以供一家人吃好几天；而公粽子就和平时的粽子差不多。

壮族的粽子馅料丰富，除了糯米之外，还加入了肥猪肉、板栗、莲子、花生、绿豆、雪菜、香菇等食材。其中最重要的食材就是肥猪肉，讲究越肥越好，肥肉蒸制后慢慢流出肥油，渗入糯米之中，吃起来又香又糯。

壮族"母"年粽

大年初一喝糯米甜酒、吃汤圆（一种不带馅的元宵，煮时水里放糖）。初二以后方能走亲访友，相互拜年，互赠的食品中有糍粑、粽子、米花糖等。

壮族春节活动会一直延续到"正月十五元宵节"；有些地方甚至到正月三十，整个春节才算结束。

（2）三月三食俗。

三月三（壮族三月三），又称歌圩节、歌婆节或歌仙节，是壮族祭祀祖先、倚歌择配的传统节日，是壮族及其先民在特定的历史条件和生活环境下，经过日积月累而慢慢形成的一种具有壮族特色的传统节日。

三月三按过去的习俗，是上坟扫墓祭祖的日子，届时家家户户都要派人携带五色糯米饭、彩蛋等到先祖坟头去祭祀、清扫墓地，并由长者宣讲祖传家史、族规，共进野餐；有的还对唱山歌，热闹非凡。

1940年后，这　传统已逐步发展为有组织的赛歌会，气氛更加隆重、热烈。

"包菜"是三月三壮族人爱吃的节日食品，又称"包生饭"，即用"包生菜"的宽嫩叶包上一小口饭，放入口中嚼吃，颇有风味。

壮族的其他节日食俗也都各有讲究，各具特色，比如中元吃鸭、端午吃粽、重阳吃粑等。

5. 苗族节日食俗

苗族的传统节日有苗年、四月八、吃新节、赶秋节等，其中以苗年最为隆重，相当于汉族的春节。

（1）苗年食俗。

过苗年的日期，各地不尽相同，但都是在谷子进仓以后，即分别为农历的九月、十月或十一月的辰（龙）日或卯（兔）日或丑（牛）日举行。在融水苗族中以农历十一月三十日为除夕，次日起为过年，过这一苗年的人口最多、地域最广。

过苗年的头几天，家家户户都要把房子打扫干净，积极准备年货，如打糯米粑、酿米酒、打豆腐、发豆芽，一般还要杀猪或买猪肉等。富裕的人家，还要做香肠和血豆腐，为家人缝做新衣服等。

在苗年三十的晚上，全家都要在家吃年饭，守岁到午夜才打开大门放鞭炮，表示迎接龙进家。

在天刚拂晓时，每家都由长辈在家主持祭祖。早餐后，中青年男子便去邻居家拜年，苗语称为"对仰"，表示"祝贺新年快乐"。

（2）吃新节食俗。

吃新节又叫尝新节，主要流行于贵州黔东南苗族侗族自治州和广西融水苗族自治县地区。

每年农历六、七月间，当田里稻谷抽穗的时候，苗族村寨家家户户在卯日（有的在午日或辰日）欢度"吃新节"。

届时，每家都煮好糯米饭、一碗鱼、一碗肉等，摆在地上（也有的摆在桌上），并在自己的稻田里采摘7~9根稻苞来放在糯米饭碗边上；然后烧香、烧纸，由长者捏一丁点儿鱼肉和糯米饭抛在地上，并滴几滴酒，以表示敬祭和祈祷丰收；最后把摘来的稻苞撕开，挂两根在神龛上，其余给小孩撕开来吃，全家人就高高兴兴地共进美餐。

第二天，各村寨的男女老幼纷纷穿着新衣观看芦笙会、跳芦笙舞；还有的拉马到马场赛马，有的牵水牯牛到斗牛场斗牛。

苗族蜡染艺术

6. 藏族节日食俗

藏族是个多节日的民族，大致可划分为传统节日和宗教节日两种，雪顿节、大佛瞻仰节、祈祷节、望果节、展佛节、失勤节和藏历新年等。

藏族节日的内容和形式丰富多彩，包括了祭祀、农事、纪念、庆贺和社交游乐等诸多项目。

（1）藏历年食俗。

藏族人民所过新年节日，与汉族春节完全不同。一进入农历十二月，家家户户就开始为新年做准备。

十二月二十九日进入除夕。这天，要给窗户和门换上新布帘，在房顶插上簇新的经幡，门前、房梁和厨房也要用白粉画上"十"字符号等吉祥图案，构成一派喜庆的气氛。

入夜时分，全家老少围坐在一起吃一顿例行的"古突"（类似汉族新年的团圆饭）。

"古突"是用面疙瘩、羊肉、人参果煮成的稀饭。家庭主妇在煮饭前悄悄在一些面疙瘩里分别包进石头、羊毛、辣椒、木炭、硬币等物品，谁吃到这些东西必须当众吐出来，预兆此人的命运和心地。石头代表心狠，羊毛代表心软，木炭代表心黑，辣椒代表嘴巴不饶人，硬币预示财运亨通。于是大家相互议论，哈哈大笑一场，掀起欢乐的高潮。

接着，全家用糌粑捏制一个魔女和两个碗，把吃剩的"古突"和骨头等残渣倾入用糌粑捏成的碗里，由一名妇女捧着魔女和残羹剩饭跑步扔到室外。一个男人点燃一团干草紧紧相随，口里念着"魔鬼出来，魔鬼出来！"让干草与魔女和残羹剩饭一起烧成灰烬。与此同时，孩子们放起鞭炮，算是驱走恶魔，迎来了吉祥的新年。

（2）雪顿节食俗。

每年藏历六月底、七月初，是西藏传统的雪顿节。在藏语中，"雪"是酸奶子的意思，"顿"是"吃""宴"的意思；雪顿节按藏语解释就是吃酸奶子的节日，因此又叫"酸奶节"。人们在树荫下搭起色彩斑斓的帐篷，在地上铺上卡垫、地毯，摆上果酒、菜肴等节日食品。有的边谈边饮，有的边舞边唱。

下午各家开始串幕做客，主人向客人敬三口干一杯的"松准聂塔"酒；在劝酒时，唱起不同曲调的酒歌。在各个帐篷内，大家相互敬酒，十分热闹。

西藏唐卡

烹牛宰羊且为乐：古代人生仪礼食俗

人生仪礼是指人的一生中，在不同的生活和年龄阶段所遵从的不同的仪式和礼节。

千百年来，人们在人生仪礼活动中逐渐形成了一系列饮食习俗，包含诞生、及冠、结婚、诞辰、丧葬等人生的各个重要阶段。

人生仪礼食俗是中国饮食文化重要的组成部分，在千百年来的继承发扬中闪耀着独特的中国特色。

无灾无难到公卿：古代诞生礼习俗

诞生礼，又称人生开端礼或童礼，它是指从求子、保胎到临产、三朝、满月、百禄，直至周岁的整个阶段内的一系列仪礼。

诞生礼起源于古代的"生命轮回说"，中国古代生命观中重生轻死，因此把人的诞生视为人生的第一大礼，以各种不同的仪礼来庆祝，并由此形成许多特殊的饮食习俗。

狭义的诞生礼指庆祝诞生使用的礼品，一般是新生儿家人摆酒宴准备分发给亲朋好友的礼盒，每个礼盒包含有喜蛋、喜饼、喜糖等；应邀的亲朋好友视具体情况也会送轻重不同的礼物，礼物大多是小儿用品和产妇营养品。

中国传统的诞生含义非常广泛，不同地区、民族形式多有不同。从刚出生洗礼开始到宝宝周岁抓周，一般有祝福、保健、占卜等几层含义。

汉民族传统的出生礼，由几种礼仪组成：婴儿诞生，有诞生礼；三日后，有三朝礼；出生一月，为满月礼；出生百天，行百日礼；一周岁时，行周岁礼。这样，对一个新生命的迎接过程，才算完成了。

古代重男轻女、男尊女卑的意识非常明显。

《诗经·小雅·斯干》曰："乃生男子，载寝之床。载衣之裳，载弄之璋"，"乃生女子，载寝之地。载衣之裼，载弄之瓦。"

璋，指玉器；瓦是纺车上的零件，称"纺砖"。意思是说，如果生了男孩，就让他睡在床上，给他穿华美的衣服，给他玩白玉璋；如果生的是女孩，就让她睡在地上，把她包在襁褓里，给她陶制的纺锤玩。

《礼记·内则》记载："子生，男子设

玉璋

弧于门左，女子设帨于门右。"

若生的是男孩，则在侧室门左悬弓一副，并且还要用弓箭射四方；若是女孩，则在侧室门右悬帨。

帨，是女子所用的佩巾。《周礼》婚礼中，女子出嫁，母亲要亲自为女儿系结佩巾。显然，弓与帨，也具有鲜明的性别特征。

送子频来百姓家：古代求子食俗

在以农业经济为主的古代社会中，劳动力的多少决定了一个家族能否在体力劳动中得到支持，人们总是希望通过多生多育的方式解决劳动力问题。另外，古人也把"不孝有三，无后为大"当作评判一个人是否尽孝道的条件之一。

因此，"多子多福"的传统观念在中国人的思想中根深蒂固。于是，人们开始通过种种手段祈孕求子，千奇百怪的求子饮食风俗也就随之应运而生。

送子观音塑像

1. 求子习俗

在中国古代，"多子多福"的观念兴盛于民间。人们为了能延续家族的香火，能增加劳动力，就不遗余力地祈求上天赐予子嗣，民间也诞生了很多有关的祈孕求子风俗。

（1）向神求子。祭拜传说中主管生育的观音菩萨、碧霞元君、百花神、尼山神等，供上福礼，并给神祇披红挂匾。

（2）送食求子。吃喜蛋、喜瓜、莴苣、子母芋头之类，据说多吃这类食品，

便可受孕。

（3）送物求子。包括送灯、送砖、送泥娃娃、送麒麟盆，相传这都是得子的征兆。

（4）答谢送子者。如广州、贵州和皖南的"偷瓜送子"；四川一带的"抢童子""送春牛"和"打地洞"；广西罗城仫佬族山寨的"补做风流"；旧时彝族地区的"促育解冤祭"；鄂西和湘西土家族的"吃伢崽粑""喝阴阳水"，都属于这一类型。

2. 求子饭

中国民间有着送食求子的风俗，人们喜欢给婚后的女子吃喜蛋、喜瓜、莴苣、子母芋头之类的食品。人们相信，多吃这些食品便可受孕。民间各地，也都有着独特的求子食俗。

在贵州一带，每当有人去世之时，都要在死者身旁放一碗饭，当地民间称其为"倒头饭"。相传，婚后没有怀孕的妇女，如果吃了这碗饭，便能够怀孕。

有些地方，孕妇生完孩子后，都要供奉"送子娘娘""催生娘娘"之类的祈孕求子之神一碗饭，并且谓之"娘娘饭"。传说不怀孕的女子吃了这碗饭也可怀孕。

3. 吃蛋祈孕

民间食蛋以促孕的习俗，从古代"简狄吞燕卵而生契"的传说之中可以初见端倪，《诗经·商颂》记载有"天命玄鸟，降而生商"。虽然是传说，从中也不难发现，先秦时期就已经出现了吃蛋求孕的食俗。

在山东黄县一带，每逢正月初一，婚后长期未孕的妇女都要在门后偷偷吃掉一个煮鸡蛋，以求怀孕。

在江南一带，小孩出生后的第三天，父母会将一个煮鸡蛋在新生儿身上滚过，食俗上称此蛋为"三朝蛋"。当地民间认为，婚后不孕的妇女吃了此蛋就能怀孕了。

在长江中下游地区，嫁女儿的嫁妆里有一个朱漆"子孙桶"，桶里要放上若干个煮熟染红的喜蛋。嫁妆送到男家后，男家亲友中如有不生育的女人，便会向主人讨子孙桶里的喜蛋吃，据说吃了这种蛋很快就会怀有身孕。

4. 吃瓜求子

除了吃蛋祈孕的食俗，民间还风行着吃瓜求子的食俗。

瓜果具有其他植物不具备的自然特点，它们种类繁多、藤蔓绵延、果实累累，如西瓜、甜瓜、黄金瓜等属葫芦科的都卷须缠络绵绵不已。在中国很多地方，都流行着诸如"种瓜得瓜，种豆得豆""瓜好子多"等俗语，从这之中不难看出人们对瓜果寄托的祈子之情。

在贵州、湖南、江西、江苏等地，中秋节有偷瓜送子的习俗。

清叶调元《汉口竹枝词》有云："一路送瓜图热闹，不知喜信应谁家。"说的是亲友中如哪家媳妇数年不孕，中秋节就让一个小男孩怀抱南瓜，骑马或坐轿，一路敲锣打鼓，向"受瓜"主家赶去，祈福好运降临，早生贵子。

汉阳人徐志也写过一首"送瓜"《汉口竹枝词》："桂子盈盈白露凉，育儿心切晚添妆。蓬门少妇金闺女，并作瓜田一夕忙。"叶调元为之注释称："俗于中秋之夕，锦彩饰棚，设瓜其中，灯火鼓乐，群送于戚友家，谓之送瓜；受之者必备酒食，以犒来众。妇女欢迎，咸庆多子之兆。盖取'瓜瓞绵绵'意也。"受瓜人家对送瓜者是盛情款待，如同办喜事一般。妇女得瓜即食，以为可怀孕得子。

清末吴友如的《点石斋画报》上还有一幅《送瓜祝子图》，该图送瓜场面极为热闹：送瓜之人骑马乘轿而来，前呼后拥，隆重异常，接瓜之户全家倾出，恭恭敬敬。

旧时广州妇女还有以莴苣求子的食俗。据《清稗类钞》记载："广州元夕妇女偷摘人

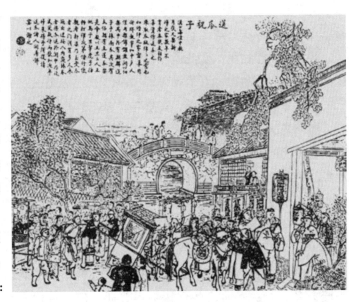

[清]《吴友如画宝·送瓜祝子图》

家蔬菜，谓可宜男。又妇女难嗣续者往往于夜中窃人家莴苣食之，云能生子，盖粤人呼叶用莴苣为生菜也。"

婴儿养就吾身里：古代保胎食俗

对于孕妇，古人是食养与胎教并重，还有"催生"之俗。

在食养方面，强调"酸儿辣女""一人吃两人饭"，重视荤汤、油饭、青菜与水果，忌讳兔子肉（生子会豁唇）、生姜（生子会六指）、麻雀（生子会淫乱）以及一切凶猛丑恶之物（生子会残暴）。

在胎教方面，要求孕妇行坐端正，多听美言，有人为她诵读诗书，演奏礼乐。同时不可四处胡乱走动，不可与人争吵斗气，不可从事繁重劳动，并且节制房事。

在催生方面，名堂亦多。《梦粱录》云："杭城人家育子，如孕妇入月，期将届，外舅姑家以银盆或彩盆，盛粟杆一束、上以锦或纸盖之，上簇花朵、通草、贴套，取五男二女之意，及眠羊卧鹿，并以彩画鸭蛋一百二十枚、膳食、羊、生枣、粟果及孩儿绣绷彩衣，送至婿家，名'催生礼'。"

湘西坝子是岳母给女儿做一顿饭，二至五道食肴，分别称作"二龙戏珠""三阳开泰""四时平安""五子登科"，饭食必须一次吃完，意谓"早生""顺生"。

侗族是由娘家送大米饭、鸡蛋与炒肉，七天一次，直至分娩为止。

浙江是送喜蛋、桂圆、大枣和红漆筷，内含"早生贵子"之意。

在古代，女性地位低下，生活悲惨。大多数女子怀孕了还得下地干活、操持家务，只有极少数的权贵家的孕妇才能享受安胎待产的优待。

在这极少数女子中，最尊贵的莫过于皇帝的后宫娘娘们。她们怀孕后，不仅会有十分丰厚的赏赐，还享有当时最为先进的医疗技术以及最为妥善的饮食。

这些娘娘们怀孕后，最常吃的翡翠白玉虾、羊奶山药羹、酥蜜粥等保胎养胎食品。乍一看，这些食物都很普通，但在古代，可不是什么人都能吃得到了。

翡翠白玉虾其实就是青豆虾仁。这么一道在现在看来的小菜，在古代民间来说却十分珍贵。虾是采用渤海等遥远海域新鲜捕捞的虾，这种进贡的虾一定是保证在烹饪前全部是活的，才能用于给皇帝妃子食用。古代冬季蔬菜十分匮乏，皇宫内会花高额成本培育一部分新鲜蔬菜以供皇亲贵胄食用，可以保证一年四季供应。而平民百姓却连普通的大白菜都不能保证，更多的时候只能吃咸菜。

羊奶山药羹就是用羊奶、山药加蜂蜜做成的。将山药洗净去皮上蒸笼蒸熟，之后捣成泥状，再将羊奶煮沸与之混合，最后加入现取蜂蜜制作而成。

酥蜜粥中的酥指酥油，蜜就是蜂蜜。最为关键的粥，则是采用现今已几乎看不到的碧粳米。碧粳米是清代的贡品，在清代就是"金贵"的代名词，其颜色呈淡绿如美玉、煮时米香诱人，出产于河北省玉田县附近。用碧粳煮成的粥饭香气扑鼻，早些年，玉田当地家里有新生儿断奶时，都用碧粳米的米汤替代母乳。在《红楼梦》中亦多次出现对碧粳米的描述，称其"香甜可口，食之不绝"。

翡翠白玉虾

内家报喜车凌晓：古代庆生食俗

古代的庆生食俗包括添丁报喜和产妇调养。

1. 添丁报喜

宋代诗人秦观《庆张君俞都尉留后得子》诗云：

> 天上吹箫玉作楼，蟠桃熟后更无忧。
> 内家报喜车凌晓，太史占祥斗挂秋。
> 龙得一珠应献佛，虎生三日便吞牛。
> 鲁元福禄何人似，坐见张敖数子侯。

添丁生子历来都是大喜事，自当热热闹闹庆贺一番。

孩子出生，自当添丁报喜，如汉族的"贺当朝"、土家族的"踩生酒"、畲族的"报生宴"、仡佬族的"报丁祭"之类，都是在婴儿降生当天举行。

对此，因地域不同，具体风俗各异。

如"贺当朝"，是由亲友带着母鸡、鸡蛋、蹄膀、米酒、糯米、红糖前来祝贺，产妇家开"流水席"分批接待。

"踩生酒"，是用酒菜招待第一个进门的外人，并有"女踩男、龙出潭""男踩女、凤飞起"之说。

"报生宴"，是由婴儿之父带一只大雄鸡、一壶酒和一篮鸡蛋去岳母家报喜。

[清] 张乃耆《喜鹊三友图》

如生男，则在壶嘴插朵红花；如生女，则在壶身贴一"喜"字。岳家立即备宴，招待女婿和乡邻。

"报丁祭"，是用猪头肉、香、纸祭奠掌管生育的"婆王"，招待全村男女老少。

清朝民国时期，婴儿出生之后，女婿要第一时间到女方家里报喜，其讲究在各地是有所不同的。

有些地方女婿要带染好红色的鸡蛋即"喜蛋"，喜蛋的数量也是有讲究的，单数表示生的是男孩，双数则表示生的是女孩。

有些地方是提鸡报喜，提公鸡表示生男孩子，提母鸡则表示生女孩子，一眼瞧见便知晓。

还有些地方是女婿需提一壶酒，酒壶的壶嘴处拴着红布条，壶盖上饰红须并贴一个"喜"字。

2. 产妇调养

产妇调养即是"坐月子"的开始，一方面"补身"，一方面"开奶"，有"饭补"与"汤补""饭奶"与"汤奶"之说。食物多为小米稀饭、肉汤面、煮鲫鱼、炖蹄膀、煨母鸡、荷包蛋、甜米酒之类，一日四至五餐，持续月余。

作汤饼客可无人：古代育婴食俗

汉民族传统的出生礼，因地域之别而具有不同的风貌和表现样式。但总的来看，汉民族传统的出生礼中，大都包含了诞生、三朝、满月、百日、周岁五种主要礼仪，所以其食俗的具体表现形式也各自不同。

1. 洗三

在婴儿出生第三天，进行沐浴，为婴儿祝福。亲友都来相贺，送上礼物，在孩子面前说吉祥话。宋代流行写洗三诗，一般主持的都是稳婆。

洗三习俗至迟在唐贞观初年就已出现，到开元时已基本定型。此后盛行不衰的"三日洗儿"习俗，包含洗浴、赠赏、宴乐等内容，主要是为小儿祈福，保健因素较多，对于体质弱小的婴儿来说则是一种考验。如《新唐书》载，唐肃宗吴皇后"生代宗，为嫡皇孙。生之三日，帝临澡之"。

唐医药学家孙思邈在《千金方》中称："儿生三日，宜用桃根汤浴，桃根、梅根、李根各二两，枝亦得。咀，以水三斗煮二十沸，去滓，浴儿，良，去不祥，令儿终身无疮疥。""洗三"时水中添加药材，不但可除不祥，还可祛皮肤疾病，其郑重程度可见一斑。

宋神宗元丰二年（1079 年），文名满天下的苏轼因"乌台诗案"被贬谪黄州，跌入人生低谷。恰逢侍妾诞下男婴，为儿"洗三"，苏轼百感交集，一挥而就：

人皆养子望聪明，我被聪明误一生。
惟愿孩儿愚且鲁，无灾无难到公卿。

貌似游戏笔墨，实则情动于衷，自嘲聪明反被聪明误，表达了对时政之失望，盼望孩儿平平安安甚至"愚且鲁"，从而远离坎坷"无灾无难"之企盼，殷殷父爱尽见字里行间，令人慨叹。

在雍和宫法轮殿后面就有一洗三盆，是清代的皇子、后来的乾隆皇帝在他出生第三天时洗浴用过的盆，又名鱼龙变化盆。此盆为金丝楠木所雕，呈豆瓣状，盆上

鱼龙变化盆

金漆已呈斑驳状，显露出木质本色，有几分沧桑感。其内镶一铜盆，为洗浴水盆。

在洗三这天，外婆以及远亲近邻都会前来祝贺，送上鸡子、十全果、挂面、香饼、鸡蛋、红糖等，并同时致以各种问候。主人把婴儿抱出来给大家看，客人们都会说一些吉利贺喜话。

2. 满月酒

满月酒，是指婴儿出生后一个月而设立的酒宴。

在古代，人们认为婴儿出生后存活一个月就是渡过了一个难关。这个时候，家长为了庆祝孩子渡过难关，祝愿新生儿健康成长，通常会举行满月礼仪式。该仪式需要邀请亲朋好友参与见证，为孩子祈祷祝福。

这就是"满月酒"的来源。

古时候，满月请酒也可以称为"吃满月蛋"。与其他酒会宴席不同的是，主家会提前准备，将染成红色的鸡蛋作为伴手礼送给出席宴会的来宾。常规，每位宾客主家会发4个"红鸡蛋"让其带回去食用。后来，考虑到其他因素，煮熟的"红鸡蛋"也会以染上红色的生鸡蛋代替。这种习俗延伸至今，出现了很多种红鸡蛋的表现形式。

相传三国时，东吴都督周瑜想用假招亲、真扣留的计策擒拿刘备，索还荆州。诸葛亮识破此计，命赵云带上大量染红的鸡蛋，护送刘备去江东成亲。

婆亲的人到了东吴，逢人便送红喜蛋，消息一传十、十传百，传进深宫孙权母亲吴国太那里。吴国太大喜，命孙权立即为刘备和孙尚香举办婚礼。

［北宋］苏汉臣《秋庭婴戏图》

孙权无奈，只得假戏真做，于是就有了"赔了夫人又折兵"的结局。

从此，江南添了个习俗，结婚时家家都要向客人送红喜蛋，象征着"喜庆圆满"，人人都可以向主家讨红喜蛋，象征着"沾喜气"。

后来，结婚送红喜蛋的习俗从江浙传到全国各地。又因"蛋"与"诞"谐音，象征着新生与希望，生小孩时也用送红喜蛋的方式向亲友"报喜"。如今，红喜蛋已成为结婚、添子、祝寿等喜事的标志，就有了"有喜事吃喜蛋"的习俗。

3. 百日礼

百日礼，就是孩子诞生一百天的一个传统礼节，古时候也叫"百晬"或"百岁"。"百"这个数字很重要，具有"圆满""完全"的意义。

这个礼节不止是宴请亲朋好友吃吃饭这么简单的，其中，还蕴藏着深厚的传统文化。

第一个习俗就是要穿百家衣、吃百家饭。

所谓的百家衣，就是从不同的人家寻来布料，然后制成的一种五彩斑斓的衣服。在传统文化中，百家衣象征能够给孩子带来百家的福气，让孩子少病少灾，孩子可以在百家的祝福下，健康成长。

百家饭也是同样的道理和象征。

旧时，农历正月初一那天，爷爷抱着未满周岁的孙子，佯装乞丐模样，手执破碗，沿街乞讨。乞饭的人家以 100 家为宜。他们将讨来的馍、菜、米烩在一起，煮成稀饭，让孩子吃下。据说这样孩子就可受到百家的庇护，免除灾难。

吃过百家饭后，孩子的奶奶要蒸 100 个铜钱大小的麦面馍，用篮子挎上，沿村庄或街道漫步，凡遇到小孩，就要送一个小馍给他。这 100 个小馍分给 100 个小孩。馍发完后，灾难也就让别人嚼完了，自己的孩子就会平安健康，长大成人。此俗称"嚼灾"。

百日礼的下一个重要步骤，那就是给孩子佩戴长命锁。

长命锁在传统文化中是一种吉祥

长命锁

的象征，象征着孩子可以长命百岁，健康成长。

既然是祝婴儿长寿的仪式，亲朋的贺礼也必须以百计数，鸡蛋、烧饼、礼馍均可，体现"百禄""百福"之意。

4. 抓周

抓周，又称拭儿、试晬、拈周、试周。这种习俗，在民间流传已久，它是小孩周岁时举行的一种预测性情、志趣、前途与职业的民间纪庆仪式，是第一个生日纪念日的庆祝方式。

相传，三国时吴主孙权称帝未久，太子孙登得病而亡，孙权只能在其他儿子中选太子。

有个叫景养的西湖布衣求见孙权，进言立嗣传位乃千秋万代的大业，不仅要看皇子是否贤德，而且要看皇孙的天赋，并称他有辨别皇孙贤愚的办法。

孙权遂命景养择一吉日，令诸皇子各自将儿子抱进宫来。只见景养端出一个满置珠贝、象牙、犀角等物的盘子，让小皇孙们任意抓取。

众小儿或抓翡翠，或取犀角。唯有孙和之子孙皓，一手抓过简册，一手抓过绶带。

孙权大喜，遂册立孙和为太子。然而，其他皇子不服，各自交结大臣，明争暗斗，迫使孙权废黜孙和，另立孙亮为嗣。

孙权死后，孙亮仅在位七年，便被政变推翻，改由孙休为帝。

孙休死后，大臣们均希望推戴一位年纪稍长的皇子为帝，恰好选中年过二十的孙皓。

这时一些老臣回想起先前景养采用的选嗣方式，不由啧啧称奇。

其后，许多人也用类似的方法来考校儿孙的未来，由此形成了"试儿"习俗。

"抓周"的仪式一般都在吃中午那顿"长寿面"之前进行。

讲究一些的富户都要在床（炕）前陈设大案，上摆印章、儒、释、道三教的经书、笔、墨、纸、砚、算盘、钱币、账册、首饰、花朵、胭脂、吃食、玩具；如是女孩"抓周"还要加摆铲子、勺子（炊具）、剪子、尺子（缝纫用具）、绣线、花样子（刺绣用具）等。

一般人家，限于经济条件，多予简化，仅用一铜茶盘，内放私塾启蒙课本《三字经》或《千字文》一本、毛笔一枝、算盘一个、烧饼油果一套；女孩加摆铲子、

抓周用品

剪子、尺子各一把。

一切准备就绪，由大人将小孩抱来，令其端坐，不予任何诱导，任其挑选，视其先抓何物，后抓何物，以此来测卜其志趣、前途和将要从事的职业。

届时亲朋都要带着贺礼前来观礼、祝福，主人家设宴招待。

周岁宴席讲究上菜重十，须配以长寿面，菜名多为"长命百岁""富贵康宁"之意，求得旧时吉庆、风光。

周岁宴后，整个诞生礼也就算圆满结束了。

满载而归六礼通：古代婚礼习俗

中国民间婚俗，男女正式订婚之日男方必备聘礼。食物在聘礼中也占据了重要的地位，这些食物除了具有普通食物共有的食用价值之外，还都结合婚嫁的主题，含有某种吉祥寓意。

我国的婚礼习俗丰富多彩，完整的婚礼习俗在古代有纳采、问名、纳吉、纳征、请期、亲迎六礼。但是明清以来，完整的六礼已经不复存在。

1. 纳采

所谓纳采，就是发出婚议，是订婚的第一步。如果男方觉得某家有女可做议婚对象，便请媒人带着大雁作拜见之礼，进行说合。仪式完毕后把雁放生，否则不吉利。

纳采礼依身份的不同而异。百官纳采礼有三十种，且都有不同的象征意义，如羊、香草、鹿，取其吉祥，以寓祝颂之意；而以胶、漆、

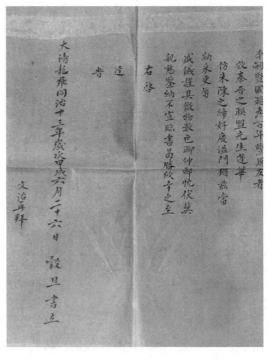

古代婚书

合欢铃、鸳鸯、凤凰等用来象征夫妇好合之意；或取各物的优点美德以激励劝勉夫妇，如蒲苇、卷柏、舍利兽（猞猁）、受福兽、鱼、雁、九子妇等。

［清］光绪大婚图

2. 问名

问名，也称为"过小帖"或"合八字"，顾名思义，即由媒人询问女方的姓名、年庚以及"八字"，通过占卜、算命来看看男女双方会不会相冲相克，以及有没有其他不宜结成夫妻的地方。

3. 纳吉

纳吉，又称过文定，男方父母将自己儿子的生辰八字交给媒人带给女方，同时下聘书，这就是"过大帖""换鸾书"，也称为"通书"，实际上有点儿订婚的意思，需要送礼但不是下聘礼。

这个过程仍用雁为赞礼，女家以礼相待。

4. 纳征

所谓纳征，又称过大礼，即下聘礼。下聘礼须有礼书：即在过大礼时所用的文，列明过大礼的物品和数量。聘礼多少依据男方的财力决定，一般都为金、银、绢等之类的。《梦粱录·嫁娶》记载，条件好的富贵人家"金一两，银五两，彩缎六表里，杂用绢四十匹；次一点的人家金五钱，银四两，彩缎四表里，杂用绢三十匹；再次一点的银三两，彩缎三表里，杂用绢一十五匹"。

在纳征时，女家需回礼、回聘金，其中主要有：茶叶生果莲藕、芋头和石榴（各一对）；贺维巾；长裤，意即长命富贵；鞋（一双），意即同偕到老；扁柏、姜、茶煎堆、松糕；槟榔（受一个，余数则全回给男家），意即一郎到尾。

5. 请期

请期，又称乞日，即男家择定合婚的良辰吉日，并征求女家的同意。

6. 亲迎

亲迎即迎亲，简单说就是新郎亲自到新娘家接回新娘子。亲迎有迎书，即迎娶新娘之文书，接新娘过门时，由男方送给女方。

在结婚吉日，穿着礼服的新郎会偕同媒人、亲友亲自往女家迎娶新娘。新郎在到女家前需到女家的祖庙行拜见礼，之后才用花轿将新娘接到男家。在男家完成拜天、地、祖先的仪式后，便送入洞房。

隋唐时期，随着国力的强盛，当时的结婚礼仪基本上还遵循"六礼"程序。宋代以后，对"六礼"程序进行了合并。《宋史·仪卫志》记载：当时"士庶人婚礼，并问名于纳采，并请期于纳成。"也就是说纳采和问名合成一步，请期和纳征并成一步。这样"六礼"就只剩下纳采、纳吉、纳征、亲迎四礼。

在《朱子家礼》中又把纳吉删去，这样一来六礼只余三礼。《明史·礼志》记载明洪武元年（1368年）定制，采用《朱子家礼》。

到了清代，根据《清通礼》记载，婚礼中的"六礼"变成五礼，即议婚、纳采、纳币、请期、亲迎。其他士庶人家婚礼仿照此规定有所增减。

总之，古代婚姻议程规范"六礼"随着时代变化有增有减，有并有合。

皓月描来双影雁：古代纳征食俗

中国古代男女双方合婚之后，如果觉得可以缔结婚姻关系，媒人就会选定一个好日子，带着男方去下聘礼。下聘礼也就是"六礼"中的纳征，这个仪式也被称为"过大礼""大聘""完聘"。

在聘礼中包含了很多食礼和食俗。

1. 以茶为聘礼

在中国，以茶为聘礼有着悠久的历史。

明代郎瑛在《七修类稿》中引《茶疏》说："茶不移本，植必子生。古人结婚，必以茶为礼，取其不移植子之意也。"

清末苏州民歌《拣茶叶女》中唱道："茶叶如何可定亲，只缘茶树忌移根。阿奴尚未将受茶，可有郎来议结亲。"

通过这些我们可以看出，人们认为茶树只能从种子萌芽成株不能移植，所以就赋予其坚定的寓意，预示了女子一旦接受聘礼就应该像茶树一样坚定不移。同时，茶树也是常绿树，以茶行聘，不仅象征着爱情的坚贞不移，而且意喻爱情的永世常青。

在中国很多地方，都会把茶叶当作其中必不可少的一种聘礼。拉祜族还有句民谚："没有茶叶就不能算结婚。"

在湘黔一带，男方向女方求婚叫"讨茶"，女方受聘叫"吃茶"或"受茶"，有的地方把聘礼叫"茶礼"。如某家女子已许于人时，则以"已受过人家的茶礼"来说明已订婚约。可见茶是民间婚姻聘礼中的主要礼品。

2. 以鸡鹅为聘礼

古时，鸡、鹅是聘礼中的重要物品。聘礼用鸡、鹅，是与古代聘礼"纳吉"携雁到女家去确定婚约有关。

《仪礼·士昏礼》记载"昏礼下达，纳采用雁"，据说这是周公当年定下的规矩。

清人秦蕙田撰《五礼通考》中说："其纳采、问名、纳吉、请期、亲迎，皆用白雁、白羊各一头。"

纳采时必须用雁，这是什么原因呢？《白虎通义·婚娶篇》这样解释说："用

以雁作礼

雁者，取其随时而南北，不失其节，明不夺女子之时也。又取飞成行，止成列也，明嫁娶之礼，长幼有序，不相逾越也。"

意思是说，雁的特性是顺阴阳往来，根据时节南来北往，不失其节；雁在迁徙过程中，飞成行，止成列，暗喻新妇在未来的家庭生活中，遵礼守法，长幼有序；同时雁总是雌雄阴阳成双成对地在一起，一生之中只配偶一次，夫妻双方不离不弃，用它取白头到老、忠贞不渝的寓意。只是后来，雁越来越难得，后世常常以鸡、鸭、鹅三禽代替雁。

周代以前是按照等级分制用禽纳采，"卿执羊，大夫执雁，士执雉"。

如今在河北、辽宁、安徽、江苏等地民间，仍有以鸡、鹅做聘礼。

3. 老北京放大定时的食礼

老北京习俗，迎娶的日子决定之后，紧接着就是"放大定"，通常都在迎娶前两个月或一百天举行。放大定的主要内容之一就是男家通知女家迎娶的吉期，故又谓之通信过礼。

在老北京，"放大定"所送礼物分为四种：

一是衣料首饰类，包括衣料或者已经裁制好的衣服以及各种首饰。

二是酒肉食品类，有双鹅、双坛子酒、羊腿、肘子以及各种蒸食，但是女方家里只能收一只鹅、一坛子酒，出于礼貌剩下的要送回男方家。

三是面食类，有龙凤饼、水晶糕以及各种各样的糕点。

四是干鲜果品类，包括四干果、四鲜果。四鲜果中有苹果，寓意平平安安，禁止用梨，因为"离"和"梨"谐音，要避免夫妻"分离"。四干果包括红枣、花生、桂圆、栗子，取"枣（早）生桂（贵）子"之意。

4. 少数民族订婚食俗

鄂尔多斯地区的蒙古族人订婚，女方收下订婚礼之后，男方还要向女方送三次酒；如果女方将三次酒全收下，婚事便确定了。

在哈尼族订婚习俗中，糯米饭和熟鸡蛋是必不可少的聘礼。

纳西族订婚聘礼中少不了盐和糖，他们认为糖代表"山盟"，盐代表"海誓"，有了盐、糖，从此情深意笃，绝无反悔。

白族订婚时的聘礼被称作"鸡酒礼"，是由一瓶酒和一只公鸡组成的。

侗族订婚所送的聘礼除了酒、猪肉之外，还要有酸鱼一条、糍粑两三团。

酒饮黄花合卺杯：古代出阁食俗

古代女子出嫁，嫁妆可分为六大件和七小件。六大件包含妆匣、拔步床、闷户橱、樟木箱、压箱底和子孙宝桶。七小件有痰盂、红尺、花瓶、铜盘、银包皮带、龙凤被和龙凤碗筷。

古时，女子需要一个大柜和一个小柜到男家做嫁妆，内放七十二件衣服，用扁柏、莲子、龙眼及利是伴

妆匣

着；还有龙凤被、枕头、床单等床上用品；拖鞋两对、睡衣和内衣裤各两套；子孙桶（痰盂），内放红鸡蛋一对、片糖两块、十支红筷子、姜两片，还要一把伞。

出阁是民间俗语，即指姑娘出嫁。新娘出嫁时人们经常会利用各种食品，表达对其新婚的美好祝愿，因此，中国民间就形成了丰富多彩的出阁饮食风俗。

在男女双方商定结婚的日期后，男方开始布置新房，女方则筹备、整理嫁妆。嫁妆物品中也包括食品，食品的食用价值已经不是最主要的了，更主要的是其蕴含的祝福意义。

1.江南地区小夜饭食俗

在江南一些地方，婚礼当日就有给新娘准备"小夜饭"的出阁食俗。

闹新房的客人散去以后，新娘就会打开从家里带来的饭食用。饭上一般会放一些蔬菜、腌菜，也可放红枣、莲子等甜食。

这是出于娘家人对新娘子的疼爱，他们害怕新娘子刚来到婆家认生，不好意思向婆婆开口要饭吃。

2.祈孕求子的出阁食俗

中国传统婚姻观念里，结婚的目的之一是生儿育女和传宗接代，各地的婚嫁活动大多包含有"早生子、多生子"的意义，嫁妆中的食品大多包含了这种意思。

人们经常在嫁妆食品中选用瓜子、豆子、栗子等名称中带有"子"字的食品，多有祝新人生儿子之意。岭南地区嫁妆中少不了要放几枚石榴，石榴多籽，用石榴取其"多子多孙"之义。

自古以来，鸡蛋就是嫁妆中很常

子孙桶

见的一种食品。在江浙一带，嫁妆中有一种名叫"子孙桶"的器具，在桶中放一枚喜蛋、一包喜果，送到男方家后由主婚太太将里面这些东西取出，当地人称这种举动为"送子"。鸡蛋能孕育出小鸡，对子嗣的渴望使得民间习俗认为吃了鸡蛋就能早得贵子。

3.出阁饿嫁食俗

女子出阁，一些地区还有饿嫁的食俗。

在贵州西北部的苗族，姑娘在出嫁之前吃完"离娘饭"以后，要禁食整整一昼夜，直到婚后第二天早晨才能吃饭。

在凉山的彝族人民，出嫁前五日新娘就开始断食，饥饿时也只能吃少量的糖果，有的新娘到出嫁时已经饿得头昏眼花了。

清代有一首诗说道："翠绕珠围楚楚腰，伴娘扶腋不胜娇。新人底事容消瘦，问道停餐已数朝。"就是对这种饿嫁习俗的形象描绘。

古代女子出嫁图

4. 出阁前的别亲饭

在汉族的一些地方，姑娘出嫁前有吃"别亲饭""辞家宴"的出阁食俗。

旧时浙江一些地方，新娘上轿前女家要事先准备好十二个红鸡蛋，鱼、肉、糖、盐、炭、鸡肉各两包，还有米三升三合，并且要将这些东西从她上身裤腰里一一放下去，由裤脚拿出来，喜娘在一旁念念有词："将来生儿生女如鸡下蛋快。"

新娘吃过"辞母饭"，还要在嘴里留一颗肉圆子，不能吞下，直到花轿抬到男家时才能吃下。

在中国红水河和柳江沿岸一些地方，新娘上轿前要坐在堂屋中间，背朝香火，由一个父母和儿女双全的人把夫家送来的一碗饭端在手上，司仪高颂："一碗米饭白莲莲，糖在上面肉在间。女家吃了男家饭，代代儿孙中状元。"周围的人会应声答道："好的！有的！"

端碗的人轻轻把碗里的一根葱、一只鸡腿、一块红糖拨过一边，给她扒三口饭，她吃三口吐三口（弟妹用裙子接），接着又把一把筷子递给她，她从自己肩上递给后面小辈，自己却不得朝后看，表示永不后顾。

5.新娘"吃甜饭"进门习俗

江浙一带，自古以来流传着以吃甜饭的方式来祝贺新人的进门风俗。

在苏州地区，当花轿来到男家大门口时，新娘新郎及男家全体老少、亲戚朋友要一同吃甜汤圆、莲心，以表示全家团圆、老少同心，生活甜甜蜜蜜。

在海盐一带，新娘下轿时，婆婆要端着一碗糯米饭亲手喂新娘吃下。据说，吃了婆婆喂的饭，以后婆媳和睦，生活甜美。

在当地还流传有一首甜饭歌：

一只郎船摇进浜，两边水草乱哼哼。
青龙冈上来上岸，敲锣打鼓放炮仗。
轿子抬到大门口，准备踏脚红毡毯。
掌礼师傅来唱礼，阿婆出来喂红糖。
一碗糖饭菱角尖，又是甜来又是鲜。
唇上粘满饭米屑，伸出舌头只管舔。

在浙江青田一带，花轿来到男家门前，伴娘端一碗红砂糖喂新娘，新娘吃后才能进门。还要将一碗饭摆在新人的床头，婚后第二天端走，寓意新婚夫妇从此和睦相处，白头偕老。

夫唱妇随吉礼同：古代婚礼食俗

婚礼是人生大事，为了婚姻缔结得圆满，男女双方都会精心准备。

饮食在婚礼中也扮演了极其重要的角色。婚礼中举办婚宴、闹洞房、合卺等重要婚俗都需要饮食来参与，因此形成了五花八门的婚礼食俗。

自古以来，在婚礼之上就少不了亲朋好友们前来贺喜，因此举办婚礼之家还要设宴款待众宾客。与此同时，在闹洞房之时，为了增加婚礼的喜庆程度，众人也都会利用食品为道具，把婚礼气氛推向高潮。

1. 上头食俗

上头仪式于大婚正日的早晨举行，须择时辰。男方要比女方早半个时辰开始（约一小时之差），并由"好命佬"和"好命婆"在男女双方各自家中举行。男女双方均要穿着睡衣，女方更要在一个看见月光的窗口，开着窗进行。

所谓"好命佬"和"好命婆"是男女家中的长辈，择父母子女健在、婚姻和睦者。

从前，女方上头后便不准落地走动，所以上花轿时须由大妗姐背着。上头时"好命佬""好命婆"会一边梳一边说："一梳，梳到尾；二梳，白发齐眉；三梳，梳到儿孙满地。"

旧时，结婚前一天，男方要给女方家抬去食盒，内装米、面、肉、点心等。

古代婚礼

娘家要请"全福人"用送来的东西做饺子和长寿面，所谓"子孙饺子长寿面"，把做好的长寿面和饺子交由男方再带回家。

结婚这天，新娘下轿，先吃子孙饺子或长寿面。入洞房后，新郎新娘同坐，并由"全福人"喂没煮熟的饺子吃，边喂边问："生不生？"新娘定要回答："生（与生孩子同义）！"

睡前要由四个"全福人"给新人铺被褥，要放栗子、花生、枣，意为"早立子，早生"。

结婚这天请客人吃面条，讲究吃大碗面。也有的人家吃大米饭加炒菜，菜肴多少视条件而定。

2. 婚宴食俗

婚宴在民间又被称为"喜宴""吃喜酒"，为表达对来访贺喜之人的感谢而设置，热闹隆重而又讲究颇多。

在古代，婚礼之时办酒席宴请众人是男女正式成婚的一种权威证明。即便到了现代，这种观念依然根深蒂固地存在于一些人的观念中。

婚宴一般在新郎、新娘拜堂仪式完毕后举行。如果前来贺喜的宾客较多，则要分两天举办。

民间婚宴有着讲究和烦琐的礼俗。婚宴进行之时，遵循长幼有序的传统思想，

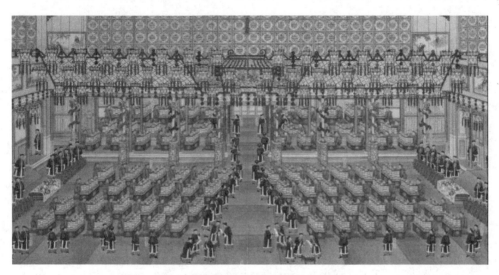

［清］光绪皇帝大婚时的喜宴（局部）

首先要由一名专门人员负责引领贺喜宾客按照次序落座。除了个别地区的婚宴是围地而坐、席地而食不太讲究席位外，中国大多数地区的婚宴十分重视席位主次的安排。

各地关于婚宴席位的坐法都不尽相同。如鄂东一带，按照当地的房屋结构，婚宴一般都要在堂屋内举行。由于场地的限制，每次只能开四席；四席开完，接着再开，当地称"流水席"。

这四桌筵席，有主、次席面之分：一席一般为新郎的舅舅、媒人以及族中德高望重者；二席一般为姑父、姑妈、姨父、姨妈等父母辈亲戚；三席、四席为新郎辈亲戚和一般宾客。

八仙桌的四方八位，也有主次席位之分。以首席为例，中堂的右边席位上是新郎的舅舅，左边席位上是媒人，其他席位根据来客的主次，依次排定。

在民间婚宴上，有的菜不是在婚宴上吃的，而是给赴宴宾客带回家吃的，这类菜叫"分菜"。分菜一般是炸制的无汁菜，常做成块状或圆子，便于分装携带。

婚宴不仅以上菜的多少来显示规格的高低，还特别讲究酒席菜谱的编排和菜名蕴含的吉祥寓意。俗谓"双喜、四全、婚扣八"，即讲究菜肴要成双成对，逢四扣八，以包含"待要发，不离八"的民俗意识。

民间风俗还认为，喜桌越多越能显示主家人缘好，得到邻里的祝福越多越有威望。

婚宴结束后离开席位也讲究秩序。在湖北安陆一带，主桌未散席，其他桌的客人不能随便离席，吃完了也得奉陪，直到主桌散席方可离席。在主桌中，第一席上的人不起身，同桌其他客人也决不可随意离席。

3. 合卺礼俗

合卺，就是指新婚夫妻在洞房之内共饮合欢酒。卺，乃瓢之意，把一个匏瓜剖成两个瓢，新郎、新娘各拿一个，用以饮酒，就叫合卺。

合卺始于周代，后代相卺用匏，而匏是苦不可食之物，用来盛酒必是苦酒。所以，夫妻共饮合卺酒，不但象征夫妻合二为一，自此结为永好，而且也含有让新娘新郎同甘共苦的深意。

宋代以后，合卺之礼演变为新婚夫妻共饮交杯酒。《东京梦华录·娶妇》记载：

合卺图

新人饮过之后把杯子掷于床下，以卜和谐与否。

如今的婚礼上，也有喝交杯酒的环节，但其形式比古代要简单得多。男女各自倒酒之后两臂相勾，双目对视，在一片温情和欢乐的笑声中一饮而尽，地点或是在洞房或是在举行婚礼的大厅、饭店、酒楼。

按民俗传统，交杯酒是在洞房内举行的，所以都把合卺与入洞房连在一起。但不管此习俗的表现方式有何不同，其寓意与心愿都是一致的，结永好、不分离是对新婚夫妻今后长期的婚姻生活美好的期待。

4. 洞房食俗

婚宴结束之后，新郎、新娘进入洞房，之后就是一系列热闹的活动。

饮食是古代洞房文化中不可或缺的。在中国一些地方，新人入洞房时有"撒喜果"的婚俗，有的地方也叫"撒帐礼""撒五子"。这种习俗起源于汉代，到了宋代撒豆谷已成为流行于民间和上流贵族社会的一种风俗。

宋代吴自牧在《梦粱录》的《嫁娶篇》中说道："迎至男家门首，时辰将正，乐官妓女及茶酒等人，互念诗词拦门，求利市钱红。克择官执花斗，盛放五谷、

洞房用品

豆、钱、彩果，望门而撒，小儿争拾之，谓之'撒豆谷'，以压青阳煞耳。方请新人下车。"

撒帐之时，新郎、新娘坐在床沿上，由一位父母和子女健在、有一定财富及社会地位的"全福人"手捧果盘，将盘中各种干果向帐内抛撒，边撒边呼彩语。

5.团圆饭食俗

在中国东南沿海一些地区，新人进入洞房还要举行"食圆礼"。洞房中央摆一张桌子，新婚夫妇相对坐在桌子两边。这时全福人端上两碗水磨糯米汤圆，让两人先吃自己碗里的，然后接着吃对方的，一只只交替着吃，或由全福人夹到新郎、新娘嘴里吃。"食圆"象征夫妇幸福团圆。

鄂伦春族、达斡尔族团圆饭吃的是被称为"老考太"的黏粥，新郎、新娘共用一双筷子、一个碗吃"老考太"，寓意同甘共苦、白头偕老。

蒙古族新郎、新娘有共吃坚韧的羊颈骨或羊膝骨的习俗，表示新婚夫妇会甘苦同尝，忠贞不渝，永远相爱。

三日烧猪代守宫：**古代回门食俗**

回门是新婚之后夫妇第一次回娘家的习俗，一般在婚后第三天。

新郎被女方正式认可，要通过一定的"回门"程序，即女子出嫁后第一次回娘家看望父母。如《诗经·周南·葛覃》曰："害澣害否，归宁父母。"《毛传》曰："宁，安也，父母在，则有时归宁尔。"意思是说，出嫁的女子初次回娘家向父母问候。

娘家人是非常重视回门礼的，新郎第一次来到岳父岳母家，娘家人一定会热情款待，因此新郎无论是从思想上还是在礼品上都要有所准备，争取给岳父岳母留下好印象。

回门礼不仅有着悠久的历史，也涉及了很多特色的饮食文化。

1. 回门礼

回门之日，新娘为了表示对父母的孝顺一定要带一些礼物，这礼物俗称"回门礼"。回门礼以酒、肉、糯米、面条、糕点、茶等食品之类为常见。

每个地方的回门礼都有所不同。在各地的回门礼俗中，广东一带的回门礼无疑是非常有特色的。

按当地旧时习俗，新娘回门，一定要带着一只烤乳猪，当地人又俗称其为"金猪"。当地民间普遍认为，金猪象征着新娘的贞洁，回门礼中如果没有出现金猪，那就意味着新娘在新婚洞房之夜没有"落红"，人们就会视其为"不贞之女"。反之，如果男家娶的是一位处女，回门之时就会将金猪放在长方桌子上抬着，并且在猪身上系上彩带插上花朵一路招摇过市地送到岳家，不但男家感到欣喜，女家也会很骄傲。

清代俞洵臣在《岭南杂咏》中写此俗道："闾巷谁教臂印红，洞房花影总朦胧。何人为定青庐礼，三日烧猪代守宫。"

窟盛唐婚嫁图

2. 回门宴

回门这天，女家要盛情接待前来省亲的新婚夫妇。

有些地方有风俗，早上的宴席之上，酒过三巡、菜过五味之后，女家便端上一块大骨头来。对此，新郎要把骨头上的肉全部啃完；如果新郎嫌肉不好吃或者吃不干净，人们就会笑话新郎挑肥拣瘦。

中午的宴席上，丈母娘还要给新郎端一碗饺子，经过一番推让，这碗饺子最后会落到新娘的面前。新娘刚咬一口，便被辣得直吸气，这样的举动总会惹来人们一阵哄堂大笑——原来饺子馅儿是由辣椒面做成的。这样，新娘又会再把这碗饺子推给新郎，老实一点的新郎会忍着难以承受的辣将饺子全部吃下，"狡猾"一点的新郎则会只吃饺子皮而不吃馅。若是新郎嫌辣不吃，岳母肯定不会太高兴，因为，这是女家考验新郎是否能够与新娘同甘共苦的一种手段。

在娘家的这段时间，新婚夫妇既可会见女家的亲戚朋友，又可在宴席上大吃一番。

一般来说，回门宴之后，新郎新娘一般不可以在娘家留宿，因为有传统习俗认为婚房一个月内不能空，也有一种说法认为新郎新娘留宿在娘家会冲撞娘家。如果一定要留宿的话，夫妻二人应该分房睡。

此外，结婚后一个月，娘家要接女儿回娘家住一个月，叫"住得月"。

每年二月初二是接出嫁女儿的日子，娘家人要说："二月二，接宝贝。"这天，出嫁的女儿要回娘家看父母，娘家要做面条、烙薄饼卷豆芽菜等各种好吃的食物招待女儿。

东篱寿菊金犹浅：古代寿诞食俗

寿诞，也称诞辰，俗称生日。民间生日日期，一般按农历算。

寿诞食俗，是指民间为庆贺生日而进行的饮食活动，因地域而异。

古代，人们原本不过生日，因为儒家的孝亲理论认为"哀哀父母,生我劬劳"，越是遇到生日，越应该想到父母生养自己的艰辛，生日这天要静思反省，缅怀双亲的辛劳，所以"古无生日称贺者"。

虽然如此，最迟在南北朝时期，也已出现过生日的仪式。《颜氏家训》中就有每年过生日要设酒食庆贺的记载。

有趣的是，庆贺生日与不庆贺生日同样是出于孝亲的观念：不庆贺是为了体悟父母的辛苦，而庆贺则是为了娱亲。

唐代，民间普遍以做生日为乐事，设酒席、奏曲乐，对生日当事人祝吉祝寿。自此，纯粹以祝寿祝吉为目的、以酒宴乐舞为形式的生日庆贺习俗一直流传至今。

自宋代起，过生日"献物称寿"的送礼之风日渐兴盛，生日馈赠礼仪沿袭至今，已成为过生日的一项重要习俗。

无论是婴孩的周岁生日，青少年、成年人的平时生日，还是老年人的寿诞，庆贺仪式的繁简根据家庭经济状况差别较大，庆贺仪式的程序讲究也因地域不同而各具特色。

食物是生日仪式中的重要内容。生日饮食的品种繁多、形式多样，中国传统的寿面、寿桃、寿酒等，都包含着祝福健康长寿与幸福吉祥的美好祝愿。

[明] 沈周《祝寿图》

寿面，要求长3尺，每束要百根以上，盘成塔形，罩以红绿镂纸拉花，作为寿礼敬献寿星，必备双份。

寿桃，有用新鲜的大桃子，多数用面粉蒸制成的桃形糕。一般是红色的，也有在桃尖上染红，故称"红寿桃"。陈放在寿堂几案上的寿桃，9只相叠为一盘，3盘并列；寿酒，多为桂花酒、红葡萄酒、状元红或人参补酒。但寿筵中所用之酒，不论品种，均称寿酒。

民间做寿，一般在家里，张灯结彩。在正厅上设寿堂，点寿烛，宴请宾客，燃放鞭炮。来贺者送寿礼，以寿幛、寿联、寿酒、寿烛、寿桃、寿面为多。达官显贵、富裕人家把金银珠宝、吉祥饰品也都作为寿礼。

寿诞当日，还有一些占卜活动。鲁西南以寿日晴天为吉兆，晴天预示着老人长寿、家事顺心，阴天则被认为是"掉辞眼泪"，日子将过得不顺心，老人的心情也往往因之不高兴。

民间祝寿的相关禁忌颇多。俗话说："七十三，八十四，阎王不叫自己去。"

据说圣人孔子只活到73岁，亚圣孟子84岁时去世，迷信说法这两年是"损头年"，老人很难平安度过这两道坎，所以老人的年龄忌说73和84。如有人问及寿龄，必少说一岁或多说一岁，避开这两个年岁，相应的也就没有73岁和84岁的寿辰。

另外，民间忌讳说百岁，认为百岁是人寿命的极限，到了百岁也就是活到头了。逢百岁时，多数仍说99岁，"九"音同"久"，99是吉利的数字，意味着久久无限长。

[清] 缂丝《八仙庆寿》挂轴

做寿还有"做九不做十"之俗，即逢十的整寿必须提前一年祝寿，也称"做九头"。如60岁寿辰要提前到59岁生日时庆贺，"庆八十"要在79岁时举行。这是因为：方言"十"与死的发音相近，犯忌；而"九"与"久"音同，吉利。

一般做寿忌间隔，一旦开始做寿，必须年年连做，不能间断，否则再次庆寿时就成为"断头生"。

另外，民间认为66岁是人生旅途上的一个难关，只有吃66块肉方可顺利通过此关，因此逢老人66岁生日时，至孝的儿女或侄女辈会送上66块肉；寿者吃素，则用数量相同的豆腐干代替。

还有的地方祝寿要以木盒、瓷碗盛礼品，忌用条编器物。

宁波的寿诞食俗颇为奇特。当地有"六十六，阎罗大王请吃肉"之说，所以，宁波人不分男女，到了66岁，均有"过缺"的习俗。所谓"过缺"，是说人到了66岁，要遇到一个"缺口"，亦即关口，度过这个"缺口"就平安了。

过缺的寿诞活动由女儿负责操办。女儿根据父母的饮食习惯，选购猪肉。然后将肉洗净，切成66块。切肉时，要在砧板上反复掂量，多一块不行，少一块更不行。烹调时，要根据父母的口味，精心制作。

与此同时，还要送一碗糯米饭。盛饭的碗，必须用"缺口碗"。如果家中没有这种碗，要用新碗去向邻居调换那种碰碎过碗沿的缺口碗。

送饭时，要放上三根鲜葱，葱要带根的。饭上还要摆一条"龙头烤"（即咸虾干）。葱有根，表示生命力依然旺盛，且栽得牢；"龙头烤"是附会龙头拐杖，据说龙头拐杖是高寿皇帝乾隆用的。

肉和饭由女儿用"宾蓬篮"送到父母家，时间是父母生日的前三天的上午。篮子要从窗口递进去，不能从门而入。待父母接过篮子后，女儿方可进屋，净手后点燃香烛，向灶君菩萨祈祷："保佑我父亲（母亲）吃过66块肉，脚健手健，顺顺溜溜，长命百岁。"

如果父母是吃素者，女儿就用66块烤麸代替。

［清］任伯年《华祝三多图》

第五章

云白山青食不同：中国饮食流派

在中国历史上，很多地区都形成了独特的烹调技艺和饮食风格，使得中国饮食文化极具区域性。

饮食流派，就是我们平时所说的菜系，是中国饮食文化区域的体现，其形成和发展也是不同地区饮食文化的积淀过程。

脍飞金盘白雪高：中国菜系的形成与发展

中国幅员辽阔，不同地域的自然条件、生活习惯、经济发展状况和文化积淀不同，在饮食烹调和菜肴品类方面也就逐渐形成了不同的地方风味。

1.菜系的形成背景

中国菜系的形成与各地的地理气候有关。

不同地域的食物原料不同，如山东地处黄河下游，气候温和，物产丰富，而且东部海岸漫长，盛产海产品，所以鲁菜中的胶东菜以烹饪海鲜见长。

不同的地理环境还造成了中国"东辣西酸，南甜北咸"的口味差异，如喜辣的食俗多与气候潮湿的地理环境有关。四川地处盆地，潮湿多雾，一年四季少见太阳，这种气候导致人的身体表面湿度与空气饱和湿度相当，难以排出汗液，而吃辣椒有利于汗液的排出，可以起到驱寒祛湿、养脾健胃的作用，因此四川居民多喜辣，这也影响到川菜的风味。

中国菜系的形成也受生产力水平的影响，这是形成饮食文化地域差异性的最根本原因。

古代经济发展水平低下，食物原料比较匮乏，人们的生产活动往往局限于一个较小的范围内，食料的来源多为就地取材，地区之间缺乏沟通和交流，这种文化的封闭性造成了饮食习惯的承袭性，形成了"靠山吃山，靠水吃水"的传统饮食风格，并渗透到当地民众的生活习惯和思想观念之中，最终形成了各自的菜系文化。

此外，中华民族还是一个重历史、重家族、重传统的民族，对祖先留下的东西世代传承。因此，每个地区的居民对自己的饮食习俗怀有深厚的感情，当地人对外来食物不自觉地加以抵制。这种心理因素的存在，使得各地区的饮食特征具有一定的稳定性和历史传承性。同时由于长期进食某类食物，人类的消化器官也发生了变化，这就造成了生理上的排外性。北方人到了南方吃米饭，米饭不像馒头那样可以在胃中膨胀，会有一种吃不饱的感觉；长期以植物性食品为主的人们，

一连吃几顿肉就会消化不良。因此，不同菜系都保持了各个地域的乡土特色。

2. 菜系的发展历史

春秋战国时期，中国南北的饮食开始呈现出不同的特点。到了唐代，空前繁荣的经济为饮食文化的发展奠定了坚实的基础。高椅大桌改变了中国几千年的分餐制，出现了中国独特的共餐制，促进了中国烹饪事业的发展，到唐宋时期已形成南食和北食两大风味派别。此后，随着中国饮食文化的发展，一些地方菜逐渐形成其独特的风味，并且开始自成派系。

到了清代初期，鲁菜（包括京津等北方地区的风味菜）、苏菜（包括江、浙、皖地区的风味菜）、粤菜（包括闽、台、潮、琼地区的风味菜）、川菜（包括湘、鄂、黔、滇地区的风味菜），已成为中国最有影响的地方菜，后称"四大菜系"。到了清末时期，又形成了浙、闽、湘、徽等地方菜，统称为"八大菜系"。

除以上所列菜系外，各省市或地区如北平（北京）、东北三省、湖北、台湾、香港等地也有各自的一些特色。

随着时间的推移，菜系并非永恒不变，某些菜系可能已明显落后，而有些菜系则取得更大发展。

此外，按其他角度划分，中国菜系还可分为御膳、官府菜、少数民族菜系、素菜、药膳等。但人们还是习惯以"四大菜系"和"八大菜系"来代表中国的各地风味菜系。

这些菜系之中有很多著名菜品，它们选料考究，制作精细，品种繁多，风味各异，讲究色、香、味、形、器俱佳的协调统一，使得中国在世界上享有"烹饪王国"的美誉。

古人用餐场景

趵突泉畔北食香：**鲁菜**

1. 历史悠久的鲁菜

鲁菜也称山东菜，可分为济宁、济南、胶东三个分支，素以"浓少清多、醇厚不腻"见长。

鲁菜注重鲜、香、脆、嫩，技法偏重爆、炒、烧、扒、蒸。尤其擅长调制清汤、奶汤。清汤，清澈见底而香；奶汤，色如乳而醇厚。胶东半岛的福山、烟台、青岛等沿海地区，对烹制各种海味更见功夫，如"炸蛎黄""油爆海螺"等，均为胶东名菜。

鲁菜是在汇集了山东各地烹调技艺之长，并经过长期的历史演化而形成的，凝聚了劳动人民的勤劳与智慧。

鲁菜发端于春秋战国时的齐国和鲁国，是中国覆盖面最广的地方风味菜系。

当时的齐国和鲁国自然条件得天独厚，尤其傍山靠海的齐国，凭借鱼盐铁之利，不仅促成了齐桓公的霸业，也为饮食的发展提供了良好的条件。

春秋时期的鲁菜已经相当讲究科学、注意卫生，还追求刀工和调料的艺术性，已到日臻精美的地步。鲁菜中的清汤色清而鲜，奶汤色白而醇，独具风味，就是继承古代善于做羹的传统；鲁菜以海鲜见长，则是承袭海滨先民食鱼的习俗。"食不厌精，脍不厌细"的孔子还有一系列"不食"的主张。

到了秦汉时期，山东的经济空前繁荣，地主、富豪出则车马交错，居则琼台楼阁，过着"钟鸣鼎食，征歌选舞"的奢靡生活。

根据"诸城前凉台庖厨画像"，可以看到上面挂满猪头、猪腿、鸡、兔、鱼等各种畜类、禽类、

山东诸城凉台汉墓庖厨画像石
（摹本，局部）

野味，下面有汲水、烧灶、劈柴、宰羊、杀猪、杀鸡、屠狗、切鱼、切肉、洗涤、搅拌、烤饼、烤肉串等，以及各种忙碌烹调操作的人们。

这幅画所描绘的场面之复杂，分工之精细，不啻烹饪操作的全过程，真可以和现代烹饪加工相媲美。

北魏时期，贾思勰对黄河流域（主要是山东地区）的烹调技术作了较为全面的总结，详细阐述了煎、烧、炒、煮、烤、蒸、腌、腊、炖、糟等烹调方法，还记载了"烤鸭""烤乳猪"等名菜的制作方法，对鲁菜系的形成、发展产生了深远的影响。

之后历经隋、唐、宋、金各代的提高和锤炼，鲁菜逐渐成为北方菜的代表，以至宋代山东的"北食店"久兴不衰。

到元、明、清时期，鲁菜又有了新的发展。此时鲁菜大量进入宫廷，成为御膳的珍品，并在北方各地广泛流传。同时还产生了以济南、福山为主的两大地方风味，曲阜孔府宅院内也出现了自成体系的官府菜。

此外，在明清年间山东的民间饮食烹饪水平也相当发达，尤其是一些面点小吃形成了独特的风味。

山东的面制品很多，尤以饼为最，做工精细，用料广泛，品种丰富。袁枚曾在《随园食单》中称赞山东薄饼这些经济实惠的小吃广为流传，成为与人民生活密切相关的食品，也成为鲁菜大系不可缺少的组成部分。

到了近代之后，鲁菜在其自身的发展过程中不断地向外延伸，这也是鲁菜影响面较大的主要原因。从而鲁菜的影响范围遍及黄河中下游以北的广大地区，并成为中国的各大菜系之首。

如今，鲁菜包括以福山帮为代表的胶东派，以德州、泰安为代表的济南派，以及有"阳春白雪"之称的孔府菜，还有星罗棋布的各种地方菜和风味小吃。

胶东菜擅长爆、炸、扒、熘、蒸，口味以鲜夺人，偏于清淡，选料则多为明虾、海螺、鲍鱼、蛎黄、海带等海鲜。其中名菜有"扒原壳鲍鱼"，主料为长山列岛海珍鲍鱼，以鲁菜传统技法烹调，鲜美滑嫩，催人食欲。其他名菜还有蟹黄鱼翅、芙蓉干贝、烧海参、烤大虾、炸蛎黄和清蒸加吉鱼等。

济南派则以汤著称，辅以爆、炒、烧、炸，菜肴以清、鲜、脆、嫩见长。其名肴有清汤什锦、奶汤蒲菜，清鲜淡雅，别具一格。

孔府派的制作讲究精美，重于调味，工于火候。在选料上也极为广泛，粗细均可入馔。其中"八仙过海闹罗汉"是孔府宴的招牌菜。此外，还有一些野菜可以入肴。

2.鲁菜的经典菜品

鲁菜的经典菜品有糖醋鲤鱼、油焖大虾、九转大肠、葱爆海参、清蒸加吉鱼、锅塌豆腐、奶汤鲫鱼、清蒸海胆等。

（1）九转大肠。

"九转大肠"是鲁菜之济南菜的代表菜，是山东省济南市传统名菜。清朝光绪初年，由济南九华林酒楼店主首创，开始名为"红烧大肠"。一些文人雅士食后，感到此菜确实与众不同，别有滋味，为取悦店家喜"九"之癖，并称赞厨师制作此菜像道家"九炼金丹"一样精工细作，便将其更名为"九转大肠"。

此菜制作技法十分考究，外形美观、色泽油亮而红润；吃起来的口感咸鲜酸甜、香嫩酥软。

（2）爆炒腰花。

爆炒腰花是山东省特色传统名菜，是以猪腰、荸荠等为主料的家常菜。其特点是鲜嫩，味道醇厚，滑润不腻，具有较高的营养价值。

爆炒腰花制作的难度为膻味是否去除干净，口感是否鲜嫩带脆；配菜和佐料因地而异，口味也随之有偏甜、酸、咸、辣之分。

（3）糖醋鲤鱼。

糖醋鲤鱼是用鲤鱼制作的一道山东济南传统名菜，为鲁菜的代表菜品之一。据说此菜最早起源于济南泺口，后逐渐流传至山西、河南等地。

原材料来自济南北临黄河的"黄河鲤鱼"，是这道菜的精髓所在。由于成菜鱼头鱼尾高翘，尽显跳跃之势，因此此菜有着"鲤鱼跃龙门"的吉祥寓意，具有外形美观、色泽红亮，食之酸甜可口、内嫩外焦的特点。

（4）葱烧海参。

葱烧海参是山东省经典的传统名菜，属于"古今八珍"之一，鲁菜的当家菜。

胶东半岛素有"山东明珠"之称，海产品极为丰富，葱烧海参的主要原材料就是山东本地著名的大葱和水发海参。

这道菜不仅口感极佳，而且营养也极其丰富，具有色泽褐红光亮、葱香四溢不散、海参柔软滑弹和芡汁浓郁醇厚的四大鲜明特点。

（5）油爆双脆。

油爆双脆是山东地区特色传统名菜，成菜色鲜味香，胦红肚白，脆中带嫩，鲜香可口。

油爆双脆主料为鲜鸭胦鲜猪肚尖，烹饪以爆菜油爆为主。正宗的油爆双脆的做法极难，对火候的要求极为苛刻，欠一秒钟则不熟，过一秒钟则不脆，是中餐里制作难度最大的菜肴之一。

（6）四喜丸子。

四喜丸子是经典的中国传统名菜之一，相传源于唐玄宗时期，由四个色、香、味俱佳的肉丸组成，寓人生福、禄、寿、喜四大喜事。

四喜丸子不仅历史悠久，而且寓意吉祥，因此在当地的各种喜宴中，此菜必为一道首选"压轴菜"，寓意吉祥团圆之意。

四喜丸子

四喜丸子做法十分简单，主要用料为猪肉馅、鸡蛋、葱花等，经过油炸定型而成。外形看起来饱满圆润，味道吃起来咸鲜香醇。

（7）德州扒鸡。

德州扒鸡又称德州五香脱骨扒鸡，是著名的德州三宝（扒鸡、西瓜、金丝枣）之一，为山东传统名吃、鲁菜经典。

德州扒鸡制作技艺为国家非物质文化遗产。相传此菜来源于康熙三十一年（1692年）德州西门外大街一位名叫贾建才的人开的烧鸡铺，距今已有300多年的历史。早在清朝乾隆年间，德州扒鸡就被列为山东贡品送入宫中供帝后及皇族们享用。

德州扒鸡外形美观而奇特，堪称美食中的"艺术品"：爪入鸡膛，两腿盘起，全鸡呈卧体；口衔羽翎，似鸭浮水，看上去美丽动人；口感味型上，此菜以味透骨髓、五香脱骨和香醇鲜嫩的特点而著称于世。

德州扒鸡因而闻名全国，远销海外，被誉为"天下第一鸡"。

（8）酱汁活鱼。

酱汁活鱼也是山东的一道传统风味名菜，其主要的特点就是外观色泽亮丽、明亮褐红；口感酱香浓郁、咸甜适中。

酱汁活鱼的烹饪独特之处就在于经过加工处理后的活鱼，不炸不煎，而是将其直接放入酱汤中烧制而成。

（9）锅塌豆腐。

锅塌豆腐属于山东地区的一道经典名菜，具有色泽黄亮、味道咸香和鲜嫩酥软的特点。其做法是以豆腐为原料，经过改刀、拍粉、拖蛋液、油煎等复杂工序之后，最后再用调好的鲜汤塌制而成。成菜呈深黄色，外形整齐，入口鲜香，营养丰富。

锅塌是鲁菜独有的一种烹调方法，它可做鱼，也可做肉，还可做豆腐和蔬菜。豆腐经过调料浸渍，蘸蛋液经油煎，加以鸡汤微火塌制，十分入味，又可称为"锅塌豆腐夹馅"。

（10）油焖大虾。

油焖大虾是山东胶东风味名菜。胶东半岛海岸线长，海味珍馐众多，对虾就是其中之一。据郝懿行《海错》一书中记载，渤海"海中有虾，长尺许，大如小儿臂，渔者网得之，两两而合，日干或腌渍，货之谓对虾"。

对虾以其肉厚、味鲜、色美、营养丰富而驰名中外，油焖大虾的做法就是将新鲜的大虾利用油焖的方式制作而成。虽然做法较为简单，但是成菜营养丰富、色泽油亮红润，吃起来回甜咸香，虾肉细嫩脆爽。

一菜一格一品花：川菜

1. 百菜百味的川菜

川菜作为八大菜系之一，在中国饮食文化史上占有重要的地位。它以别具一格的烹调方法和浓郁的麻辣风味而闻名古今，成为中华民族文明史上的一颗璀璨

川菜代表菜品

明珠。

川菜发源地是古代的巴国和蜀国，从地域上看就是现在的四川一带。

川菜取材广泛，调味多变，菜式多样，口味醇厚，不仅为四川人所喜爱，而且深受全国各地民众的青睐。

川菜的历史久远，大致形成于秦到三国之间。当时无论烹饪原料的取材，还是调味品的使用，以及刀工、火候的要求和专业烹饪水平，均已初具规模，已有菜系的雏形。秦惠王和秦始皇先后两次大量移民蜀中，带来中原地区先进的烹饪技术，对川菜生产和发展有巨大的推动和促进作用。

汉代，四川一带更为富庶。张骞出使西域时，为四川引进了胡瓜、胡豆、胡桃、大豆、大蒜等品种，增加了川菜的烹饪原料和调料。当时国家统一，商业繁荣，形成了以长安为中心的五大商业城市出现，其中就有成都。三国时刘备更是以四川为"蜀都"，为饮食业的发展，创造了良好的条件。

川菜正是在这样的背景之下逐渐诞生的。此后，唐代、宋代也经久不衰。元、明、清建都北京后，随着入川官吏的增多，大批北京厨师前往成都落户，经营饮食业，使川菜又得到进一步发展，逐渐成为中国的主要地方菜系。

川菜以成都风味为主，还包括重庆、乐山、江津、自贡、合川等地方风味，讲究色、香、味、形、器，兼有南北之长，以味多、广、厚著称。

当今常用的川菜味别有鱼香、姜汁、咸鲜、咸甜、家常、红油、怪味、蒜泥、葱油、椒麻、椒盐、陈皮等20余种，调配多变，适应性极其广泛。

川菜由高级宴席、一级宴席、大众便餐、家常风味四个部分组成。宴席菜肴以清鲜为主，大众便餐和家常风味以辣、辛、香见长。特别是在辣味的运用上讲究多样，尤其精细，调味灵活多变，注重使用辣椒、胡椒、花椒。

根据不同的原料，因材施艺，将众多的原料与调料巧妙配合，烹调出千变万化的复合美味，从而使川菜形成"清鲜醇浓、麻辣辛香、一菜一格、百菜百味"的独特风格。

2. 川菜的经典菜品

川菜的经典菜品有宫保鸡丁、麻婆豆腐、鱼香肉丝、灯影牛肉、干煸牛肉、虫草鸭子、家常海参、干烧岩鱼、水煮牛肉等。

（1）麻婆豆腐。

麻婆豆腐属于川菜的传统名菜，主要原料是用豆腐、豆瓣酱、牛肉末、蒜苗、花椒、辣椒制成的一道家常菜，具有麻、辣、烫、香、酥、嫩、鲜、活的特色。

传说麻婆豆腐始创于清朝同治元年（1862年）。在成都万福桥边上，有一家小饭馆。老板娘陈氏对食物的烹制颇有技巧，尤其是做的豆腐深受当地百姓喜爱。因她脸上有几颗麻子，故称为"麻婆豆腐"。

麻婆豆腐的做法并不复杂，先把豆腐切成小方块，然后过水去除豆腥味；锅中烧油，爆香牛肉末、姜、蒜，加入豆瓣酱炒出红油，然后加入适量的水，放入豆腐小火煮入味，调味加入酱油、生抽、老抽、糖；最后加入花椒面，分三次勾芡，汤汁收紧出锅装盘。

（2）回锅肉。

回锅肉，也称油爆锅、熬锅肉，是一道四川传统菜肴，一直被认为是川菜之首。

回锅肉起源于四川农村地区，是从前四川人初一、十五打牙祭（改善生活）的当家菜。清末时成都有位姓凌的翰林，因宦途失意退隐家居，潜心研究烹饪。他将原先先煮后炒的回锅肉改为先将猪肉去腥味，以隔水容器密封的方法蒸熟后再煎炒成菜。因为久蒸至熟，减少了可溶性蛋白质的损失，保持了肉质的浓郁鲜香，原味不失，色泽红亮。自此，名噪锦城的久蒸回锅肉便流传开来。

回锅肉

回锅肉制作原料有猪肉、青椒、青蒜、豆瓣酱、豆豉等，口味独特，色泽红亮，肥而不腻，入口浓香。

（3）宫保鸡丁。

宫保鸡丁是一道驰名中外的特色川菜。该菜式起源于鲁菜的宫爆鸡丁，后被清朝山东巡抚、四川总督丁宝桢带入四川，经过改良发扬，形成了一道新菜式，成为四川成都官府菜的代表菜。后来丁宝桢又被封为"太子少保"，又称"宫保"，人们便将此菜改为"宫保鸡丁"。

此菜后经四川厨师的加工改造，其做法更加讲究，把胡椒换成辣椒，做出了川味的宫保鸡丁。后被四川的官员作为贡菜献给皇帝，发展成为御用的名菜。

宫保鸡丁是油鸡腿肉、干辣椒、花生米、大葱炒制而成。成菜鲜香细嫩，肉质滑脆，红而不辣，辣而不燥，略带甜酸，回味无穷。

（4）清蒸江团。

清蒸江团是四川乐山地区特色传统名菜，属于川菜之上河帮蓉派川菜。

此菜用产于岷江乐山江段和嘉陵江口一带的"江团鱼"、火腿等为原料，经清蒸而成。成菜形状美观，肉质肥美细嫩，汤清味鲜，是川菜传统的名贵大菜。

（5）水煮牛肉。

水煮牛肉属于特色川菜，主要原料是黄牛肉。此菜麻辣味厚重，滑嫩适口，香味浓烈，突出了川菜麻、辣、烫的风味。

相传北宋年间，在四川自贡一带，百姓都在盐矿井上做劳工，以牛为动力提取盐水。有一天一头牛因为筋疲力尽而亡，于是工人们便将牛肉宰杀清洗干净，取肉切片，放在盐水中加盐、花椒、辣椒煮熟食用。谁知十分好吃，此法便逐渐流传于世间。后来经过饭馆的厨师不断改良，才有了现在的水煮牛肉。

水煮牛肉的另一版本水煮肉片。水煮肉片是以猪里脊肉为主料的一道地方新创名菜，起源于自贡，发扬于西南，属于川菜中著名的家常菜。因肉片未经滑油，以水煮熟，故名水煮肉片。水煮肉片肉味香辣、软嫩、易嚼，吃时肉嫩菜鲜，汤红油亮，麻辣味浓，最宜下饭。

（6）东坡肘子。

东坡肘子是四川地区经典的地方传统名菜之一，为眉山地方传统名菜。相传东坡肘子是苏东坡的夫人王氏首创。一次王氏在炖肘子的时候忘了时间，将肘子烧煳了，为了掩盖其煳味，便加入各种调料再次烧制。谁知苏东坡品尝后大加赞赏，此后便不断改良，并将其推荐给亲朋好友，这道美味才流传至今。

东坡肘子具有汤汁乳白、猪肘烂软、肉质细嫩、肉味醇香、肥而不腻等优点，吃过后唇齿留香，让人久久回味。

（7）蒜泥白肉。

蒜泥白肉是一道传统的川菜名菜，属于四川本地比较常见的家常菜。

蒜泥白肉的祖宗是"白肉"。关于"白肉"最早的记录是宋代孟元老的《东京梦华录》，但"白肉"的发源地却是在东北，后传入四川。

此菜要求选料精细，一般选用坐臀肉或五花肉制作，讲究火候适宜、刀工细、佐料香，热片冷吃。这道菜主要考究的是刀工，要把煮好的五花肉片成大片，且薄而透明，这样吃起来才会爽口不腻。

五花肉白水煮熟后，去除了部分油脂，吃起来肥而不腻，再搭配香味浓郁的蒜泥、辣椒油，成菜香辣鲜美，蒜香味浓，香气扑鼻，让人闻之食欲大开。

（8）樟茶鸭子。

樟茶鸭子，也叫"樟茶仔鸭"，为川地名菜。因它用红茶、白糖、绍酒、葱、姜、桂皮、八角等十几种原料精心制作，再经樟木屑及树叶熏烤而成，所以被称为樟茶鸭子。

樟茶鸭是选用秋季上市的肥嫩公鸭，鸭腿用猪肝插眼，码味，入沸水中氽烫，之后再入熏炉熏制，以漳州茶叶或加大米焙熏。出炉后再入蒸笼蒸透，随后再入油锅炸制棕红色。

在腌、熏、蒸、炸四道工序中，以选用樟树叶和花茶叶烟熏鸭最为关键。

做好的樟茶鸭切块装盘，配葱酱碟、芝麻酱和发面荷叶夹饼，供食者卷食，风味尤佳。

（9）开水白菜。

开水白菜是一道另类的川菜，没有麻辣，没有油腻，更没有重口味。这是由川菜名厨黄敬临在清宫御膳房时创制，后来由川菜大师罗国荣发扬光大，是四川成都宫廷菜的经典代表菜。

开水白菜是以北方的大白菜制作，选用提前煮好的清鸡汤调制而成。成菜后，清新淡雅，香味浓香，但不油腻，成为国宴上的一道精品菜肴。

（10）太安鱼。

太安鱼是重庆的一道名菜，出自重庆市潼南区太安镇（重庆菜属于川菜中的

渝派川菜），在本地是一道非常流行的名菜。在当地流传着一句"没有一条鱼能活着游过嘉陵江"的俗语，可见当地人是多么喜欢吃鱼。喜欢吃自然会做，而太安鱼就是其中的代表菜之一。

太安鱼的主料是草鱼、泡姜、泡椒、豆瓣酱。首先要把鱼处理干净，然后剁成大小均匀块，加入盐、鸡精、味精、胡椒粉搅拌上劲，用红薯淀粉挂一层浆，然后过油炸酥；然后泡姜、泡椒、蒜下锅爆香，加入豆瓣酱炒出红油，加适量水，放入炸过的鱼、盐、鸡精、生抽、蚝油、陈醋焖烧入味；最后大火收干汤汁，出锅装盘。

成菜鲜香美味，鱼肉嫩滑入味，下饭又下酒。

长江绕郭知鱼美：苏菜

1. 精美细致的苏菜

江苏东临大海，河流纵流全境，而且气候温暖，土壤肥沃，素有"鱼米之乡"之称，一年四季，水产禽蔬不断，这些富饶的物产为江苏菜系的形成提供了优越的物质条件。

由于苏菜与浙菜相近，因此，和浙菜统称江浙菜系，为南菜之代表，在国内外享有盛誉。

苏菜有着悠久的历史，我国第一位典籍留名的职业厨师和第一座以厨师姓氏命名的城市均在江苏：相传尧帝时期有位饮食专家叫彭祖，有一天他精心烹制了一道野鸡汤献给尧帝，后被封于大彭，即今天的徐州市，故徐州也称"彭城"。

彭祖塑像

据史料记载，早在商汤时期，江苏太湖一带的韭菜花就已经登上大雅之堂。

春秋时齐国的易牙曾在徐州传艺，由他创制的"鱼腹藏羊肉"千古流传，是为"鲜"字之本。

汉代淮南王刘安在八公山上发明了豆腐，首先在苏、皖地区流传。汉武帝又发现渔民所嗜"鱼肠"滋味甚美——其实"鱼肠"就是乌贼鱼的卵巢精白。

晋代葛洪的"五芝"之说，对江苏的饮食产生了较大的影响。直到南北朝时期，江苏菜系才开始形成。

唐宋时期，随着江苏伊斯兰教徒的增多，苏菜系又受清真菜的影响，烹饪更为丰富多彩。

而后宋朝皇室南渡杭州城，建立了南宋王朝，同时大批中原士大夫南下。因此，江苏菜系也深受中原风味的影响。

明清以来，苏菜系又受到许多地方风味的影响。

江苏的烹饪文献也很多，如元代大画家倪瓒的《云林堂饮食制度集》、明代韩奕的《易牙遗意》、清代袁枚的《随园食单》等。

苏菜具有用料广泛、刀工精细、烹调方式多样、菜品风格清鲜等特点，主要由淮扬（扬州、淮河一带）菜、江宁（镇江、南京）菜、苏锡（苏州、无锡）菜、徐海（徐州、连云港）菜四大部分组成。

其共同特点是：选料严谨，制作精细，因材施艺，四季有别，既精于焖、煎、蒸、烧、炒，又讲究吊汤和保持原汁原味，咸甜醇正适中，酥烂脱骨而不失其形，滑嫩爽脆而益显其味。

其不同特点是：淮扬菜以清淡见长，味和南北；江宁菜以滋味平和、醇正味美为特色；苏锡菜清新爽适，浓淡相宜，船菜、船点制作精美；徐海菜以鲜咸为主，五味兼蓄，风格淳朴，以注重实惠著称。

苏菜代表作有松鼠桂鱼、清炖狮子头、三套鸭、叫花鸡、盐水鸭、翡翠蹄筋等。

在整个苏菜系中，淮扬菜一直占主导地位。

淮扬菜是长江中下游地区的著名菜系，覆盖地域很广，包括现今江苏、浙江、安徽、上海以及江西、河南部分地区，有"东南第一佳味"之誉。

淮扬菜中最负盛名的就是扬州刀工，堪称全国之冠。两淮地区的鳝鱼菜品也丰富多彩，其中的镇江三鱼（鲥鱼、刀鱼、鮰鱼）更是驰名天下。

淮扬菜的特点是用料严谨，讲究刀工和火工，追求本味，突出主料，色调淡雅，造型新颖，咸甜适中，口味清鲜，适应不同口味的食客。在烹调技艺上，多用炖、焖、煨、焙之法。如南京一带的淮扬菜就是以烹制鸭菜著称，细点也是以发酵面点、烫面点和油酥面点为主。

苏菜菜式的组合亦颇有特色。

除日常饮食和各类筵席讲究菜式搭配外，苏菜还有"三筵"具有独到之处：

其一为船宴，见于太湖、瘦西湖、秦淮河等。

其二为斋席，见于镇江金山及焦山斋堂、苏州灵岩斋堂、扬州大明寺斋堂等。

其三为全席，如全鱼席、全鸭席、鳝鱼席、全蟹席等。

因苏北和苏南在地理环境、气候生态上差异很大，在饮食习惯上，两者也存在很大的不同。苏北地形多山，气候偏冷干，口味偏重，主食以面食为主；苏南多富庶平原地区，气候湿热，口味偏甜，主食以米饭为主。除此之外，江苏各地饮食又有不同的特点风格，不同菜系也有自己的独特风韵，可谓百花齐放、异彩纷呈。

2. 苏菜的经典菜品

苏菜的经典菜品有松鼠桂鱼、清炖狮子头、三套鸭、叫花鸡、盐水鸭、翡翠蹄筋等。

（1）羊方藏鱼。

相传羊方藏鱼始于彭祖，至今已有4300年历史，在中国传统古典菜中被称为第一名菜。

相传，彭祖一生生了很多个儿子，最疼爱的是小儿子夕丁。夕丁喜欢捕鱼，但是彭祖恐其溺水坚决不允。

一日，夕丁又背着彭祖去河边捕鱼，回家后正巧彭祖不在，便让其母剖开正在炖着的羊肉，将鱼藏在其中。

彭祖回家后去吃羊肉，感觉异常鲜美，于是问明缘由，大加称赞。

羊方藏鱼这道最古老的名菜至今仍在江苏徐州一些饭馆中流传。因为鱼鲜羊鲜合成一体，羊肉酥烂味香，内藏鱼肉鲜嫩，其味更鲜。

（2）松鼠鳜鱼。

松鼠鳜鱼，又名松鼠桂鱼，是苏帮菜中色香味兼具的代表之作。

据说，早在乾隆皇帝下江南时，苏州就有"松鼠鱼"了，而这道松鼠鱼并非用鳜鱼作为食材，而是用鲤鱼制作。乾隆皇帝品尝过后，赞其美味。后来，这道菜才逐渐发展成用鳜鱼制作的"松鼠桂鱼"。

松鼠桂鱼的前身是松鼠鱼。清代《调鼎集》中有记载为："取鲔鱼肚皮，去骨，拖蛋黄炸黄，作松鼠式。"这道菜成菜后，形如松鼠，外脆里嫩，色泽橘黄，酸甜适口，并有松红香味。

当炸好的鱼上桌时，随即浇上热气腾腾的卤汁，它便吱吱地"叫"起来，因活像一只松鼠而得名。

松鼠鳜鱼是江苏的一道名菜，更确切地说它是属于苏菜中的金陵菜系代表菜，也是金陵当地的一道压轴菜，早在清朝乾隆时期就已经名震江南。

松鼠鳜鱼这道菜在烹饪上十分考究，首先要将鳜鱼去骨后并划上十字花刀，便于腌制入味；腌制好的鳜鱼还要经过挂糊、油炸、浇淋糖醋汁等工序。

（3）霸王别姬。

霸王别姬属苏菜之徐海风味菜传统代表菜，是徐州传统名菜，原名龙凤烩。

据传，项羽称霸王都彭城（徐州）举行庆典时，为盛典备有"龙凤宴"，相传是虞姬娘娘亲自设计的。

"龙凤烩"即"龙凤宴"中的主要大件。其料用乌龟（龟属水族，龙系水族之长）与雉（雉属羽族，凤系羽族之长），故引申为"龙凤相会"而得名。现以鳖、鸡取代了龟、雉。

这道菜经世代相传至今，乃徐州名馔，成为喜庆宴会上不可缺少的大菜。

（4）大煮干丝。

大煮干丝又称鸡汁煮干丝，是一道既清爽又有营养的佳肴。其风味之美，历来被推为席上美馔，是苏菜系列淮扬菜系中的看家菜，属于扬州传统名菜，一度成为扬州地区的非物质文化遗产，被国外来宾誉为"东亚名肴"。

大煮干丝

传说此菜同清乾隆皇帝下江南有关。乾隆六下江南，扬州地方官员聘请名厨为皇帝烹制佳肴。其中有一道"九丝汤"，是用豆腐干丝加火腿丝在鸡汤中烩制，味极鲜美。特别是干丝切得极细，吸入各种鲜味，名传天下，遂更名"大煮干丝"。

（5）叫花鸡。

叫花鸡，又称常熟叫花鸡、煨鸡，是江苏常熟地区传统名菜。制作材料有新鲜嫩荷叶、黄泥、活土鸡等，先给处理好鸡刷上料汁，再用荷叶、猪网油及黄泥土层层包裹，最后丢进柴火堆中煨熟。

叫花鸡的制法与周代"八珍"之一的"炮豚"相似，就是用黏土把乳猪包裹起，加以烧烤，然后再进一步加工而成的菜。

叫花鸡至今已经有500多年的历史，因其色泽明亮，芳香扑鼻，板酥肉嫩，入口酥烂肥嫩，风味独特。

叫花鸡又名富贵鸡，原是乞丐所创造，故称叫花（化）鸡。相传朱元璋有一次打了败仗跑了三天三夜，敌人在后面穷追不舍。朱元璋筋疲力尽，饥饿难忍。就在这时他看到前方有一位老叫花正在烤鸡，朱元璋遂上前讨来便吃，边吃边赞不绝口，遂封此鸡为"富贵鸡"。

另外有个传说，当年乾隆皇帝微服出访江南，不小心流落荒野。有一个叫花子看他可怜，便把自认为美食的"叫花鸡"送给他吃。乾隆困饿交加，自然觉得这鸡异常好吃。吃毕，便问其名，叫花子不好意思直说是"叫花鸡"，就胡吹这鸡叫"富贵鸡"。

（6）南京盐水鸭。

南京盐水鸭，是苏菜中的金陵菜系代表名菜，属于南京当地著名的传统特色风味美食。因为此鸭在桂花盛开季节制作，故美其名曰桂花鸭；又因南京有"金陵"别称，故也称"金陵桂花鸭"。在盐水鸭的基础上加入桂花同卤，其味芳香，久负盛名，至今已有2500多年的历史。

南京向以鸭肴驰誉海内，故历来被冠以"鸭都"美称。其鸭肴之多，食鸭人之众，可谓中华之最。

南京盐水鸭以当地鲜肥鸭为材料，采取热椒盐涂抹全身进行腌制的方式，然后再经过入水焖煮、晾晒等工序制作而成。成菜的主要特点是咸甜清香，口感滑嫩，肉玉白，油润光亮，皮肥骨香，鲜嫩异常，咸鲜可口。

（7）水晶肴蹄。

水晶肴蹄，又名水晶肴肉，是江苏镇江的一款名菜，迄今已有300多年的历史。

水晶肴蹄的选材和做法同样十分考究，采用优质猪蹄为主料，用姜、葱和料酒等佐料进行腌制之后，再经过焖炖和冷冻制作而成。

水晶肴蹄成菜后肉红皮白，光滑晶莹，卤冻透明，犹如水晶，故有"水晶"之美称。

镇江"宴春酒楼"的水晶肴蹄，更是名不虚传。水晶肴蹄上桌时，可根据不同肉质切出不同名目的肴肉，如"眼镜肴""玉带钩肴""添灯棒肴""三角棱肴"等。食用时瘦肉香酥、肥肉不腻，酥香嫩鲜，佐以姜丝和镇江香醋，更是别有一番风味。

有诗赞曰：

风光无限数今朝，更爱京口肉食烧。
不腻微酥香味溢，嫣红嫩冻水晶肴。

（8）蟹粉狮子头。

蟹粉狮子头是脍炙人口的扬州名菜，属于苏菜淮扬菜传统名菜。

相传此菜始于隋朝，已有近千年历史。隋炀帝到扬州观琼花后，对扬州的万松山、金钱墩、象牙林、葵花岗四大名景十分留恋，回到行宫命御厨以上述四景为题，制作四道佳肴，即松鼠鳜鱼、金钱虾饼、象牙鸡条、葵花献肉。隋炀帝品尝后赞赏不已，赐宴群臣。从此，这些菜传遍大江南北。

到了唐朝，郇国公府中名厨受"葵花献肉"的启示，将巨大的肉圆制成葵花状，造型别致，犹如雄狮之头，可红烧，也可清炖；清炖较嫩，加入蟹粉后称为"清炖蟹粉狮子头"。

宋人杨万里有诗云："却将一脔配两螯，世间真有扬州鹤。"将吃螃蟹斩肉比喻成"骑鹤下扬州"的快活神仙，可见蟹粉狮子头一菜多么鲜美诱人了。

这道菜具有滋味醇厚、肉嫩鲜香、鲜嫩多汁、松而不散、入口即化的特点，食后齿颊留香。

（9）清蒸鲥鱼。

清蒸鲥鱼与双皮刀鱼、松鼠鳜鱼并称"江南三味"，为镇江传统名菜。

鲥鱼色白如银，背稍带青色，肉中多带细刺，腹下角鳞如箭镞，腴美异常，

是我国名贵鱼种之一，尤以江苏的镇江三江营江中产的最为名贵。

明代何景明《鲥鱼》云：

> 五月鲥鱼已至燕，荔枝卢橘未应先。
> 赐鲜遍及中瑞第，荐熟谁开寝庙筵。
> 白日风尘驰驿骑，炎天冰雪护江船。
> 银鳞细骨堪怜汝，玉筋金盘敢望传。

"清蒸鲥鱼"是道古菜。据有关资料记载，东汉初年，有个浙江余姚人，名叫严光，字子陵，"少有高名"，颇有才干，同刘秀是老同学，帮刘秀打天下有功。

刘秀建立东汉王朝，当了皇帝，严光却隐居桐庐富春江畔游钓。刘秀几次动员严光入朝辅佐，严光却说他现在的隐居生活悠闲自乐，还津津有味地讲起他垂钓时鲜鲥鱼清蒸下酒的美味，讲得刘秀亦不觉口中生津。严光终以难舍鲥鱼美味为由，婉言谢绝了高官厚禄。

"清蒸鲥鱼"是历代文人居士肴馔中的名菜，以端午节前后捕获的鲥鱼最佳，配以火腿、笋肉、香菇等清蒸而成。成菜鱼身银白，肥嫩鲜美，爽口而不腻。

（10）文思豆腐。

文思豆腐是一道有着悠久历史的江苏扬州地区汉族传统名菜，始于清代乾隆年间，是扬州天宁寺的和尚文思所创。

清人俞樾《茶香室丛钞》云："文思字熙甫，工诗，又善为豆腐羹甜浆粥。效其法者，谓之文思豆腐。"清代菜谱《调鼎集》上又称之为"什锦豆腐羹"。

该菜品选料极严，刀工精细，口感软嫩清醇，豆腐丝入口即化，同时具有调理营养不良、补虚养身等功效。

这道菜问世以来广获香

文思豆腐

客、游人的好评，许多人专程去吃，逐渐风行成为扬州名菜。当地人遂以研创者为名，后来更成为满汉全席上的菜肴之一。

 饕餮敢为天下先：**粤 菜**

1. 博采众长的粤菜

粤菜是起步较晚的菜系，深受其他菜系的影响。

粤菜的总体特点是选料广泛、新奇且尚新鲜，菜肴口味尚清淡，味别丰富；时令性强，夏秋讲清淡，冬春讲浓郁，有不少菜点具有独特风味。

粤菜形成于广东一带。广东地处亚热带，气候温和，物产富饶，可用作食物的动植物品种很多，为广州饮食文化的发展提供了得天独厚的自然条件。

广东地处珠江三角洲一带，水路交通发达，很早这里就是岭南的政治、经济、文化中心，饮食文化比较发达。

广州也是中国最早的对外通商口岸之一，在长期与西方的经济往来和文化交流中也吸收了一些西菜的烹调方法，再加上广州外地餐馆的大批出现，促进了粤菜的形成。

广东的饮食文化业与北方菜系文化一脉相通，一个很重要的原因就是，北方历代王朝派来的治粤官吏等都会带来北方的饮食文化，其间还有许多官厨高手或将他们的技艺传给当地的同行，或是在市肆上自己设店营生，将各地的饮食文化直接介绍给岭南人民，使之变为粤菜的重要组成部分。

粤菜以广州菜、潮州菜、东江菜为主体构成，其中以广州菜为代表。

广州菜取料广泛，善用狸、猫、蛇、狗入馔，尤其蛇做得最好；菜肴讲究鲜、嫩、滑、爽，夏秋清淡，冬春浓郁；技法精于炒、烧、烩、烤、煎、灼、焗、扒、扣、炸、焖等，特别是小炒，火候、油温的掌握恰到好处；调味善用蚝油、虾酱、沙茶酱、海鲜酱、红醋、鱼露、奶汁等。

潮州菜在东南亚一带颇有名声，一向以烹制海鲜见长，煲仔汤菜尤其突出；

刀工精巧，口味清醇，讲究保持主料的鲜味。

东江菜油重，味偏咸，主料突出，朴实大方，尚带中原之风，乡土风味浓重，传统的盐焗法极具特色。

粤菜配合四季更替，有"五滋""六味"之说。五滋即清、香、脆、酥、浓；六味即酸、甜、苦、辣、咸、鲜。

潮州护国菜

2.粤菜的经典菜品

粤菜的经典菜品有烤乳猪、蚝油牛肉、龙虎斗、冬瓜盅、文昌鸡、烩蛇羹、开煲狗肉、梅菜扣肉、东江盐焗鸡、大良炒鲜奶等。

（1）东江盐焗鸡。

东江盐焗鸡是广东久负盛名的一道特色传统佳肴，属于粤菜之客家菜，与东江酿豆腐、东坡梅菜扣肉一起称为"东江三宝"，为东江客家三大传统名菜之一。

东江盐焗鸡已有300多年的历史，相传缘起东江惠阳。当时盐场的人忙于工作，没有充足的时间花在烧菜煮饭上，便先将鸡肉煮熟之后再用食盐进行腌制保存起来，想吃的时候随时拿出来吃就可以了，十分方便。

人们发现经过腌储的鸡不仅不会变味，而且味道比原来更加好吃，异常甘香鲜美，于是这道菜的做法就在东江一带流传开来。后来厨师以盐焗取代了习惯上的腌食方法，发现其味特佳，由此成了这道名菜"盐焗鸡"。

此菜的做法其实很简单，就是将鸡用盐进行腌制之后，再放入炒热的食盐中将鸡肉焖熟而制成。其最大特点就是看起来色泽黄亮诱人，令人很有食欲；吃起来口感肉嫩皮脆、盐香味浓郁。

（2）烤乳猪。

烤乳猪是粤菜中最著名的特色菜，并且是"满汉全席"中的主打菜肴之一。

早在西周时代，烤乳猪即是"八珍"之一。到了清代，随着烹调制作工艺的改进，烤乳猪达到了"色如琥珀，又类真金"的效果，并皮脆肉软，表里浓香，非常适合南方人的口味。

烤乳猪这道菜就是以小乳猪为原材料，经过特定的调料腌制入味后，再烤熟而成。其最大的特点就是看起来色泽亮红，肉质细嫩，味道鲜美，香气浓郁，猪皮酥香爽脆。吃时把乳猪斩成小件，因肉少皮薄，称为片皮乳猪；有时点上少许"乳猪酱"以增加风味。

烤乳猪也是许多年来广东人祭祖的祭品之一，是家家都少不了的应节之物。用乳猪祭完先人后，亲戚们再聚餐食用。

（3）白切鸡。

粤菜厨坛中，鸡的菜式有200余款之多，其中有一道白切鸡，深受食家青睐。

白切鸡这道菜的名气可不小，它算得上是粤菜中一道名副其实的经典大菜和名菜。在广东的地盘上，不管宴席规模大小，白切鸡一般都是作为首选菜肴。由

白切鸡

此可见此道菜在广东人心目中的分量有多重，魅力有多大。

白切鸡又叫白斩鸡，始于清代的民间酒店，因烹鸡时不加调味白煮而成，食用时随吃随斩，故又称"白斩鸡"。数百年来白切鸡推陈出新，历久不衰，成为广东经典传统名菜。

白切鸡最大的特点是熟而不烂、皮爽肉滑、味道鲜美。其做法一点也不复杂，就是将嫩子鸡煮熟放凉以后，切成大小合适的鸡肉块，吃的时候再辅以葱油碟为蘸汁即可。

看起来十分简单，真要做到正宗却并非易事，其特点为制作简易，刚熟不烂，不加配料且保持原味。

（4）脆皮烧鹅。

众所周知，广东的烧鹅闻名全国。脆皮烧鹅便是广东当地的一道经典烧烤类

名菜，也是粤菜中的佼佼者。它是以当地散养的鹅为主要原材料，经过特殊的调料腌制之后，再经烧烤而成。此菜主要的特色在于金红油亮的外观以及味道香浓、皮脆肉嫩的独特口感。

脆皮烧鹅早在清代已经久负盛名。在清光绪年间的《广州竹枝词》中记载："广东烤鸭美而香，却胜烧鹅说古冈（今新会），燕瘦环肥各佳妙，君休偏重便宜坊。"可见烧鹅与烧鸭在粤菜之中已早负盛名。

脆皮烧鹅是将烧烤好的鹅斩成小块，其皮、肉、骨连而不脱，入口即离，具有皮脆、肉嫩、骨香、肥而不腻的特点。

（5）潮州卤味。

潮州卤味是广东潮州（今潮汕地区一带）的传统特色名菜，为潮州菜的重要代表菜。

潮州卤味的制法是以红糖、水、盐、豆酱（或酱油）、葱头、南姜、桂皮、八角、茴香等十几种天然香料进行"打卤"，将鹅、鸭或猪脚、猪头皮之类浸入卤锅，用火卤制。

潮州卤味包含的种类很多，有卤鸭、卤鹅、卤猪脚、卤猪头皮、卤猪肠、卤蛋等。

（6）糖醋咕噜肉。

糖醋咕噜肉，又名古老肉，是广东地区特色传统名菜之一，属于粤菜之广府菜。

此菜始于清代。当时在广州市的许多外国人都非常喜欢食用中国菜，尤其喜欢吃糖醋排骨，但吃时不习惯吐骨，感觉很麻烦。广东厨师即以出骨的精肉加调味与淀粉拌和制成一只只大肉圆，入油锅炸至酥脆，再浇上糖醋卤汁，时称"古老肉"。

由于外国人发音不准，因为吃时有弹性，嚼肉时有咯咯声，常把"古老肉"叫作"咕噜肉"，所以长期以来这两种称法并存。

此菜色泽金黄，外脆里软，酸甜爽口，皮酥肉嫩，在国内外享有较高声誉。

（7）老火靓汤。

老火靓汤又称广府汤，属于粤菜之广府菜，是广府人传承数千年的食补养生秘方。

以慢火煲煮的中华老火靓汤，火候足，时间长，既取药补之效，又取入口之甘甜。

广府人喝老火汤的历史由来已久，这与广州湿热的气候密切相关，而且广州汤的种类会随季节转换而改变，长年以来，煲汤就成了广州人生活中必不可少的一个内容，与广州凉茶一道当仁不让地成了广州饮食文化的标志。俗语说"宁可食无菜，不可食无汤"，更有人编了句"不会吃的吃肉，会吃的喝汤"的说法。先上汤、后上菜，几乎成为广州宴席的既定格局。

广府老火汤种类繁多，可用各种汤料和烹调方法，烹制出各种不同口味、不同功效的汤来。具有广州地方特色的"老火靓汤"有猪肚煲鸡、阿胶红枣乌鸡汤、山药茯苓乳鸽汤、玉竹百合鹌鹑汤、三蛇羹、冬瓜荷叶炖水鸭、黄精枸杞牛尾汤、半边莲炖鱼尾、西洋菜猪骨汤、霸王花猪肉汤、冬虫草竹丝鸡汤、椰子鸡汤、酸菜鱼汤、西洋菜陈肾汤、凉瓜黄豆汤、苹果瘦肉黑枣汤等。

（8）白灼虾

白灼虾也是粤菜中的一道风味名菜。

白灼的烹饪工艺来自粤菜，是将汤或水浇沸，下原料烫至刚熟捞出，称为"灼"；因汤水中不加任何有色调味品，故叫白灼。

白灼菜肴的特点是：色泽素雅，脆嫩爽口，口味多样。不会破坏原料鲜、甜、嫩的原始味道。

白灼虾

白灼虾的做法确实简单，就是将新鲜的虾用白水煮熟之后，配上自己喜欢的调料汁蘸着食用即可。所以称为"白灼虾"。

虽然这道菜的做法十分简单，但它就是一道货真价实的名菜。成菜色、香、味、形样样俱全，吃起来虾肉脆甜，风味特别，而且营养还十分丰富。

（9）红烧乳鸽。

红烧乳鸽是广东省传统名菜之一，属于粤菜之广府菜。

乳鸽的肉厚而嫩，滋养作用较强，鸽肉滋味鲜美，肉质细嫩，富含粗蛋白质和少量无机盐等营养成分。广东民间一直有"一鸽胜九鸡"的说法，可知乳鸽在粤菜中的地位。

红烧乳鸽的做法是将约25至28日的鸽子用卤水浸至入味，再放进滚油生炸。成品外酥里嫩，金红油亮的色泽、鲜嫩多汁的肉质，连骨头都十足入味，咬一口下去，味香汁多，皮脆肉滑，色、香、味俱佳，被推为上品佳肴，极具广府特色。

（10）东江酿豆腐。

东江"酿三宝"（酿苦瓜、酿茄子、酿辣椒）闻名遐迩，还有一酿就是"东江酿豆腐"。

东江酿豆腐也称为肉末酿豆腐、客家酿豆腐，是东江客家三大传统名菜之一，属于粤菜东江客家菜。

东江酿豆腐据说源于中原时包饺子的习惯，因迁徙到岭南无麦可包饺子，东江人便想出了酿豆腐的吃法。

酿豆腐的做法也很独特，是将虾米、猪肉、鱼肉和冬菇等材料做成馅料，然后再把馅料酿入豆腐中，利用小火慢煎的方式将豆腐煎至金黄上色，最后继续使用小火烧制而成。

酿豆腐鲜嫩滑香，外形美观、色泽悦目，营养丰富；吃时再撒上些胡椒面、葱花，其味鲜美无比。

亏君有此调和手：浙菜

1. 南料北烹的浙菜

浙菜源于江浙一带，兼收江南山水之灵秀，受到中原文化之灌溉，得力于历代名厨的开拓创新，逐渐形成了鲜嫩、细腻、典雅的菜品格局，是中华民族饮食文化宝库中的瑰宝。

浙江菜由杭州菜、宁波菜、绍兴菜和温州菜四个地方流派组成，各有自己的特色风格。

杭州菜历史悠久，重视原料的鲜、活、嫩，以鱼、虾、时令蔬菜为主，讲究刀工，口味清鲜，突出本味。经典名菜有百味羹、五味焙鸡、米脯风鳗、酒蒸鳜鱼等近百种。

杭州菜系中有一道极负盛名的菜品"龙井虾仁"，由取自杭州的上好龙井茶叶烹制而成，具有清新、和醇的特点，是杭州最著名的特色名菜。

宁波菜也是以烹制海鲜见长，讲究海鲜的鲜嫩软滑，主要代表菜有雪菜大汤黄鱼、奉化摇蜡、宁式鳝丝、苔菜拖黄鱼等。

绍兴菜则擅长烹制河鲜家禽，入口香酥绵糯，极富乡村风味，代表名菜有绍虾球、干菜焖肉、清汤越鸡、白鲞扣鸡等。

温州菜则以海鲜入馔为主，烹调讲究"二轻一重"，即轻油、轻芡、重刀工，代表名菜有三丝敲鱼、桔络鱼脑、蒜子鱼皮、爆墨鱼花等。

浙菜具有悠久的历史。素有"江南鱼米之乡"之称的浙江，盛产山珍野味，水产资源丰富，为浙江菜系的形成与发展提供了得天独厚的自然条件。

《黄帝内经·素问·异法方宜论》上说："东方之城，天地所始生也，渔盐之地，海滨傍水，其民食盐嗜咸，皆安其处，美其食。"《史记·货殖列传》中就有"楚越之地……饭稻羹鱼"的记载。由此可见，浙江烹饪已有几千年的历史。

秦汉直至唐、宋，浙菜以味为本，讲究精巧烹调，注重菜品的典雅精致。汉时会稽（今浙江绍兴）人王充在《论衡》中尚甘的论述，反映了此时浙菜又广泛运用糖醋提鲜。隋时，据《大业拾遗记》载：会稽人杜济善于调味，创制的"石首含肚"菜肴已被纳入御膳贡品。唐代的白居易、宋代的苏东坡和陆游等关于浙菜的名诗绝唱，更把历史文化名家同浙江烹饪文化联系到一起，增添了浙菜典雅动人的文采。

随着南宋移都杭州，用北方的烹调方法将南方的原料做得美味可口，"南料北烹"于是成为浙菜系一大特色。

南宋建都杭州，中原厨手随宋室南渡，黄河流域与长江流域的烹饪文化交流配合，浙菜引进中原烹调技艺之精华，发扬本地名物特产丰盛的优势，南料北烹，创制出一系列有自己风味特色的名馔佳肴，成为"南食"风味的典型代表。

明清时期，浙菜进入鼎盛时期。特别是杭州人袁枚、李渔两位清代著名的文学家，分别撰著出的《随园食单》和《闲情偶寄·饮馔部》，把浙菜的风味特色结合理论作了阐述，从而扩大了浙菜的影响。

杭州西湖楼外楼

浙菜在选料上刻意追求原料的细、特、鲜、嫩。

"细"，即严格选用物料的精华部分，以使菜品达到高雅上乘。

"特"，即选用特产原料，以突出菜品的地方特色。

"鲜"，即选用鲜活的原料，以保证菜品的纯真味道。

"嫩"，即使菜品清鲜爽脆。

浙菜注重菜品的清鲜脆嫩，主张保持主料的本色和真味。

浙菜的辅料多以当季鲜笋、冬菇和绿叶的菜为主，同时还十分讲究以绍酒、葱、姜、醋、糖调味，以达到去腥、解腻、吊鲜、起香的作用。

浙菜烹调海鲜、河鲜很有特色，与北方烹法有显著不同。浙江烹鱼，大都过水，约有三分之二是用水做传热体，这样可以突出鱼的鲜嫩，保持本味。

浙菜的形态讲究精巧细致，清秀雅丽。许多菜肴，还以风景名胜命名，造型优美。这种风格可以追溯到南宋时期。

浙江菜系非常讲究刀工，制作精细，变化较多，因时而异，简朴实惠，富有乡土气息。

2. 浙菜的经典菜品

浙菜的经典菜品有西湖醋鱼、龙井虾仁、干炸响铃、油焖春笋、生爆鳝片、莼菜黄鱼羹、清汤越鸡等。

（1）绍兴醉鸡。

绍兴醉鸡，是绍兴当地的一道经典名菜。

相传此菜是由绍兴当地一农户家的女人所创造。传说古代某家有三兄弟，当他们都娶了媳妇之后，三位媳妇比试厨艺，看谁的手艺更佳。最终最小的三弟媳妇利用绍兴当地的黄酒做了一盘醉鸡胜出。这盘醉鸡吃起来别有一番风味，不仅又鲜又嫩，而且酒香扑鼻。

后来这种醉鸡的烹饪方法就一直流传至今。

这道菜主要以散养柴鸡为主料，然后利用绍兴黄酒腌制之后并将其煮熟，最后辅以鸡汤和黄酒混合配制的调味汁烹制而成。

绍兴醉鸡最大的特点就是，外观色泽亮丽，肉质鲜嫩，酒香肉香相互融合，香气浓烈扑鼻，吃过之后令人回味无穷。

（2）西湖醋鱼。

西湖醋鱼是一道杭州传统风味名菜，在当地久负盛名。

这道菜起源于南宋时期，由宋代名厨宋五嫂创制，故又名"宋嫂鱼"和"叔嫂传珍"。它与"宋嫂鱼羹"属于姊妹菜型，二者之间有着不可割裂的关系。

相传宋代时西湖边有个姓宋的年轻人，以打鱼为生。有次他得了病，他的五嫂亲自到西湖打来鱼，并用醋加糖烧成菜来给他吃，年轻人吃了后病就好了。后来，当地人就把此菜命名"西湖醋鱼"。

传说宋高宗赵构乘龙舟游西湖，曾尝其鱼羹，赞美不已，于是名声大振，奉为脍鱼之"师祖"。以前孤山楼外楼墙壁上曾留有"亏君有此调和手，识得当年宋嫂无"的诗词，慕名而来的食客日益见多。清朝康熙帝南下时，也特意来品尝西湖醋鱼，可见此菜在清朝初期的名望。

西湖醋鱼主要是以草鱼作为主料，烹饪成熟之后再在鱼的表面浇上一层平滑油亮的糖醋汁制作而成。成菜外观看起来色泽红亮；吃起来口感细腻、酸甜鲜嫩，其中还能感觉到明显的清香蟹味。

（3）宋嫂鱼羹。

西湖醋鱼的前身就是宋嫂鱼羹，原名"宋五嫂鱼羹"，也是出自宋代宋五嫂之手。

宋嫂鱼羹是一道汤菜，是以桂鱼或鲈鱼为原料，将鱼肉切成丝后再上浆，最后以火腿丝、香菇丝和竹笋丝等为辅料加以烩制而成。其特点是色泽黄亮，鲜嫩滑润，味似蟹羹，因此又有人称它为"赛蟹羹"。

相传宋高宗赵构登御舟闲游西湖，宣唤中有一卖鱼羹的妇人叫宋五嫂，在西湖边以卖鱼羹为生。高宗吃了她做的鱼羹，十分赞赏，从此声誉鹊起，富家巨室争相购食，宋嫂鱼羹也就成了驰誉京城的名肴。

（4）龙井虾仁。

龙井虾仁是一道有着十分浓厚地域风味的杭州名菜，当然属于地地道道的"杭帮菜"。

龙井虾仁这道菜的主要原材料就是龙井茶与鲜虾仁。相传当年乾隆皇帝微服私访杭州，在一家小店用餐时，由于店主惊慌中不小心将茶叶当作葱放到正在烹饪的虾仁中。结

龙井虾仁

果没想到因祸得福，虾仁中混合着龙井茶叶，色泽更加亮丽，滋味更是独特。

乾隆皇帝吃了之后，连连称赞，于是这道菜便成了杭州的一道名菜一直流传至今。

龙井茶产于浙江杭州西湖附近的山中，以狮子峰所产茶为最佳。清代人用茶叶嫩尖制作出许多珍贵菜肴，杭州人则用清明节前后的新茶配以鲜活河虾炒制出这道菜，取名"龙井虾仁"，不久就成为杭州的特色美食，远近闻名。

（5）叫花童鸡。

叫花童鸡，又叫黄泥煨鸡，是浙江杭州的传统名菜，和江苏的名菜叫花鸡的做法差不多。

相传古时有个讨饭的，由于饿极了便偷了别人一只下蛋的老母鸡。因为没有锅灶，他就用黄泥把鸡包裹起来，架在火堆上烧烤，一直烧到黄泥开裂香味四溢。他剥去干裂的黄泥，用手撕下一大块鸡肉大嚼起来，不承想味道竟是异常鲜美。

后来这种烧鸡法经过不断地改进，遂形成了杭州的传统美食。

（6）干菜焖肉。

干菜焖肉，也称"干菜肉""霉干菜烧肉""干菜扣肉""干菜毗猪肉"等，是浙江绍兴当地的一道地方传统名菜。

这道菜采用猪肋条肉、梅干菜、白砂糖、黄酒和红曲等食材蒸制而成，最大的特点就是色泽亮丽、口感独特。

这道菜的做法其实和梅菜扣肉差不多，只不过这道菜里用到的梅干菜是浙江绍兴的特产，梅菜的香味更重一点。绍兴梅菜干乌黑发亮，五花肉红亮油润，二者深度融合在一起，吃起来的味道酥烂不腻，咸甜浓香而不失鲜嫩，颇有田园风味。

（7）东坡肉。

东坡肉又名滚肉、东坡焖肉，属于杭州传统名菜，是浙菜的代表菜之一，相传最初是由苏东坡先生所创制。此菜的最大亮点在于，色如玛瑙，油润而红亮，吃起来肥而不腻、香甜香糯，汁浓味醇，酒香味十足。

东坡肉

东坡肉的原型是徐州回赠肉，为徐州"东坡四珍"之一。相传宋神宗熙宁十年（1077年）四月，苏轼赴任徐州知州。这年夏季，黄河在澶州曹村埽一带决口。苏轼身先士卒，亲自率领禁军武卫营和全城百姓一起抗洪筑堤保城。经过七十多个昼夜的艰苦奋战，终于保住了徐州城。全城百姓无不欢欣鼓舞，为感谢这位好知州，纷纷杀猪宰羊，担酒携菜上府慰劳。

苏轼推辞不掉，收下后亲自指点家人制成红烧肉，又回赠给参加抗洪的百姓。百姓食后，都觉得此肉肥而不腻、酥香味美，一致称为"回赠肉"。

此后，"回赠肉"就在徐州一带流传，并成徐州传统名菜。

元丰三年（1080年）二月一日，苏轼被贬到黄州任团练副使。他自己开荒种地，便把此地号称"东坡居士"。这就是"东坡肉"的由来。

在黄州期间，苏轼亲自动手烹饪红烧肉并将经验写入《食猪肉诗》中。

苏轼在徐州及黄州时烹制的红烧肉，只是在当地有影响，在全国并没有多大名气。真正叫得响并闻名全国的红烧肉，是苏轼第二次在杭州时的"东坡肉"。

宋哲宗元祐五年（1090年），苏东坡任杭州知州时，发动了当地民众一起来治理西湖。经过了民工数月的苦干，终于大功告成。

为庆祝和慰劳民工，苏东坡吩咐厨子将民众送来的猪肉，按照他吩咐的制作

方法，少水慢火烧制成肴，并与酒一起分发给民工食用。结果厨子却误将酒和肉一起烧制，结果出乎意料，烧出来的肉味特别香醇可口。

这道菜的主料就是我们常见的五花肉，经过切块后，加酒、糖、酱油等，用小火长时间焖炖而成，但是制作过程并不简单，十分考验厨师的厨艺。人们经常用这样一句话来总结东坡肉的烹饪技巧："慢着火，少着水，火候足时它自美！"

东坡肉在很多地方其实就叫红烧肉，不过选材和做法上和杭州的东坡肉还是有很大区别，最明显的一点就是东坡肉块头大，而红烧肉的块头会小一点。

（8）雪菜大汤黄鱼。

雪菜大汤黄鱼是一道浙江宁波传统名菜。宁波民谣云："红膏呛蟹咸咪咪，大汤黄鱼摆咸齑。"说的便是两道当地名菜：一道是红膏炝蟹，另一道就是咸齑大汤黄鱼。

雪菜大汤黄鱼在清朝时期就已经流行于浙江一带。其主要原材料是来自我国东南沿海地区的黄金鱼，属于海鱼中的珍品，又名"石首鱼"。雪菜就是腌雪里蕻；一般还要加入冬笋。

此菜最大的特点就是鱼肉鲜嫩，汤汁乳白，味道咸鲜适中。

（9）清汤越鸡。

清汤越鸡是浙江绍兴的传统风味名菜，享有绍兴"菜中皇后"之美誉。

此菜的做法，是把越鸡宰杀后去毛去爪去内脏，放在砂锅里小火焖煮 1 个小时，再加上火腿、笋片、香菇、绍兴黄酒等调料上蒸笼蒸制而成。

这道菜据说是春秋时越国传下来的。相传乾隆皇帝在绍兴游玩时就吃过这道菜，吃后赞不绝口，然后这道菜就成了当时的朝廷贡品。

这道菜具有营养丰富、肉质细嫩和汤清味鲜的特点，其精华在汤中，喝起来味道极鲜。

在 20 世纪 30 年代，著名的柳亚子先生及夫人吃过这道菜之后，就曾以"皮薄、肉嫩、骨松、汤鲜"八个字来赞美它。

（10）冰糖甲鱼。

冰糖甲鱼，别称"独占鳌头"，位居"宁波十大名菜"之首，是宁波地区最著名的传统菜肴。

此菜同时也是一种滋补品，以甲鱼为主料，再加入冰糖、黄酒等调料先煮后焖而成，具有滋阴、调中、补虚、益气、祛热等功能。其口感鲜美肥腴，具有入口甜、收味咸的特点，吃来软糯润口、香甜酸咸，风味独特。

入馔甘鲜海味多：闽菜

1. 海派风格的闽菜

闽菜是中国著名菜系之一，历经中原汉族文化和闽越族文化的混合而形成。

闽菜是由福州、厦门、泉州等地方菜发展而成的，其中以福州菜为主要代表。

闽菜起源于福建闽侯县，这里地理条件优越和物产也十分富饶，常年盛产稻米、蔬菜、瓜果等，其中就有闻名全国的茶叶、香菇、竹笋、莲子以及鹿、雉、鹤、鸽、河鳗、石鳞等美味。此外，沿海地区还盛产鱼、虾、螺、蚌等海产，据明代万历年间的统计资料，当时水产品共计270多种，为闽菜系的发展提供了得天独厚的烹饪资源。

两晋南北朝时期，大批中原士族开始进入福建，并带来了中原先进的科技文化，与闽地的古越文化进行混合和交流，促进了当地饮食文化的发展。

晚唐五代，河南光州固始的王审知兄弟带兵入闽建立"闽国"，对福建饮食文化的繁荣产生了积极的促进作用，也对闽菜的发展产生了深远的影响。

此外，福建也是中国的著名侨乡，很多旅外华

福建民俗博物馆内景

侨从海外引进的食物品种和一些新奇的调味品，对丰富福建饮食文化、充实闽菜体系也起到了很大的促进作用。

福建人民经过与海外特别是南洋群岛人民的长期交往，海外的饮食习俗也逐渐渗透到闽人的饮食生活之中，从而使闽菜成为带有开放特色的一种独特菜系。

闽菜在继承中华传统技艺的基础上，借鉴各路菜肴之精华，对粗糙、油腻的习俗加以调整，使其逐渐朝着精细、清淡、典雅的品格演变，以至发展成为格调甚高的闽菜体系。

闽菜的特点是：制作精巧、讲究刀工、色调美观、调味清鲜。口味方面，福州菜偏甜酸，闽南菜多香辣，闽西菜喜浓香醇厚。

汤是闽菜之精髓，素有"一汤十变"之说。据昙石山文化遗址考证，闽人在5000多年前就有了吃海鲜和制作汤食的传统。福建一年四季如春，这样的气候也十分适合做汤。

2. 闽菜的经典菜品

闽菜的经典菜品有佛跳墙、太极明虾、清汤鱼丸、鸡丝燕窝、沙茶焖鸡块、七星鱼丸、乌柳居、白雪鸡、闽生果、醉排骨、红糟鱼排等。

（1）佛跳墙。

佛跳墙，又名满坛香、福寿全，是福建福州的当地名菜，属闽菜系。

佛跳墙也是中国著名的特色菜之一，多次作为国宴的主菜，接待国内外贵宾。

佛跳墙

相传，佛跳墙是在清道光年间由福州聚春园菜馆老板郑春发研制出来的。

佛跳墙选料精细，加工严谨，讲究火工与时效，注重调汤，同时注重器皿的选择。

佛跳墙取材广泛，原料有十几种之多，包括鲍鱼、海参、鱼翅、干贝、鱼唇、牦牛皮胶、杏鲍菇、鳖裙、鹿筋、蹄筋、花菇、墨鱼、瑶柱、鹌鹑蛋、排骨、蛏子、火腿、猪肚、羊肚等。

要充分体现每一种食材的口味和特点，需要先将这十几种食材分别独立制作成一道菜，再汇聚到一起，再加入高汤和绍兴酒，文火煨制十几个小时。这样煮出来的汤汁味道醇厚，荤香飘溢，美味可口，各种食材互相渗透，味中有味。

这道菜的精华其实还是在汤里，各种名贵食材煨成一锅，其汤鲜美无比，所以佛跳墙又被誉为"天下第一汤"。

诗云："坛启荤香飘四邻，佛闻弃弹跳墙来。"这便是"佛跳墙"名字的由来。

（2）鸡汤汆海蚌。

鸡汤汆海蚌是福州一道经典特色名菜，属于闽菜系福州菜，是福州地区传统宴席上必备的一道汤菜，也是闽菜最具代表性的汤菜。

鸡汤汆海蚌系选用鲜活漳港海蚌、鸡肉作为主料，配以牛肉、猪里脊肉等辅料制作而成，汤汁透明清澈，口感饱满，咸鲜可口，回味悠长，被称为"汤中之王"。

（3）涮九品。

涮九品，俗称"涮九门头"，美食业内命名为"一盘九脆"，是连城一道药膳兼济的佳肴。

涮九品是在新泉、庙前乡的"炝门头酒"的基础上，加以改进创制而成。在福建连城当地一直有"以酒醒酒，九门头涮酒"的说法，是当地最有名的"重口味"早餐。即用米酒汆烫牛内脏的九个部位，后淋上当地小黄姜，入口鲜嫩脆爽，醇香浓厚，据说吃完后一整天都精力充沛。

后经不断改良，涮九品成为以涮锅为主的一道菜，即选用牛身上最精华的九个部位，即牛舌峰、百叶肚、牛心冠、牛肚尖、牛里脊肉、牛峰肚、牛心血管、牛腰、牛肚壁，经过严格选料、精细刀功，辅以佐料、米酒和数味中草药烹制而成。成菜鲜嫩脆爽，汤味馨香，是福建闽菜之闽西菜经典代表菜，属于闽西风味之客家菜系。

（4）竹香南日鲍。

竹香南日鲍是福建莆田经典名菜，属于闽菜之闽南菜，也是福建著名的汤菜。

南日岛有"鲍鱼岛"之称，因其生长水质清新、气候适宜，味道鲜美独特，以南日出产的新鲜海带、紫菜作为饵料，接近天生的绿色食品而饮誉天下。独特的自然环境使南日鲍鱼体肥壳艳，肉质细嫩，味道鲜甜可口。

竹香南日鲍就是选用饮誉天下的南日鲍鱼，用刀沿着鲍鱼壳的周围把鲍鱼肉片下来，去掉里面黑色的沙包，再将鲍鱼壳内外刷洗干净，将鲍鱼肉冲洗净，用刀在鲍鱼肉面上交错打上十字花刀；然后把鲍鱼肉摆放回壳中，摆盘放到笼屉上蒸3分钟即可。蒸好后盛入竹制容器中，鲍鱼的鲜香与竹子的清香相互交融，味道鲜美独特。

（5）荔枝肉。

荔枝肉是福建莆田市的传统名菜，因为烹调后的肉外形像荔枝而得名。

荔枝肉，并非荔枝炒肉，而是选用猪里脊肉和荸荠作为原料，洗净之后切成十字花刀再切片，和荸荠一起加入淀粉搅拌均匀炸至金黄，卷缩成荔枝形，佐以红糟、香醋、白糖、酱油、麻油、湿淀粉等调料即成。

此菜色泽鲜艳，口味酸甜，老少皆宜，是福建地区过年过节不可或缺的一道菜。

（6）醉排骨。

醉排骨是用排骨和荸荠为主料，加上番茄酱、黄酒、蒜蓉等调料炒制而成的菜肴。成品为橘红色，外脆里嫩，酸甜微辣。

醉排骨是闽菜系的特色菜肴，重大的宴席上一定有这道菜。这道菜在福州可以说是家家户户都会做的菜，因为每到逢年过节的时候醉排骨是福州人餐桌上必不可少的一道家常菜。

（7）半月沉江。

半月沉江是南普陀寺素菜馆的一道名菜，属于闽菜系闽南菜，是福建素菜系列最出名的菜。

半月沉江

半月沉江，原名为"当归面筋汤"，是以水面筋和香菇干为主要原料制作的。因其外形一半香菇为黑色，一半面筋为白色，宛如半轮月影沉在江底，而得名半月沉江。成菜色泽分明，汤汁清香鲜美，食材清脆爽口，而且营养也十分丰富，深受食客们的喜爱。

（8）白斩河田鸡。

俗话说："没吃河田鸡，不算到长汀。"长汀河田鸡有香酥鸡、油淋鸡、白露鸡、八宝全鸡、盐酒鸡。其中以姜汁白斩河田鸡最为著名，被列为闽西客家菜谱之首，是汀州最负盛名的一道菜，被誉为"汀州第一大菜"，也是福建闽菜之闽西菜经典代表菜。

白斩河田鸡是用长汀的特产河田鸡为主料，再加上长汀特产的客家米酒为调料烧制而成。成菜闻起来香气扑鼻，看起来金黄油亮，吃起来滑嫩脆爽，十分诱人。

（9）海蛎煎。

海蛎煎，又称蚵仔煎，起源于福建泉州，是福建闽南沿海、台湾等地的经典名菜，也是福建福州、泉州、莆田等地区非常流行的一道家常菜，属于闽菜之闽南菜。

关于它的起源，有一则有趣的民间传闻。1661年，荷兰军队占领台南，泉州南安人郑成功从鹿耳门率兵攻入，意欲收复失土。郑军势如破竹大败荷军，荷军在一怒之下，把米粮全都藏匿起来。郑军在缺粮之余急中生智，索性就地取材，将台湾特产蚵仔、番薯粉混合加水煎成饼吃，想不到竟流传后世，成了风靡全省的名吃。

海蛎煎是选用泉州、厦门、莆田等沿海海域盛产的野生海蛎为食材，加入适量地瓜粉、鸡蛋、青蒜、生姜末、胡椒粉盐味拌匀，摊平煎制成饼。海蛎肉饱满嫩滑，鸡蛋焦黄脆香，吃起来外酥里嫩，口感香脆，内馅香滑；再蘸上甜辣酱，更是酸甜可口。

（10）武夷熏鹅。

武夷熏鹅，是武夷山一道桌面酒席必上的传统名肴。此菜产自福建武夷山地区，属于福建闽菜之闽北菜代表菜。

武夷熏鹅选用岚谷白鹅熏制而成。正宗的岚谷熏鹅是经过长时间熏制而出，鹅肉融入了茶香、桂叶香及糯米香味，因而香味持久，浓浓的香熏味也掩盖不了麻辣香。

烘烤熏制后的鹅肉色泽金黄透亮，鹅皮金黄透亮，鹅肉紧致香嫩，吃起来皮质酥脆，融入了茶叶等调料香气，香辣十足。

武夷熏鹅

闲时买醉小桃源：湘菜

1. 咸香酸辣的湘菜

湘菜形成于湖南一带，这里气候温暖，雨量充沛，盛产笋、覃和山珍野味，农牧副渔也较为发达，素有"鱼米之乡"之称。司马迁的《史记》之中曾记载了楚地"地势饶食，无饥馑之患"。可见，湖南优越的自然条件和丰富的物产为湘菜系的形成和发展提供了得天独厚的条件。

马王堆竹简菜单（局部）

早在战国时期，伟大的爱国主义诗人屈原在他的著名诗篇《招魂》中就记载了当地的许多菜肴。

到了汉朝，湖南的烹调技艺已有相当高的水平。通过对长沙马王堆西汉古墓的考古发掘，发现了许多同烹饪技术相关的资料。其中有迄今发现最早的一批竹简菜单，记录了103种名贵菜品和炖、焖、煨、烧、炒、烟、煎、熏、腊九类烹调方法。

唐宋时期，湘菜体系已经初见端倪，一些菜肴和烹艺开始在官府衙门盛行，并逐渐步入民间。五代十国时期，湖南的饮食文化又得到了进一步的发展。由于长沙又是文人荟萃之地，湘菜系发展很快，成为中国著名的地方风味之一。

明清时期，湘菜开始进入了发展的黄金时期，湘菜的风格基本定型。尤其是清朝末期，湖南美食之风盛行，一大批显赫的官僚竞相雇佣名师以饱其口福，很多豪商巨贾也争相效仿，为湘菜的发展起到了促进的作用。

到了民国时期，湖南的烹饪技艺进一步提高，出现了多种流派，从而奠定了湘菜的历史地位。

湘菜油重色浓、主味突出，以酸、辣、香、鲜、腊见长，辣味菜和烟熏腊肉是湘菜的特点。

湘菜由湘江流域、洞庭湖地区和湘西山区的三种地方风味组成。

湘江流域的菜以长沙、衡阳、湘潭为中心，用料广泛，制作精细，品种繁多，口味上注重香鲜、酸辣、软嫩，在制作上主要以煨、炖、腊、蒸、炒见称。

洞庭湖地区的菜以烹制河鲜和家禽家畜见长，多用炖、烧、腊的制作方法，芡大油厚、咸辣香软。

湘西菜擅长制作山珍野味，烟熏腊肉和各种腌肉，口味侧重于咸、香、酸、辣。

湖南地处亚热带，气候多变，夏季炎热，冬季寒冷，因此湘菜特别讲究调味，如夏天炎热，其味重清淡、香鲜；冬天湿冷，其味重热辣、浓鲜。

2. 湘菜的经典菜品

湘菜的经典菜品有剁椒鱼头、麻辣仔鸡、东安仔鸡、腊味合蒸、红煨鱼翅、金钱鱼、酸辣红烧羊肉、清炖羊肉、洞庭肥鱼肚、吉首酸肉、永州血鸭、湘西外婆菜等。

（1）剁椒鱼头。

剁椒鱼头是湖南省的传统名菜，寓意"鸿运当头"，属于湘菜系。

据传，此菜起源和清代文人黄宗宪有关。当年黄宗宪因"文字狱"而出逃外地，路上途经湖南的一个小乡村，借住在一个贫苦的农户家中。这家农夫从池塘中捕回一条胖头鱼，农妇便做鱼来款待黄

剁椒鱼头

宗宪。

农妇将鱼洗净后，鱼肉单独放盐煮汤，然后用自家产的辣椒剁碎后与鱼头同蒸。黄宗宪吃了后觉得非常鲜美，无法忘怀。事平之后回家，便让家厨将这道菜加以改良，于是便有了"剁椒鱼头"这道菜。

剁椒鱼头通常以鳙鱼鱼头、剁椒为主料，配以豉油、姜、葱、蒜等辅料蒸制而成。菜品色泽红亮，肉质细嫩，肥而不腻，口感软糯，鲜辣适口。

（2）腊味合蒸。

湖南地区地势较低，气候温暖潮湿。新鲜的肉类食品不宜储存，但经烟熏后的腊肉却能防腐耐贮。渐渐地，百姓也养成喜吃腊肉的饮食习惯。早在汉代时，湖南先民就用腊肉制作佳肴。到清代，此类菜肴已很出名，"腊味合蒸"就是许多腊味菜肴中的一种。

腊味合蒸是湘菜中的经典名菜，是湖南人过节过年的时候，或是各种宴席上都会吃到的一道菜。

每年到了年底，湖南很多地区就会做腊货，包括腊鸡、腊鱼、腊肉等。腊味合蒸便是以腊猪肉、腊鸡肉和腊鱼为主要食材辅以鸡汤和各种调料下锅清蒸制成的。

此菜做法简单，味道咸甜适口，腊香浓郁。

（3）麻辣子鸡。

"麻辣子鸡"这道菜，是湖南长沙百年老店"玉楼东"的看家名菜。它始创于清朝的同治年间，是湘菜中的一道代表菜。

此菜是以鸡肉为主料，辣椒、花椒等为辅料，经过油炸、炼炒等步骤制作而成。成菜外观红红火火，口感香辣可口，子鸡的肉质香嫩可口，非常下饭可口，令人回味无穷。

清末曾国藩之孙曾广钧到玉楼东就餐，尝过此菜后，即席赋诗曰："麻辣子鸡汤泡肚，令人常忆玉楼东。"

后经长沙市潇湘酒家的厨师精工细作，味道更佳。民间又流传有这样一首打油诗：

外焦内嫩麻辣鸡，色泽金黄味道新。

若问酒家何处好，潇湘胜过玉楼东。

（4）毛氏红烧肉。

毛氏红烧肉，又名毛家红烧肉，是一道色香味俱全的传统湘菜名肴。

毛氏红烧肉以五花肉为主料，白糖、料酒为有色调味料烧制而成。成菜后色泽红亮，肉香味浓，油而不腻。因在烧制过程中加入了少许辣椒，所以味道甜中带咸、咸中有辣、甜而不腻。

（5）永州血鸭。

永州血鸭是湖南永州的一款地方传统名菜。

永州血鸭分为多种，有江永、道县、新田、宁远、蓝山、东安、双牌等多个说法。在当地，几乎家家户户都会制作此菜。经过历代永州厨界精英潜心钻研、精心烹制，"永州血鸭"以其独特的口味闻名于世。

永州血鸭是以鸭肉、鸭血、毛豆和花生等主要食材制作而成的。成菜鲜香四溢，香辣可口；鸭肉上裹着一层新鲜鸭血，让人食欲大开，下酒下饭都是非常不错的选择。

（6）东安子鸡。

东安子鸡又叫东安鸡、宫保鸡，是一道地方传统名菜，因以东安新母鸡为主要食材烹制而得名。

东安子鸡的制作步骤比较烦琐：将鸡宰杀后放入汤锅内煮至七成熟时捞出待凉，切成小长条。炒锅放油烧至八成热，下鸡条、姜丝、醋、花椒末等煸炒，再放鲜肉汤焖至汤汁收干，放葱段、麻油等翻炒后，出锅装盘即成。

此菜成菜呈红、白、绿、黄四色，色彩亮丽，鸡肉肥嫩，味道酸辣鲜香，十分可口。

（7）湘西外婆菜。

湘西外婆菜又名万菜，原是湘西本地一道常见家常菜，原料选自湘西地区的多种野菜，如马齿苋、萝卜丁、大叶青菜、湘西土菜等晒干入坛腌制而成。炒的时候加入一些肉末、辣椒、青蒜就可以了，吃起来非常爽口下饭，因此在很多酒店也叫"下饭菜"。

湘西外婆菜的口感极好，酸辣可口，嚼之有劲，品之愈香，还具有很高的营养价值。

（8）组庵鱼翅。

组庵鱼翅，又叫红煨鱼翅，是湖南省地方传统名菜。

相传清代光绪年间，湖南督军谭延闿（字组庵）十分喜欢吃鱼翅，其家厨便将鸡肉、五花猪肉和鱼翅同煨，使鱼翅更加软糯爽滑，汤汁更加醇香鲜美，谭延闿食后赞不绝口。因此菜为谭家家厨所创，故称为"组庵鱼翅"。后来此菜流传民间，成为饮誉三湘的传统名菜。

组庵鱼翅是以水发玉结鱼翅为主要食材制作的一道菜，用料讲究，制作独特。成菜颜色淡黄，汁明油亮，软糯柔滑，鲜咸味美，醇香适口，实为菜中珍品。

（9）发丝百叶。

发丝百叶，又名发丝牛百叶，是湖南经典传统名菜之一。

此菜是将新鲜的牛百叶用清水洗净，切成细丝，油热下入牛百叶大火爆炒，加入辣椒、醋、食盐等调味料，大火快炒装盘即可。

此菜的制作考验的是厨师的刀工，因为只有刀工了得的厨师，才能将食材处理到如发丝一般。

此菜成菜色泽白净，形

发丝牛百叶

如发丝，质地脆嫩，综合了咸、鲜、辣、酸各种味道，使人舌底生津，余味缭绕。

（10）邵阳猪血丸子。

猪血丸子，又称血粑豆腐，是湖南邵阳地区的传统家常菜。

每年的十一、十二月份，当地几乎家家户户都制此品，以供数月之需。相传此菜始于清康熙年间，民间历代相传，至今已有好几百年的历史。

制作猪血丸子，先用新鲜猪血、豆腐、肉末加盐、辣椒粉、五香粉以及少许麻油做成丸子，然后经过太阳晒、烟熏制作而成，不仅风味独特，而且非常耐放。想吃的时候直接蒸也可以，切成片加辣椒、青蒜、蒜薹炒也可以，成菜色、香、味俱佳，腊辣可口。

痴绝无梦到徽州：**徽菜**

1. 油重色浓的徽菜

徽菜以徽州地区特产为主要原料，在采用民间传统烹调技法的基础上，吸收其他菜系技艺之长而烹制的以咸鲜味为主的地方菜肴。

徽菜起源于南宋时期的古徽州，地处中国中部山区，山珍野味非常丰富，如山鸡、斑鸠、野鸭、野兔、果子狸、鞭笋、石鸡、青鱼、甲鱼等。这些都为徽菜的烹调提供了丰富的原材料，徽菜就是以烹制山珍野味而著称。

经过历代名厨的交流切磋、继承发展，逐渐集安徽各地的名馔佳肴于一身，成为一个雅俗共享、南北皆宜、独具一格、自成一体的著名菜系。

徽菜的形成、发展与徽商有着密切的关系。徽商起于东晋，到唐宋时期日渐发达，明清则是徽商的黄金时代。

徽商富甲天下，其生活奢靡而又偏爱家乡风味，饮馔之丰盛、筵席之豪华令人咋舌。徽商在饮食方面的高消费对徽菜的发展起了推波助澜的作用，使徽菜品种更加丰富，烹调技艺更加精湛。

徽商们长期远离家乡在外谋生，为了能够常年品尝到家乡的风味餐食，便从家乡带来厨师主理膳食。后来他们逐渐开设徽菜馆进行商业经营，以满足社会之需。

1790 年，第一家徽商徽菜馆在北京率先创立。随后，苏、浙、赣、闽、沪、鄂、湘、川等地纷纷设立徽菜馆。各地徽馆业的兴起，推动了徽菜的进一步传播与发展。

徽商行贾四方，比较容易接收新事物。他们在餐馆经营中，不仅继承了徽菜传统烹饪技艺，将本帮的美味佳肴带到了外埠；而且注意吸收各派烹饪技艺的优点，并根据各地顾客的饮食嗜好，研制出适合当地口味的徽菜新品种。如上海人喜好吃鱼头鱼尾，徽厨们便研制了红烧头尾；武汉人喜欢吃鱼中段，徽厨们便研制出红烧瓦块鱼。这使得徽菜在与其他菜系的融合中，兼收并蓄，吐故纳新，不

安徽美食

断推动着自身的发展。

徽菜是由皖南、沿江、沿淮三种地方风味构成。

皖南徽菜是安徽菜的主要代表，起源于黄山麓下的徽州一带，后来转移到了名茶、徽墨等土特产品的集散中心屯溪，得到了进一步的发展。

沿江菜以芜湖、安庆地区为代表，以后传到了合肥地区，以烹制河鲜、家畜见长。

沿淮菜以蚌埠、宿县、阜阳等地为代表，菜肴讲究咸中带辣，习惯用香菜配色和调味。

徽菜在烹调方法很为独特，讲究火功，善与烹调野味，且量大油重、朴素实惠；还注意保持原汁原味，不少菜肴都是取用木炭用小火炖煨而成，汤清味醇，端菜上席便香气四溢。

徽菜选料精良，擅长烧、炖、蒸、炒等，并具有三重的特点，即重油、重酱色、重火工。

重油，这是由于徽州人常年饮用含有较多矿物质的山溪泉水，再加上当地盛产茶叶，人们常年饮茶，因此需要多吃油脂，以滋润肠胃。

重酱色、重火工则是为了突出菜肴的色、香、味，利用木炭小炉，小火单炖单烤，使火功到家，以保持原汁原味。

徽式烧鱼方法也很独特，如红烧青鱼、红烧划水等。鲜活之鱼，不用油煎，仅以油滑锅，再加调味品，旺火急烧5分钟即成。由于水分损失少，鱼肉味鲜质嫩。

徽菜还有用火腿调味的传统。制作火腿在徽州也是普及型的家庭技术，美食家们十分赞赏徽州火腿，正可谓"金华火腿在东阳，东阳火腿在徽州"。如金银蹄鸡，因为小火久炖，汤浓似奶，其火腿红如胭脂，蹄膀玉白，鸡色奶黄，味鲜醇芳香。

2. 徽菜的经典菜品

徽菜的经典菜品有臭鳜鱼、金银蹄鸡、淡菜炖酥腰、腌鲜鳟鱼、红烧野鸡肉、问政山笋、红烧果子狸、火腿炖甲鱼、红烧划水、符离集烧鸡、黄山炖鸽、奶汁肥王鱼等。

（1）徽州臭鳜鱼。

有美食家调侃道：徽菜的特点就是"轻度腐败、严（盐）重好色"。

徽菜中最具名声的菜品——"臭鳜鱼"，便是"腐败"的代表。

"臭鳜鱼"在徽州本地被称为"腌鲜鳜鱼"，是徽州的传统风味名菜之一，成名至今已有 200 多年历史。这道菜充分地发挥了鳜鱼的

臭鳜鱼

味鲜肉嫩，腌制出来的鱼没有一点腥味，口感反而更弹韧、鲜美。

"腌鲜鳜鱼"传至外地，名字却换成了"臭"字。不过这一"臭"，反吸引了不少猎奇"逐臭"的食客，臭味倒也成了异香。

腌鳜鱼最早是出于商运活鱼的保鲜需求，先把鱼装进木桶里，再一层一层泼洒盐水在鱼身上，运送途中不时翻动。到了目的地，鱼的腮还是红彤彤的，完整如生。

传统制作的臭鳜鱼，鱼肉鲜美，肉质近似上等黄鱼，汁水十足。取出一条，先煎后烧，重手下酱油，辅以笋片、火腿、葱、姜、蒜与红干辣椒，末了加芫荽提香增色，上桌就是一盘风景，咸辣鲜甜，添酒吃饭，快意至极。

（2）李鸿章杂烩。

李鸿章杂烩，也称为李鸿章大杂烩，是安徽合肥一道传统名菜。这道菜始创于清光绪二十二年（1896 年），相传与晚清名臣李鸿章有关。

当年，李鸿章访问美国时，在使馆宴请宾客。因中国菜可口，连吃几个小时，

宾客仍未下席。此时,主菜已用完,厨师只得将做菜剩下的边角料混在一起煮熟,凑成一道菜。谁知宾客尝后连声叫好,并问菜名,李鸿章答:"好吃多吃!"岂料"好吃多吃"与英语"杂烩"发音相近,后来此菜便被命名为"李鸿章杂烩"。

李鸿章杂烩选用鸡肉为主料,佐以水发海参、油发鱼肚、水发鱿鱼等辅料烹制而成。此菜是将多种原料合配烧烩而成,故有多味、醇香不腻、咸鲜可口的特点。

其实,李鸿章杂烩这道菜很有讲究,要以鸡杂、肚片、火腿、面筋、香菇、山笋、海参等垫底,用麻油酥烧,然后装入陶盆,点以白酒、酱油等佐料,放在炭基上用文火慢烧,直至油清菜熟方原盆上桌。

(3)曹操鸡。

曹操鸡,也称逍遥鸡,始创于三国时期,为安徽省合肥市地方传统名菜。

相传三国时期,曹操屯兵庐州逍遥津时,因军政事务繁忙,操劳过度,卧床不起。治疗过程中,厨师按医生嘱咐在鸡内添加中药,烹制成药膳鸡。

曹操品尝后,感觉味道不错,就吃了不少,不知不觉地感到头痛病轻多了。为了尽快将病治好,曹操令厨师们每顿都做这种鸡给他吃。他接连吃了数天,身体渐渐康复,数日后便下床了。

从此以后,不论部队开到哪里,只要有条件,曹操都要吃这种"药膳鸡"。

后来,这种既有营养价值,又可防病、治病的菜肴渐渐传开,人们将这道药膳菜命名为"曹操鸡"。

曹操鸡系将鸡宰杀整型、涂蜜油炸后,经配料卤煮入味,直焖至酥烂,肉骨脱离而成。出锅成品,色泽红润,香气浓郁,皮脆油亮,造型美观。吃时抖腿掉肉,骨酥肉烂,食后余香满口。

(4)方腊鱼。

方腊鱼,又名黄山方腊鱼,是安徽省徽州地区传统名菜之一。

方腊鱼是徽州人为纪念农民起义首领方腊采取捕鱼虾智退宋兵的故事而创制的。

北宋末年,农民起义领袖、歙县人方腊率起义军在皖南山区与宋王朝的官兵交战,因寡不敌众,退上齐云山独耸峰固守。宋军攻不上山,就在山下驻扎,重重围困,企图使义军断绝粮草后不攻自破。方腊苦无良策,甚是着急。

一天,方腊忽见山上一大水池中鱼虾成群而游,便计上心来,叫大家捕鱼虾投向山下。山下宋军将领见此情景,便误认为山上粮草充足,围困无用,即下令撤军而去。因而，此菜又名"大鱼退兵将"。

此菜选用新鲜鳜鱼，特别是皖南黄山一带山溪名产桃花鳜和虾等其他食材，经过炸、溜、蒸等多种烹饪方法制作而成。成菜后，造型奇特，口味多样，酸中带甜，咸香可口，是不可多得的黄山佳肴。一菜之中多形、多色、多味，可谓别有风味。

（5）八公山豆腐。

八公山豆腐，又名四季豆腐——因四季可做，故名。此菜为素菜之珍品，是淮南地方传统名菜，也是徽菜之淮南菜的代表菜。

八公山豆腐采用纯黄豆做原料，加八公山的泉水精制而成。其成品晶莹剔透，白似玉板，嫩若凝脂，质地细腻，清爽滑

八公山豆腐

利，无黄浆水味，托也不散碎，独具特色，享有"八公山豆腐甲天下"的美称。

这道菜就是用八公山产的豆腐和笋片经炸、烧而成。八公山豆腐成菜色泽金黄，外脆里嫩，滋味鲜美，营养丰富。

（6）蜜汁红芋。

蜜汁红芋是源自安徽淮北地区的传统名菜，是安徽筵席中色、香、味、形俱佳的著名甜菜，也是徽菜之淮北菜的代表菜。

蜜汁红芋选用红心薯为主要食材，经过单炖、单焖等步骤制作而成。此菜汤汁晶莹，芋果橘红。成品为半透明状，入口酥润，甜中带鲜。

（7）徽州毛豆腐。

徽州毛豆腐是安徽省徽州地区的特色佳肴，是徽州传统名菜素菜之珍品，以其特有的风味在徽菜中独领风骚五百余年。

相传朱元璋有一次兵败徽州，腹中饥饿难熬，命随从四处寻找食物。其中有一随从在草堆中找到逃难百姓藏在此处的几块豆腐，豆腐因草堆内温度适宜而发酵长毛。随从将此豆腐取回放在炭火上烤熟给朱元璋食用，不料豆腐味道十分鲜

美，朱元璋食后非常高兴。待朱元璋转败为胜后，即下令随军厨师制作毛豆腐，犒赏三军。

此菜利用豆腐条进行人工发酵，让其表面长出一层白色茸毛，经煎、烤、炸后呈虎皮花纹而得名。由于豆腐通过发酵后使其中植物蛋白转化成多种氨基酸，故经烹饪后味道特鲜，更有民间俗语"徽州第一怪，豆腐长毛上等菜"。

徽州毛豆腐选用安徽省屯溪、休宁一带特产的毛豆腐炸制而成，再加调味品烧烩。食用时蘸辣椒酱，鲜醇爽口，气味芳香，别有一番情趣。

（8）中和汤。

中和汤是安徽黄山一道祁门传统名菜，徽州汤菜的代表菜。

相传，南宋祁门籍著名诗人方岳嗜好豆腐，一次在船上煮豆腐块时缺少佐料，见河中小虾甚多，便捞了一些虾米为佐料，与豆腐同时下锅煮透。方岳一尝之下，味道竟十分鲜美，将此菜命名为"中河汤"。他将其制法带回家乡，成为徽州一道有名的特色菜。

此菜传入祁门后，祁门人加入当地特色食材，融入山里人饮食偏好，又有一些文人骚客植入徽州和合文化元素，"中和汤"便成为徽州汤菜的代表。

经过改良后的中和汤，以豆腐、冬笋、香菇、瘦肉等食材为原料，其做法精细，配料讲究，汤清味鲜，油而不腻，令人百吃不厌，已成祁门一带婚嫁喜宴、阖家欢聚的特色菜肴。当地人每逢置办酒席，都少不了中和汤，是黄山地区有名的宴席名菜。

（9）徽州一品锅。

徽州一品锅是徽州山区特色传统名菜，又叫绩溪一品锅；因胡适将其推广，又名胡适一品锅。

所谓一品锅，就是在炉火上坐一口铁锅，然后把各式各样的食材，如猪肉、鸡肉、火腿、豆腐、笋干、干角豆、蛋饺等，按照上荤下素的排序整齐地码放在铁锅里，并用细火慢慢煨炖而成的一道菜。

相传，此菜由明代石台县"四部尚书"毕锵的一品诰命夫人余氏创制。一次，皇上突然驾临尚书府做客，席上除了山珍海味外，余夫人特意烧了一样徽州家常菜——火锅。皇上吃得津津有味，赞美不绝。后来，皇上得知美味的火锅竟是余夫人亲手所烧，便称赞说原来还是"一品锅"！菜名就此一锤定了音。

"一品锅"的烹调比较讲究，在火锅底铺上干笋子，第二层铺上块肉，第三层是白豆腐或油炸豆腐，第四层是肉圆，第五层盖上粉丝，缀上菠菜或金针菜，加上调料和适量的水，然后用文火煨熟即成。成菜乡土风味浓，味厚而鲜，诱人食欲。

徽州一品锅

胡适任北大校长时，曾用"一品锅"招待绩溪的女婿梁实秋，得到"一品锅，三五七层花色多，品其味，离桌不离锅"的赞许。胡适在任驻美大使时，经常以家乡的"一品锅"招待外国友人，并自豪地告诉宾客："这是地道的中国菜徽菜——胡适一品锅。"

（10）符离集烧鸡。

符离集烧鸡是安徽省宿州市埇桥区的特色传统名菜，是安徽沿淮风味的代表菜，也是中华历史名肴，和德州扒鸡、河南道口烧鸡、锦州沟帮子熏鸡并称为"中国四大名鸡"。

符离集烧鸡是以当地特产的符离麻鸡为主要食材制作而成的。正宗的符离集烧鸡色佳味美，香气扑鼻，肉白嫩，肥而不腻，肉烂脱骨，嚼骨而有余香。

 朱楼灯火暖京城：京菜

1. 海纳百川的京菜

京菜即北京菜，是以北方菜为基础、兼收各地烹饪技术而形成的，菜品复杂多元，风味兼容八方，烹调手法更是丰富至极。

全聚德牌匾

中国菜肴有"四大风味"和"八大菜系"之说，但其中并无北京菜。究其原因，主要在于北京菜品种复杂多元，兼容并蓄八方风味，名菜众多，难于归类。

自元代之后，全国各地的风味菜开始在北京汇集、融合、发展，形成独特的京菜。同时由于皇室贵族、商贾巨富、政府官员、文人雅士在社会交往、节令礼仪及日常餐饮的不同需要，形形色色的餐馆也开始应运而生。

在明清两代，在北京经营饭店的主要是山东人，所以山东菜在市面上居于主导地位。经过多年的熏染，许多鲁菜也融合了北京人的口味，成为北京菜的一部分。

清代皇宫、官府和一些大户人家都雇有厨师，这些厨师来自四面八方，把中国各地的饮食文化和烹饪技艺带到北京，由此形成了具有京味特点的宫廷菜。

同时北京宫廷菜也吸收了明朝宫廷菜的许多优点，尤其是康熙、乾隆两个皇帝多次下江南，对南方膳食非常欣赏，因此清宫菜点中已经吸收全国各地许多风味菜和蒙古、回、满等族的风味膳食。

宫廷菜中有许多都属药膳，还具有食疗作用，因此北京成为药膳的重要发展基地。

北京涮羊肉也属宫廷御膳的一种，但民间的火锅也比较广泛，只不过宫廷之中的涮羊肉更加考究一些。

涮羊肉所用的配料丰富多样，味道鲜美，其制法几乎家喻户晓。

北京的回民较多，城中开设不少清真饭馆、小吃店。

清真菜以牛羊肉为主，菜式很多，是北京菜的重要组成部分。如烤肉就是清真菜的一种，它原是游牧民族的"帐篷食品"，用铁炙子烧果枝烤，先放葱丝，上面放上肉片（牛羊肉），用长竹筷不断翻烤，待肉变色烤熟即可蘸调料吃，也有先用调料将肉片拌腌后再烤。

北京还有很多官府菜。过去北京的官府多，府中多讲求美食，并各有千秋，至今流传的潘鱼、宫保肉丁、李鸿章杂烩、左公鸡、北京白肉等都出自官府。颇有代表性的谭家菜就是出自清末翰林谭宗浚家，后由其家厨传入餐馆，称为谭家菜。

北京的许多特色小吃也是京菜的组成部分，这些小吃也是在借鉴其他地方小吃的基础之上，并结合自身的饮食文化创制而成的，很多都具有独特的风味。据统计，旧时北京的小吃多达200余种，且价格便宜，故与一般平民最接近。即使深居宫中的帝后，也不时以品尝各种小吃为快。

2. 京菜的经典菜品

京菜的经典菜品有北京烤鸭、涮羊肉、老北京烤肉、京酱肉丝、抓炒鱼片、黄焖鱼翅、葱烧海参、清汤燕窝、炸烹虾段、宫保鸡丁、菜包鸡、三不沾等。

（1）北京烤鸭。

在北京菜中，最具有特色的要算是烤鸭。北京烤鸭是宫廷菜的一种，风味独特，名扬四海，有"天下第一美味"之称。

烤鸭原属民间的食品，早在1500多年前，在《食珍录》一书中就有"炙鸭"之名；600多年前的一个御膳官写的《饮膳正要》中也有烧鸭子的描述。在南方苏皖一带，小饭馆也会在砖灶上用铁叉烤鸭，名叫叉烧鸭或烧鸭；明成祖迁都北京时，将金陵（今南京）烧鸭传入北京。

北京烤鸭选用北京填鸭，在其养到4斤左右，强制喂食，经六七十天的填喂，体重即可达3公斤。填鸭体躯肥壮、皮薄脯大，

北京烤鸭

特别适于烤炙。北京鸭最初是饲养在玉泉山水边的河流中，喝的是矿泉水，吃的是矿泉鱼虾和水草。

北京烤鸭分为以全聚德为代表的挂炉烤鸭和以便宜坊为代表的焖炉烤鸭两种，均选用北京填鸭为原料，经过数道工序后入炉烤制而成。成品金黄油亮，干松酥嫩。吃的时候，用烙好的薄荷叶饼抹上甜面酱，加上切好的京葱段儿，铺上鸭片，卷成筒状食用，味道醇厚，肥而不腻。

（2）北京涮羊肉。

北京的涮羊肉也很有名，这原是游牧民族最喜爱的菜肴，还有人称之为"蒙古火锅"。辽代墓壁画中就有众人围火锅吃涮羊肉的画面。

涮羊肉，又称"羊肉火锅"，始于元代，兴起于清代。早在18世纪，康熙、乾隆二帝所举办的几次规模宏大的"千叟宴"，其中就有羊肉火锅，后流传至市肆。《旧都百话》云："羊肉锅子，为岁寒时最普通之美味，须与羊肉馆食之。此等吃法，乃北方游牧遗风加以研究进化，而成为特别风味。"

1854年，北京前门外正阳楼开业，是汉民馆出售涮羊肉的首创者。此店切出的肉，"片薄如纸，无一不完整"，使这一美味更加驰名。

此后，北京涮羊肉以东来顺饭庄的涮羊肉最为出名，嫩滑爽口，调料地道，是京城一绝。东来顺的手切羊肉，有"薄如纸、软如绵、齐如线、美如花"的美誉，号称"清真第一涮"，创造了独特的色、香、味、形、器的和谐统一，可谓"美食美器，一菜成席"。

（3）北京三不粘。

三不粘又名桂花蛋，其实是源自四川自贡地区非常受欢迎的一道美食，是用鸡蛋、淀粉、白糖加水搅匀炒制成的。它不仅色彩金黄，味道甘美，更令人称奇的是它不粘盘子、不粘筷子、不粘牙齿，这也正是它为什么叫"三不粘"的缘由；又因为外观颜色像桂花，而有了"桂花蛋"这个名字。

相传，清朝乾隆年间，乾隆皇帝到江南巡察民情，路过安阳，提出来要品尝安阳的风味美食。乾隆吃了这道菜肴之后，当即下了圣旨，让县令把此菜肴的制作方法上呈给皇宫里的御膳房，成了北京宫廷御用菜。后来此菜由宫廷传入北京民间，成为北京一道名菜。

"三不粘"这道菜肴做得最好的大概要数北京的同和居饭店了，他们烹制的"三不粘"色质纯美、香甜宜人。

（4）老北京烤肉。

老北京烤肉是北京久负盛名的特色菜肴，具体应该叫北京炙子烤肉，最早起源于塞外满蒙的游牧民族，后来才被带入北京，距今已有300多年的历史。口味属于炸烧味，选料严格，肉嫩味香，自烤自食，风味独特。老北京烤肉为北京传统的清真名菜，其做法是牛肉、羊肉腌制在特制的炙子上烤熟烤香，即可食。

炙子烤肉里的"炙子"，指的其实是烤肉时用到的工具，是用铁条钉成的薄厚适中的圆铁板。其做法是腌制过牛肉、羊肉在特制的炙子上烤熟烤香。烤好的肉，配上黄瓜、糖蒜、白萝卜，就着烧饼，别提有多美味了。

老北京烤肉以白魁老号的烧羊肉、"烤肉季"的烤羊肉、烤肉宛饭庄的烤牛羊肉最为著名。其中，烤肉宛的烤牛肉制作技艺与烤肉季的烤羊肉技艺被认定为北京市非物质文化遗产。

（5）黄焖鱼翅（黄焖鱼肚）。

在北京菜中，不仅包含了宫廷菜，还囊括了一批由官府私厨烹调出来的官府菜，当中就包括谭家菜。谭家菜是中国最知名的官府菜之一，它将粤菜和北京菜结合在一起，自成一派，其最擅长的做法，就是"精于高汤老火烹饪海八珍"。

黄焖鱼翅，便是谭家菜中的一等代表菜。

在谭家菜十多种手法的鱼翅烹饪中，用色泽金黄、汤味醇厚、香气扑鼻的浓汤做出来的黄焖鱼翅力压群雄，是鱼翅菜中的翘楚。

黄焖鱼翅曾为清宫宫廷菜，此菜翅肉软烂，杏黄透亮，柔软糯滑，味极醇鲜，整翅多汁。

由于鱼翅出自保护动物，现在多以鱼肚代替，由此又创新出黄焖鱼肚这道菜。正宗的黄焖鱼肚入口香嫩软滑，汤汁清而不薄，口感十分清爽。

（6）京酱肉丝。

京酱肉丝是北京菜中的经典名菜之一，选用猪瘦肉为主料，辅以甜面酱、葱、姜及其他调料，用北方特有的烹调技法"六爆"（油爆、酱爆、芫爆、葱爆、水爆、汤爆）之一的"酱爆"烹制而成。

京酱肉丝成菜后肉丝细嫩，酱香浓郁，食用时辅以葱丝、腐皮，咸甜适中，风味独特。

（7）炒合菜。

炒合菜是北京市传统的特色名菜，属于京菜系。

炒合菜在中国北方是一道非常受欢迎的菜，因为做法简单，食材价格便宜，营养丰富，而且随意性很强，随便几个食材随手拈来就能做出一道既美观又美味的菜肴。食用时再配上春饼，清脆爽口，吃一口让人回味无穷，是北京人最爱吃的特色家常菜之一。

（8）芥末墩。

芥末墩，又名芥末墩儿、芥菜白菜，是一道老北京的特色菜。

芥末墩是地道的百姓菜。一到冬天大白菜上市，老北京很多讲究的家庭都要做芥末墩儿。尤其是过年的时候，吃得油腻，换换口味，芥末墩最好不过了，清爽利口，颇受老北京人喜爱。

这道菜酸辣爽口，专治各种鼻子不通气，各种没胃口，可以说是老北京菜经典中的经典。

《闾巷话蔬食》中记载："旧时北京有个小报介绍此菜，说其

芥末墩

'上能启文雅之士美兴，下能济苦穷人民困危'。"其作者还在致美斋单间里看到过张大千画的梅花册页，上面配有酒壶和芥末墩儿，并题有"谁言君俗气，梅花老酒伴君游"之语。

（9）抓炒鱼片。

抓炒鱼片是北京仿膳饭庄厨师按照清宫御膳房的抓炒技法而烹制出的一道名菜，原为北京宫廷"四大抓炒"之一。

此菜色泽金黄，外脆里嫩，明油亮芡，入口香脆，外挂粘汁，无骨无刺，有酸、甜、咸、鲜之味。

此菜由清朝的宫廷厨师王玉山所创，为供慈禧太后御用菜，为御膳必备之菜。后来他又相继研究出"抓炒里脊""抓炒虾仁""抓炒腰花"，与"抓炒鱼片"一

起合称"四大抓"。其中"抓炒里脊"还在满汉全席中占有一席之地。

（10）砂锅白肉。

砂锅白肉是老北京的传统美食，是京帮菜中著名的菜肴。

砂锅白肉的制作原料主要有五花肉或后臀肉、酸菜、粉丝等，因为酸菜的酸味很好地中和了五花肉的油腻感，口味鲜美，营养丰富。

老北京的砂锅白肉以砂锅居最为有名，是砂锅居的镇店名菜。砂锅用酸菜打底，上面铺着薄如纸的白肉，入口软嫩，肥而不腻，底下的酸菜酸爽可口。

砂锅白肉

纤手搓来玉色匀：古代饮食烹饪

一道美味的菜肴离不开精美的原材料、调味品，以及独到的烹饪技巧。烹饪是指对食物原料进行合理选择调配，加工处理，加热调味，使之成为色、香、味、形、质、养兼美的安全无害的、利于吸收、益人健康、强人体质的饭食菜品。

在长期的饮食制作过程中，古代中国人摸索形成了一整套的用料、刀工、配菜、火候、调味技巧，并配合炒、蒸、煮、煎、烤等手法，显示了非同一般的烹饪技巧。

白银盘里一青螺：古代饮食原料

食物原料是人类饮食的物质基础。自古以来，饮食资源的采集、开发和利用，为人类社会最重要的物质生产活动之一。史前社会人类采集、渔猎到后来的"以农立国"，都体现了这一原则。

饮食原料指通过加工可以制作主食、菜肴、面点、小吃等各类食物的可食用原材料，譬如粮食、蔬菜、瓜果、肉类、海鲜等。

要想制作出美味可口的菜点，就必须保证菜点的质量，从一开始就选择品质上佳的饮食原料。同时，作为饮食原料，必须来源可靠、安全、卫生，这样才会保证丰富的营养和良好的口感。

我国幅员辽阔，物产丰富，饮食原料的种类亦是繁多。再加上中华民族的劳苦大众们在漫长的贫苦生活中练就了顽强的探索精神，人民对饮食原料的开发极为广泛，选择对象也是极为丰富。上层社会求珍猎奇，下层百姓求生饱腹，一切能够充饥、入馔的生物，即使毒如蛇蝎、厌如蚁蝗，一样成为"珍馐佳肴"、果腹之源。

结合古代人们的日常生活习惯，常用的饮食原料的来源十分丰富。

1. 粮食

粮食是粮食作物的种子、果实或块根、块茎及其加工产品的通称，是人类最基本的食物。我国的粮食作物主要包括谷类、豆类、薯类三大类。

中国是世界主要产粮国之一，种类繁多，以水稻、小麦、玉米和甘薯为主，其次是小米、高粱、大豆、大麦、荞麦、青稞、赤豆、绿豆、扁豆、豌豆等。

古时的"五谷"是指粟（稷）、豆

古代打粮图

（菽）、黍、麦、稻。粟（稷）象征谷神，与土神并称为"社稷"，代表国家，并认为"得谷者昌"，可见粮食在人们的心中占有至关重要的地位。现今中国大多数地区的人们的饮食结构仍然是以粮食制作的面、饭为主。

此外，粮食还可以做菜肴的主料或是配料，并且还可以酿制成调味品，比如酱、醋等。

2. 蔬菜

蔬菜一般是指可以做菜用的草本植物的总称，以十字花科和葫芦科的植物居多，如白菜、南瓜、萝卜等；也包括少数可作副食品的木本植物的嫩茎、嫩芽、嫩叶（如竹笋、香椿）和食用菌类、蕨类及藻类等。

蔬菜可鲜食，也可加工成腌菜、干菜、泡菜、酱菜、罐头等。根据食用部位，蔬菜可分为：

根茎类，如萝卜、莴笋、芋艿、茭白、竹笋、土豆、藕等；叶菜类，如白菜、韭菜、菠菜、苋菜、油麦菜等；

瓜果类，如番茄、茄子、黄瓜、西葫芦、丝瓜、苦瓜、冬瓜等；

食用菌类，如平菇、草菇、香菇、木耳等。

3. 水果

水果是人类生活中不可缺少的食物，也是需求量大、营养价值很高的饮食原料。

水果除了可以给人们消费时带来感官享受，而且水果丰富的营养对人体的健康起到了"卫士"作用。如：

苹果号称"水果之王"，对滋养皮肤、降低血压、调节血糖、降低胆固醇等具有良好功效；

柑橘性凉味甘酸，具有利肠止痛、清热和胃、生津止渴、醒酒利尿的功效等。

4. 畜类

畜类原料是指可供人们饮食利用的哺乳动物原料及其制品。

畜肉在我国的饮食原料中占据重要的地位，其中以猪、牛、羊等家畜及其乳制品为主体，还包括一些畜肉制品和可食昆虫。

我国的畜肉中有许多优良的品种，例如金华猪、太湖猪、南阳牛、乌珠穆沁蒙古羊、滩羊等，均为优质畜类原料。

畜肉营养丰富，尤其是动物蛋白质对人体的生长发育、增强身体活力都有着显著的作用。

济宁汉墓《狩猎图》画像石

我国许多畜类制品生产的历史也颇为久远，如火腿、腊肉等。

5. 禽类

禽类原料是指家禽及野生禽鸟类的肉、副产品及其制品的总称。

世界上的禽鸟类资源十分丰富，根据它们的生活方式可以分为陆禽、水禽和飞禽。

禽类也是我国重要的肉食资源，有家禽和野禽之分。家禽主要有鸡、鸭、鹅，著名的品种有乌骨鸡、麻鸭、狮头鹅等。野禽指野生的鸟，如野鸡、野鸭等。

禽类有许多再制品，例如腊鸡、板鸭、腊鸭等。

6. 蛋乳类

禽蛋是雌禽排出体外的卵。与其他的动物卵不同，禽蛋具有蛋壳、蛋清、蛋黄三大特殊结构。其常见品种有鸡蛋、鸭蛋、鹌鹑蛋、鸽子蛋、鸵鸟蛋等。其中，鸡蛋在家庭中食用的频率最高；鸭蛋和鹅蛋质地较老，且带有一些腥味，食用频率次之；鸽子蛋营养价值高，以档次较高的餐饮场所应用较多。禽蛋还有一些再制品，如咸鸭蛋、松花蛋等。

乳类含有幼小机体所需的全部养分，而且是最易消化吸收的食物，包括牛奶、羊奶、骆驼奶等。

7. 水产品

中国的水产品资源丰富，种类繁多。按照其生活环境可分为海洋类和淡水类，又可称为海鲜和河鲜；按照品种可分为鱼、虾、蟹、贝等。

海鲜主要有带鱼、鲳鱼、海鳗、墨鱼、海虾、鲜贝等；河鲜中的草鱼、青鱼、鲢鱼和鳙鱼并称为"四大淡水鱼"。此外，还有鲫鱼、鳜鱼、鲈鱼、鳊鱼、黑鱼、鳝鱼、龟、鳖、虾等。

水产品营养丰富，易于人体消化、吸收且鲜嫩可口，是人体蛋白质的重要来源。同时，水产品作为烹饪的主要原料之一，与畜肉、禽蛋并称为"料中三美"。

［明］倪端《捕鱼图》

8. 干货

干货即经过风干、晾晒等方法去除了水分的烹饪原料，大致可以分为五类：

一是动物性海味干料，如鱼翅、干贝、海参、鱼骨、鱿鱼、海蜇、虾米等；

二是植物性海味干料，有紫菜、海带、石花菜等；

三是陆生动物性干料，如蹄筋、熊掌、驼峰等；

四是陆生植物性干料，如黄花菜、莲子、百合等；

五是陆生藻菌类干料，有黑木耳、香菇、竹笋、发菜等。

9. 调味品

调味品是在原料加工或在烹调过程中用于调和食物滋味的烹饪调味原料，可以从三个方面进行分类：

（1）依调味品的商品性质和经营习惯可分为：酿造类调味品，如酱油、食醋、豆豉等；腌菜类调味品，如榨菜、梅干菜、泡椒、泡姜等；干货类调味品，如胡椒、花椒、干辣椒、茴香、八角、芥末等；其他类，如食盐、味精、白糖、黄酒、咖喱粉等。

（2）按调味品成品形状分：酱品类，如沙茶酱、豉椒酱等；酱油类，如生抽、鲜虾油、草菇抽等；汁水类，如烧烤汁、卤水汁等；味粉类，如胡椒粉、沙姜粉、鸡粉等；固体类，如花椒、干辣椒等。

（3）按调味品呈味感觉分：咸味调味品，如酱油、食盐、豆瓣酱等；甜味调味品，如白糖、蜂蜜、饴糖等；苦味调味品，如陈皮、苦杏仁等；辣味调味品，如辣椒、芥末、姜等；酸味调味品，如醋、山楂酱等；香味调味品，如花椒、八角、料酒、茴香等。

中厨烹羊办丰膳：烹饪用料的选择

原料不仅是味的载体，而且是美味的重要来源，清代"食圣"袁枚在《随园食单》中就强调："大抵一席佳肴，司厨之功居其六，买办之功居其四。"

选取原料既要按照菜品的需要确定主料、辅料和调料，还要在确定品种后挑选合适的原料，原料的选取需要注重四个原则。

1. 原料的固有品质

这主要看原料的品种、产地、营养素含量以及口味、质感的好坏等。由于自然条件的差异，烹调原料的品质自然不同。

如江南名菜"清蒸大闸蟹"以选用阳澄湖的河蟹为好，火腿则以金华、宣化所产为上。

同一种原料的部位不同，其质地、结构、特点也不尽相同。如小炒肉选用猪里脊肉，因为其最为细嫩、水分含量最充足、肌肉纤维细小；五花肉皮薄、肥瘦相间、肉质较嫩，最宜做红烧肉；前腿肉半肥半瘦，肉老筋多，吸水性强，宜做馅料和肉丸等。

2. 原料的纯净度和成熟度

主要看原料的培育时间和上市季节，纯净度和成熟度越高，利用率和使用价值越大。

正如谚语所说："九月圆脐十月尖，持螯饮酒菊花天。"意思是农历九月的雌

蟹和农历十月的雄蟹最肥美，只有顺应天时季节的食物才最好吃、最有营养。

3. 原料的新鲜度

主要看原料存放时间的长短，常常从形态、光泽、水分、重量、质地、气味等方面来判断。

如新鲜程度高的绿叶菜，外观总是碧绿挺拔，青翠欲滴，富有光泽，但萎蔫后复水的叶菜光泽顿失，并有水渍状的褶痕和斑块，这是细胞破损的症状。

又如新鲜的丝瓜总是硬的，含水量在94%左右，新鲜程度差的丝瓜自然会因失水而变蔫。

《宰牛图》壁画砖

🥢 **瓵骨醢酱点橙薤：古代烹饪调料**

中国烹调理论的核心就是调味，在调味过程中，调料的作用不可或缺。

俗话说开门七件事：柴、米、油、盐、酱、醋、茶。这七样日常生活必需品中，后五样皆可作为调料，足见调料在古人生活中的重要地位。

而在实际生活中，调料远不止这五种。

烹饪调料

古人讲"五味调和"，五味是咸、酸、苦、辣、甜，这只是最基本的调味口感。

1. 百味之王的盐

咸味是五味之首，又称"百味之王"。

《汉书·食货志》就引用王莽的诏书说："夫盐，食肴之将。"也就是说，盐是调料中的霸主。

在烹调菜肴中加入食盐可以除掉原料的一些异味，增加美味，这就是食盐的提鲜作用。在众多的烹饪原料中，除少数原料自身具有人们比较欢迎、能够接受的味道外（如黄瓜、西红柿、水果、西瓜、甜瓜、哈密瓜之类），多数原料都不同程度地存在一些恶味。若要使其变成美味可口的菜肴，除了加热、水浸等方法之外，就要发挥食盐的"除恶扶正"功能了。

所谓的"除恶扶正"，就是在烹调过程中抑制原料自身的腥恶之气味，辅助提高原料中的呈鲜美味的物质，增强人们喜欢的鲜美口味。许多原料在下锅之前加底味主要是盐，特别是动物性原料表现得尤为明显。

例如：粤菜中的糖醋古老肉，在炸肉之前，所用的五花肉必须先用料酒和食盐打一下底味，在芡汁里除了糖醋等调料外，必须加进一定数量的盐。如果不加盐就提不出此菜的美味，相反突出了糖和醋的气味，口感就极差。这就是盐在烹调中的调味作用。

"淡无味，咸无味"，是说用盐量要适当，才能发挥其特有的功能。

古人吃的盐，主要有海盐和井盐。盐来自无穷无尽的海水，理应不费分文，但是早在春秋时代，当权者已经懂得利用盐作为牟取暴利的工具。中国历代都有对盐的管制，一方面是要让老百姓都有盐吃，另一方面也是政府的一种暴利税收。这种管制对官民双方来说应该都是有利的。

2. 增色添香的酱油

酱油是中国烹饪的基本调料，在中国历史上被习惯性地称为"清酱""酱清""豆酱清""豉汁""豉清""酱汁"等。

酱油是以大豆蛋白为主要原料，按"全料制""天然踩黄"工艺酿造而成的咸香型调味液。

酱油源于酱，早在周朝就已经有了酱。当酱存放长久时其表面会出现一层汁，人们品尝之后发现味道很好，于是便改进制酱的工艺，特意酿制酱汁，这就是早期酱油的诞生过程。这时的酱油被称作"清酱"。

自中国历史上第一代酱油出现以后，在漫漫 2000 余年的时间里，中国酱油的传统称谓，如同酱油本身一样至今浓香依旧，毫不褪色。

2000 多年前的西汉，人们就已经普遍酿制和食用酱油了。

到了宋代，"酱油"一词才明确见于历史文献。如北宋苏轼曾记载了用酽醋、酱油或灯心净墨污的生活经验："金笺及扇面误字，以酽醋或酱油用新笔蘸洗，或灯心揩之即去。"

"酱油"一词的出现，其意义不仅在于中国酱油从此有了一个更规范的雅称，更在于这种称谓背后所蕴含的历史文化。

在中国古代，酱油的生产基本是传统的酱园模式，这也是中国酱油文化的特征之一。

酱园，又称酱坊，指制作并出售酱品的作坊或店铺。中国历史上的酱园规模很小，通常是前店后坊布局模式，因此，酱园具备生产加工与经营销售两种职能。

在历史上，无论是通都大邑还是百家聚落的小邑镇，必有酱园的存在。这其中也有经营有方、声誉良好、颇具规模的名店，如历史上的江北四大酱园、六必居、槐茂、玉堂、济美。

酱园不仅方便了城居百姓和四方来客的生活之需，同时也装点了城市文化。

在制作酱的过程中，古人还学会了制作另一种古代常用的调料——豆豉。据南宋《梦粱录》记载，当时的饭店里就有"润江鱼咸豉、十色咸豉"等种类的豆豉。

六必居酱菜

3. 保健开胃的醋

自古以来醋就在中国人民生活中占有重要的地位，而醋文化已经成为中华民族饮食文化的重要组成部分。

中国是世界上最早用谷物酿醋的国家，距今已有3000多年的历史。

据《周礼》记载，周朝时朝廷就设有专门管理醋政的官员"酰人"。

春秋末年晋阳（太原）城建立时就有一定规模的醋作坊。

南北朝时醋被视为奢侈品，用醋调味成为宴请档次的一条标准。北魏农学家贾思勰在《齐民要术》中对醋的发酵工艺做了详细记述。

到了唐宋时期，制醋业有了较大发展，醋开始进入了寻常百姓之家。

明清时，酿醋技术出现高峰，山西王来福创制了隔年陈酿醋工艺，至今仍被老陈醋生产企业所保留。

醋的用途很多，其药用价值是中国醋文化的显著特征。

早在战国时期，扁鹊就认为醋有协助诸药消毒疗疾的功用，此后历代名医都有很多相关的记载。尤其是李时珍在《本草纲目》一书所录的用醋药方就有30多种，其中关于在室内蒸发醋气以消毒的方式至今仍用以防止流感等传染性疾病。

醋不仅广泛应用于调味，饮酒过量之后，喝上几口醋还有助于解酒；许多生活用具可用醋擦洗除掉污垢、去异味等。

4. 堇荼如饴的糖

糖，在古代有许多同义字或近义字，如饧、饴、餔、餦、餭、餳等。

糖是人体赖以产生热量的重要物质，既可单独食用，又是人们生活中的调味品和甜食、糖果、糕点的原料。

古代先秦时期就有制糖的工艺。西周《诗经·大雅·绵篇》载："周原胜膴，堇荼如饴。"可见，在公元前1000年左右，中国人就已知道把淀粉水解成甜糖了。

用麦芽制糖是古代最早的制糖方法，许慎《说文解字》上说："饴，米蘖煎也。"蘖是发芽的麦子，能使煮过的米里的淀粉糖化。

中国很早就有甘蔗和甘蔗制糖的记载。中国种植甘蔗的历史可以追溯到战国时期，那时还不会用它生产砂糖。古时对甘蔗的利用，一是当果品吃；二是榨成

古代甘蔗榨汁机

蔗汁饮用或调味；三是将蔗汁熬成"蔗浆"；四是将蔗汁熬得像饴糖那样浓的"蔗饴"；五是以蔗汁曝晒或加乳熬成硬饴状，称为"石蜜"。

南北朝时期，中国人就已经开始制造蔗糖了。《齐民要术》里转引《异物志》说："甘蔗远近皆有……榨取汁如饴饧，名之曰糖，益复珍也。又煎而曝之，既凝而冰。"这是中国典籍里关于蔗糖制造的最早的记载。

蔗糖的大规模生产始于唐代的贞观年间。到了宋代，蔗糖生产已以江、浙、闽、广、蜀等地为主了。此外，北宋还把砂糖进一步加工成冰糖，这种冰糖流行于元代，时称"糖霜"。糖在中国古代的利用也较为广泛，除了部分用于烹饪调味，如渍制果品脯干、加入菜肴增味、加入小吃甜食等，还大量用于单食。如中国唐代就有"口香糖"了，当时的著名诗人宋之问有口臭的毛病，经常"以香口糖掩之"。至于食用糖品，则从开始制糖的时候就有了。

5.气香特异的姜

姜，又名生姜，属姜科植物，根茎味辛，性微温，气香特异。

中国很早就开始种植生姜，如湖北江陵县出土的战国墓中就有姜，西汉司马迁所作的《史记》中也有"千畦姜韭，其人与千户侯等"的记载。这说明早在2000多年前，生姜就已经成为中国的重要经济作物。

姜是中国烹饪中的主要调味品，辛辣芳香，溶解到菜肴中去，可使原料更加鲜美。

民间自古就有"饭不香，吃生姜"的谚语。在炖鸡、鸭、鱼、肉时放些姜，可使肉味醇厚。做糖醋鱼时用姜末调汁，可获得一种特殊的甜酸味。醋与姜末相兑蘸食清蒸螃蟹，不仅可去腥尝鲜，而且可借助姜的热性减少螃蟹的寒性，故《红楼梦》中说"性防积冷定须姜"。

姜不只是烹饪菜肴的调味佳品，其药用价值也很大，具有发汗解表、温中止呕等功效。红糖姜汤更是成为中国各地普遍采用的治疗感冒的民间处方，每天喝两三杯姜饮料，对身体十分有益。

6. 佐饭除秽的蒜

早期中国没有蒜，西汉时期，汉武帝派遣张骞出使西域带回很多域外物种，大蒜就是其中之一。

大蒜传入中国后，很快成为人们日常生活中的美蔬和佳料，作为蔬菜与葱、韭菜并重，作为调料与盐、豉齐名，食用方式多种多样。

魏晋时期，大蒜的种植规模迅速扩大。据说晋惠帝在逃难时，还曾从民间取大蒜佐饭。食蒜之俗已经深入社会的各个阶层。

南北朝时期，食蒜习俗得以进一步扩大，出现了很多新的食用方式。贾思勰的《齐民要术》中就记载了一种"八和齑"的复合调料，其中重要的一味原料就是大蒜。

到了唐代，食蒜之风大为兴盛，蒜成为一些人的生活必需之品。

宋代时期，食蒜风气更为流行，还出现了很多新的蒜食烹制方法。如浦江吴氏《中馈录·制蔬》就介绍了蒜瓜、蒜苗干、蒜冬瓜等几种食蒜法。由此可见，宋代人食蒜的方式比较多元，不仅生食，还用于烹调。

元明时期，人们已经掌握了大蒜的各种食用功效，此时人们的烹蒜手法也更为成熟。

到了清代，人们的食蒜方式已经接近今天。此时的烹蒜方式也逐渐分为南北两大派系。

北方的烹蒜法在山东人丁宜曾的《农圃便览》中有详细的记载。如"水晶蒜"："拔薹后七八日刨蒜，去总皮，每斤用盐七钱拌匀，时常颠弄。腌四日，装瓷罐内，按实令满。竹衣封口，上插数孔，倒控出臭水。四五日取起，泥封，数日可用。用时随开随闭，勿冒风。"南方的烹蒜法，总的来讲手法细腻，加工讲究。如《调鼎集》中记载了江浙一带的烹蒜方式。如"腌蒜头"："新出蒜头，乘未甚干者，去干及根，用清水泡两三日，尝辛辣之味去有七八就好。如未，即将换清水再泡，洗净再泡，用盐加醋腌之。若用咸，每蒜一斤，用盐二两，醋三两，先腌二三日，

添水至满封贮，可久存不坏。设需半咸半甜，一水中捞起时，先用薄盐腌一二日，后用糖醋煎滚，候冷灌之。若太淡加盐，不甜加糖可也。"但是南方人的好蒜程度比不过北方人。

7. 香气浓郁的花椒

早期的花椒是一种敬神的香物。花椒资源的开发经历了 2000 多年的历史，从最初的香料过渡到调味品，就经历了近千年的时间。

先秦时期，人们认为"花椒"虽然不能用来果腹充饥，也不能单独食用，但是花椒果实红艳，气味芳烈，于是人们以之作为一种象征物，借以表达自己的思想情感。可见，早期的花椒是作为香物出现在祭祀和敬神活动中，这就是先民对花椒的最早使用。

后来花椒逐渐成为一种调味品。南北朝时期吴均在《饼说》中罗列了当时一批有名的特产，其中调味品有"洞庭负霜之桔，仇池连蒂之椒，济北之盐"，以之制作的饼食"既闻香而口闷，亦见色而心迷"。元代忽思慧的《饮膳正要》、清代薛宝辰撰写的《素食说略》等都有对花椒调味的相关记载。

花椒不仅是一种上好的调味品，还是治疗疾病的良药。

在中国上古时期，花椒就被认为是人与神沟通的灵性之物，并被封为法力无边的"玉衡星精"，可见在先人心中花椒就是济世之物。

中国最早的药学专著《神农本草经》记载：花椒能"坚齿发""耐老""增年"。唐代孙思邈在《千金食治》中记载："蜀椒：味辛、大热、有毒，主邪气，温中下气，留饮宿。"

由此可见，花椒的药用价值毋庸置疑。

8. 火红辛辣的辣椒

辣椒是一种茄科辣椒属植物，最常见的主要有青辣椒和红辣椒。新鲜的青辣椒、红辣椒可做主菜食用，红辣椒经过加工还可以制成干辣椒、辣椒酱等用于菜肴的调料。

辣椒原产于美洲墨西哥、秘鲁等国，最先由印第安人种食。15 世纪末，哥伦布发现美洲之后把辣椒带回欧洲，并由此传播到世界各地。

据说辣椒是在明代郑和下西洋时传入中国，起先作为观赏植物，后来与花椒、茱萸等两种本土植物一起，成为中国"三大辛辣"食品。

在辣椒传入中国之前，民间主要辛辣调料是花椒、姜、茱萸，其中花椒在中国古代辛辣调料中地位最为重要。

辣椒进入中国，最初的名字叫番椒、地胡椒、斑椒、狗椒、黔椒、辣枚、海椒、辣子、茄椒、辣角、秦椒等。

最初吃辣椒的中国人均居住在长江下游，即所谓"下江人"。下江人尝试辣椒之时，四川人尚不知辣椒为何物。辣椒最先从江浙、两广传来，但是并没有在那些地方得到充分利用，却在长江上游、西南地区得到充分利用，这也是四川人在饮食上吸取天下之长，不断推陈出新的结果。

辣椒的发展史可以从清朝初期开始算起，最先开始食用辣椒的是贵州及其相邻地区。在盐巴缺乏的贵州，康熙年间就有"土苗用以代盐"，当时的辣椒起了盐的作用，可见其与生活关系之密切。从乾隆年间开始，贵州地区已经大量食用辣椒，与贵州相邻的云南镇雄和贵州东部的湖南辰州府也开始食用辣椒。

嘉庆以后，黔、湘、川、赣等地普遍种植辣椒。有记载说，由于辣椒在江西、湖南、贵州、四川等地大受欢迎，农民开始"种以为蔬"。道光年间，贵州北部已经是"顿顿之食每物必蕃椒"；同治时，贵州一带的人们"四时以食"海椒。

湖南在道光、咸丰、同治、光绪年间，食用辣椒已很普遍。湖南、湖北人食辣已经成性，连汤都要放辣椒了。同时，辣椒在四川"山野遍种之"。光绪以后，四川经典菜谱中有大量食用辣椒的记载。清末傅崇矩编撰的《成都通览》载，当时成都各种菜肴放辣椒的有 1328 种，辣椒已经成为川菜主要的作料之一。清代末年，食椒已经成为四川人饮食的重要特色。辣椒传入中国 600 多年，有人戏称其实现了一场"红色侵略"，抢占了传统的花椒、姜、茱萸的地位：花椒食用被挤缩在四川盆地之内，茱萸则完全退出中国饮食辛香用料的舞台，姜的地位也从饮食中大量退出。

辣椒至今不衰，其威力几乎是任何辛辣香料都无法比拟的。

9. 口味多样的复合调味料

上面说的这些调味料，只是单一调味料。而在很早以前，中国人其实也会食用一些复合型的调味料。

（1）八和齑。

在南北朝时流行的八和齑，是一种口味辛辣，由多种材料组成的调味料。

这种调味料记载在《齐民要术》中，由八种材料组成，分别是蒜、姜、橘、白梅、熟栗黄、粳米饭、盐、酢（醋）。

这八种材料中，分别有辛、辣、甜、酸、咸，刚好组成中国最早对五味的追求。

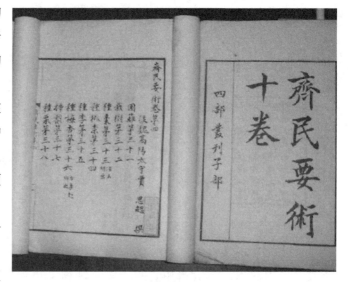

《齐民要术》书影

八和齑的制作过程，要求十分严格，前面提到八种材料的前后顺序，正是制作时必须遵循的顺序。

加工的时候，不论制作工具，或者制作材料，都有严格要求。如蒜，必须要求"掐去强根，不去则苦"。

这种八和齑主要就是搭配鱼脍（生鱼片）一同食用。因为在中国历史上，吃不同的脍（切得很细的肉，如牛脍、羊脍）都会搭配不同的齑。所以，其实古代还有很多种类的齑。

（2）十三香。

十三香，又称十全香，指将13种各具特色香味的中草药物，包括紫蔻、砂仁、肉蔻、肉桂、丁香、花椒、八角、小茴香、木香、白芷、三奈、良姜、干姜等，磨为粉做成的调味料。

这13种中草药物，也可以看作是13种烹饪调料，可单独或混合使用，如：八角气味浓烈，用于制作素菜及豆制品最好；做牛羊肉用白芷，可去除膻气增加鲜味，使肉质细嫩；熏肉、煮肠用肉桂，可使肉、肠香味浓郁，久食不腻；余汤用陈皮和木香，可使气味淡雅而清香；做鱼用三奈和生姜，既能解除鱼腥，又可使鱼酥嫩相宜，香气横溢；熏制鸡、鸭、鹅肉，用肉蔻和丁香，可使熏味独特，嚼时鲜香盈口，满室芬芳。

制作"十三香"时原料必须充分晒干或烘干，粉碎过筛，而且越细越好。每种原料应该单独粉碎，分别存放，最好将其装在无毒无异味的食用塑料袋内，以防香料"回潮"或走味儿。使用时并非用量越多越好，一定要适量，因为桂皮、丁香、茴香、生姜以及胡椒等料，它们虽然属于天然调味品，但如果用量过度，同样具有一定的副作用乃至毒性和诱变性，所以使用时应以"宁少勿多"为宜。

（3）五香粉。

五香粉，是指将超过 5 种的香料研磨成粉，再混合在一起的调味料，常使用在煎、炸前涂抹在鸡、鸭肉类上，也可与细盐混合做蘸料之用。其名称来自中国文化对酸、甜、苦、辣、咸五味要求的平衡。

五香粉广泛用于东方料理的辛辣口味的菜肴，尤其适合用于烘烤或快炒肉类、炖、焖、煨、蒸、煮菜肴作调味。

五香粉因配料不同，有多种不同口味和不同的名称，如麻辣粉、鲜辣粉等，是家庭烹饪、佐餐不可缺少的调味料。

当然，调味料的品种是异常丰富的，许多植物的叶、花、果、根、茎及一些中草药都可以作为调味料来使用。而且，一些过去的调味料，现在并没有消失，而是以另一种方式融入生活之中。

厨下司炊悉心烹：中国传统烹饪技艺

烹饪是对食物原料进行合理的选择调配、加热调味，使之成为人们需求的饭食菜品。烹调是指将原料进行加工、热处理以及投放适量的调味品等烹制菜肴的过程。

烹饪与烹调的区别在于烹调单指菜肴制作，烹饪还包括主食的制作。

在餐饮业中，烹调的制作叫"红案"，点心、饭食等主食的制作叫"白案"。

1. 刀工技艺

刀工就是根据烹调与食用的需要将各种原料加工成一定形状，使之成为组配菜肴所需要的基本形体的操作技术。

烹饪任何菜肴都离不开刀工这道重要的工序，主要可以分为十二种刀法：切、片、削、剁、剞、劈、剔、拍、斩、旋、刮、食雕。经常使用的包括直刀法、平刀法、斜刀法和剞刀法。

（1）直刀法。

直刀法是刀刃与砧板面和原料成直角的一种刀法。根据原料性质和烹调要求的不同，直刀法又分为"切""劈""斩"三种。

切是将刀对准原料，垂直推拉，上下运动，一般用于无骨的原料。

劈适用于带骨的或者质地坚硬的原料，劈是用大小臂的力量，用力将原料片开。

斩是将原料制成茸或末状的一种刀法，一般适用于无骨的原料，通常是左右两手同时执刀，间断落刀，因此也称为排斩。

（2）平刀法。

平刀法在操作时，刀与砧板基本呈平行状态，刀刃由原料一侧进刀，从另侧出来，从右到左，将原料片开的一种刀法，可分为平刀片、推刀片、拉刀片三种。

（3）斜刀法。

斜刀法是刀面与砧板面成小于90°角，刀刃与原料成斜角的一种刀法，可分为正斜刀和反斜刀两种。

（4）剞刀法。

剞刀法又称锲刀、混合刀法，是将原料划上各种刀纹，但不切（片）断。剞的目的是为了使原料在烹调时易入味，可以用旺火在短时间内使菜肴迅速成熟，并保持脆嫩。剞刀时，应根据原料的性质及用途，一般情况下进刀深度约为原料的三分之二或四分之三。

通常剞刀法又分为推刀剞和直刀剞。

2. 配菜技艺

由于中国烹饪的用料具有"用料广博，物尽其用"的特点，因而特别讲究配菜技艺。这直接关系到菜肴的色、香、味、形以及营养价值。配菜分为生配和熟配。生配用于制作热菜，是刀工与烹调之间的承接环节。熟配用于制作凉菜，是刀工与烹调之后的收尾环节。配菜要讲究五个原则。

（1）比例适当。

由于原料分为主料、辅料、调料和配料，一般主料和辅料搭配，必须突出主料，辅料应适应主料，起到衬托和点缀的作用，当然有些菜肴无主料辅料之分，互为衬托。

（2）色彩和谐。

原料在色彩搭配上要做到鲜艳不俗，素雅不单调，包括顺色搭配和异色搭配。顺色指所配的几种原料颜色接近，此类多为白色，所用调料也是盐、味精、白酱油、浅色料酒等。这类菜肴保持了本色，素雅清爽，鱼翅、鱼肚等适宜顺色搭配。异色搭配是将不同颜色的主料和辅料搭配，让主料色泽更加突出。如三丝翡翠鱼片卷，是将青红椒丝、姜丝与白色鱼片搭配，红黄白绿相间，赏心悦目。菜肴的配菜要考虑盛器，顺色搭配一般用花色艳丽的盛器盛装，反之白色食器一般盛装异色搭配的菜肴。

（3）浓淡相宜，突出本味。

有的菜肴配料清淡，是为了突出主料味道之浓厚。清淡型菜肴则是采用淡淡相配的原则，凸显原料的本味，如烧双冬。有些菜肴在味配时主要采用异香相配的原则，主料、配料各具不同的特殊香味，异香融合，别有风味。而有些烹饪原料味太浓，只宜独用，不宜多用杂料。

（4）形状协调美观。

"形"是指经刀工处理后的菜肴的主辅料的形状。搭配方法通常有两种：一是同形配，即主辅料的形态大小保持一致，所谓"丁配丁、丝配丝、片配片、块配块"，如鱼香肉丝、炒三丁等；二是异形配，主辅料的形状不同、大小不一。

（5）质地和谐可口。

质地和谐可口主要是考虑适应烹调和食用的需要。要遵循两个原则。一是同质相配，即主辅料要软配软，如芙蓉鸡片；脆配脆，如火爆双脆；韧配韧，如海带牛肉丝。二是荤素搭配的原则，无论从营养的角度，还是从食用的角度，都是科学合理的，如豆腐鱼、栗子炖鸡、芹菜肉丝等。

3. 火候技艺

火候，是指在菜肴烹调过程中，所用的火力大小和时间长短。

火候技艺主要与原料和烹调技法紧密相关，如烧、炖、煮、焖等技法多用小火长时间烹调。如佛跳墙在煨制过程中讲究长时间用小火，在煨的过程中不能随便打开看或闻，否则香气容易流失。

古代炊事图

而凡是外面挂糊的原料，在下油锅炸时，多使用中火下锅、逐渐加油的方法，效果较好。用旺火烹调的菜肴，主料多以脆、嫩为主，如葱爆羊肉、爆炒腰花、水爆肚等。

当然，有些菜根据烹调要求要使用两种或两种以上火力，如：清炖牛肉就是先旺火、后小火；而氽鱼脯则是先小火、后中火；干烧鱼则是先旺火、再中火、后小火烧制。

4. 调味技艺

调味就是菜肴在制作过程中，把菜肴的主辅料与多种调味品适当配合，使其相互影响，产生物理和化学的复杂变化，去其异味、增加美味，形成多种不同风味菜肴的一项技术手段。中国烹饪把味分为本味和复合味。

本味也称基本味、独味，通常包括咸、甜、苦、辣、酸等。俗话说咸味是百味之首，作为咸味的主要来源食盐在烹调中起到了定味、除异和消毒杀菌的作用。

复合味即是调和味、混合味。我国的菜肴多是以复合味的形式出现，如椒盐味的菜肴有干炸里脊、软炸虾仁等，怪味的菜肴包括怪味豆、怪味鸡等；此外，

还有糖醋味的糖醋排骨、荔枝味的宫保鸡丁等。

烹调过程中的调味，一般可分为三步完成：第一步，加热前调味。第二步，加热中调味。第三步，加热后调味。

加热前的调味，又叫基础调味。目的是使原料在烹制之前就具有一个基本的味，同时减除某些原料的腥膻气味。具体方法是将原料用调味品如盐、酱油、料酒、糖等调拌均匀，浸渍一下，或者再加上鸡蛋、淀粉浆给原料上浆，使原料初步入味，然后再进行加热烹调。

加热中的调味，也叫作正式调味或定型调味。当原料下锅以后，在适宜的时机按照菜肴的烹调要求和食者的口味，加入的调味品。有些旺火急成的菜，须得事先把所需的调味品放在碗中调好，这叫作"预备调味"，也称为"对汁"，以便烹调时及时加入，不误火候。一些不能在加热中启盖和调味的蒸、炖制菜肴，更是要在上笼入锅前调好味，如蒸鸡、蒸肉、蒸鱼、炖（隔水）鸭、罐焖肉、坛子肉等，它们的调味方法一般是将对好的汤汁或搅拌好的作料同蒸制原料一起放入器皿中，以便于加热过程中入味。

加热后的调味，又叫作辅助调味。可增加菜肴的特定滋味。有些菜肴，虽然在第一、第二阶段中都进行了调味，但在色、香、味方面仍未达到应有的要求，因此需要在加热后最后定味。例如炸菜往往撒以椒盐或辣油等；火锅涮品（涮羊肉等）还要蘸上很多的调味小料；蒸菜也有的要在上桌前另烧调汁；烩的乌鱼蛋则在出勺时往汤中放些醋；烤的鸭需浇上甜面酱；炝、拌的凉菜，也需浇以对好的三合油、姜醋汁、芥末糊等。这些都是加热后的调味，对增加菜肴特定的风味必不可少。

古人进餐图

烟绕千峰留五味：烧烤法

烧烤就是将加工处理好或腌制入味的原料置于烤具内部，用明火、暗火等产生的热辐射进行加热成菜的方法。

烧烤法做菜可分为挂火烤、焖炉烤、烤盘烤、叉烤、串烤、网夹烤、炙烤等。

挂火烤是将原料吊挂在大型烤炉中，利用燃烧的明火产生的热辐射把原料加热成熟的方法，如挂炉烤鸭。其特点是色泽枣红、外皮松脆、肉质鲜嫩、香气浓郁。

叉烤是将腌渍好的原料用叉子叉住，在明火炉上不断翻动，进行加热成菜的方法，如烤乳猪、叉烤鸭等。

焖炉烤是将原料置于闷烤炉中，用炉壁产生的热辐射将原料烤制成熟的方法，如烤全羊。其特点是外焦里嫩、香气浓郁、肉质不老不嫩，耐嚼有咬劲。

烤盘烤是将原料放入烤盘中再放入蓄热炉中，用高温气体进行密封加热的方法，如烤鲳鱼、烤肥肠等。其特点是汁稠软嫩、别具风味。

串烤是将小型原料用细长的扦子穿好，在明火上转动，短时间加热成熟的方法，如烤羊肉串。其特点是焦黄香嫩，辛香浓烈。

网夹烤是将原料用外皮包好，放在铁网夹内夹住，在明火上翻烤或放入烤炉

古人烧烤图

内用暗火烤成熟的方法，如烤腰子、烤肉脯等。

炙烤是将原料腌渍，放在排列炙子的铁锅上，用烤热的炙子和炙子缝隙间的旺火苗将原料加热成菜的方法。如烤肉等。

慢工细火入味浓：炖煮法

炖煮法是将食物与其他原料一起放在汤汁或清水中，先用武火煮沸，再用文火煮熟。一般适用于体积小、质软的原料，分为汤煮、水煮、油煮、白煮等。

油煮、水煮和汤煮要将原料经多种方式处理，如要炒、煎、炸、滑油、焯烫等预制成半成品，放入锅中加适量的汤汁和调味料，用旺火烧开，改用中火加热成菜。此法以抑制原料鲜味流失为目的，加热时间不可太久。一般适于纤维短、质细嫩、异味小的原料，口味鲜香、滋味浓厚，代表菜是水煮牛肉。

白煮是将加工整理的生料放入清水中，烧开后改用中小火长时间加热成熟，冷却切盘，配调味料成菜的冷菜技法。白煮法选料精细，火候适当，改刀技巧精，调料讲究，味道清香酥嫩，代表菜是白肉片。

蒸藜炊黍饷东菑：焖蒸法

焖蒸法是将加工好的原料放入蒸笼中，用蒸汽加热成熟菜肴的方法。

早在四五千年前，我们的祖先就发明了一种叫"甑"的炊具，《千鼎集·伊尹蒸考》就记载了伊尹蒸雪鸹的故事；《齐民要术》中记载了蒸鱼、蒸鸡的方法，宋代出现了裹蒸法和酒蒸法，明清后出现粉蒸法。

不同原料制作蒸菜时，火力的强弱及时间长短有所差异。质地嫩的原料用旺火沸水蒸 15~18 分钟，如清蒸武昌鱼。原料体形较大，质地老，成菜要求酥烂的一般用旺火沸水缓蒸 2~3 小时，如荷叶粉蒸肉。原料质地较嫩，或经过细致加工，

殷商时期做蒸饭的青铜甗

要求保持鲜嫩和塑造形态的适于用中小火沸水缓蒸，如芙蓉蛋膏。

焖蒸类菜肴按技法可以分为清蒸、粉蒸、包蒸、糟蒸、上浆蒸、果盅蒸、扣蒸、花色蒸、汽锅蒸等。

清蒸是将单一口味的原料（一般是咸鲜味）直接调味蒸制，具有汤清、味鲜、质地嫩的特点，如清蒸鳜鱼。

粉蒸是指加工腌味的原料上浆后，沾上一层熟玉米粉蒸制成菜的方法，具有糯软香浓、味醇适口的特点，如荷叶粉蒸肉。

包蒸是原料腌制入味后，用荷叶、苇叶、芭蕉叶等包裹后蒸熟的方法，特点是不但保持了原汁原味，而且还有包裹材料的清香。

蒸是在蒸菜的调料中加入糟卤或糟油使菜品具有特殊的糟香味，注意其加热时间不可太久，否则会有酸味。

上浆蒸是鲜嫩原料用蛋清淀粉上浆后再蒸的方法，可以使原料汁液不易流失，还有滑嫩感。

果盅蒸是用西瓜、雪梨、木瓜等去掉果心，将原料初加工，放入果盅上笼蒸熟的方法。

扣蒸要将蒸熟的菜肴翻扣装盘，如梅菜扣肉。

花色蒸也叫酿蒸，是将原料加工成型装入容器中，入屉上笼用中小火较短时间内加热成熟后浇淋芡汁成菜的做法。

灶上翻锅炒菜瓜：翻炒法

翻炒法是传统烹饪中最主要的技法，它是以油为主要导热体，将小型原料用中旺火在较短时间内加热成熟，调味成菜的一种烹调方法。

翻炒法可以分为生炒、熟炒、干炒、滑炒、焦炒、软炒等。

生炒是以不挂糊的原料为主，先将主料放入沸油锅中炒至五六成熟，放入配料（不易熟的与主料一起放），然后加入调味，迅速颠翻几下，断生即可。这种方法炒出的菜肴汤汁少、原料新鲜。

熟炒是先将原料加工成半熟或全熟，切成块、片、丝等形状，再放入有底油的锅中略炒，依次加入调料、配料，翻炒均匀后，勾芡或直接烧入味。

干炒分为煸炒和干煸。煸炒是将小型的不易断碎的原料用少量油在旺火中短时间烹调成菜的方法。煸炒要求操作时间短，原料不腌渍、不挂糊、不滑油、不勾芡。干煸是较长时间的煸炒，原料水分减少，口味干香、酥脆。

滑炒是将经过精细加工的小型原料上浆滑油，再用少量油在旺火上急速翻炒最后兑汁或勾芡。这种方法能够去除异味，增加脂肪的香味，多适用于鲜嫩的动物性原料。

焦炒是将加工的小型原料腌渍后根据菜肴的不同要求，直接炸或拍粉炸或挂糊炸，再用清汁或芡汁调味成菜的方法，其菜肴特点味浓韧脆、焦香。

软炒是将液体原料如牛奶掺入调料、辅料拌匀，或加工成泥状的原料加汤水调匀，用少量温油以中小火加热炒制而凝结成菜的方法，或是将鸡蛋调散加入调料和辅料拌匀不用油而用汤水炒制凝结成菜的烹调方法。

碧油煎出嫩黄深：煎炸法

煎炸法是指将原料经加工后成扁平状，食物用部分调味品浸渍入味，再进行挂糊或不挂糊，然后放入底油烧热的锅中，用中小火加热，使原料成金黄色，再根据烹调的要求倒入调味品或直接成菜的一种烹调方法。

煎炸法的种类可以分为干煎、湿煎、酥煎、煎炒、煎炸、煎焖、半煎、生煎、香煎等。干煎是将小型原料腌制后拍上面粉直接煎制成菜的方法，或将原料切成扁平的片后，用油炸至七八成熟后，再勾芡待芡汁收干，原料入味。

古代炊事雕塑

湿煎是将初步加工的原料加入调料底味用生粉上浆或拍上干生粉，用中火定型再用小火煎熟，以适合的调汁收汁入味的方法。

酥煎是将原料腌制入味后，挂酥皮糊后再入存底油锅中煎制成熟的烹调方法。

煎炒是把原料初加工后，腌制入味上浆或拍粉，用小火或中火进行煎制再调味至成熟的方法。

煎炸是将原料先进行煎制后，再用大量油进行炸的一种特殊烹调方法。

煎焖是将原料腌制入味，放入底油煎制成熟再加入调料、清水或汤汁，盖锅盖，用微火焖熟至酥的一种烹调方法。

半煎是将原料去腥去异味后，腌制底味，上粉浆或不上粉浆，运用小火在锅中进行烹制成菜的方法。

生煎是将原料经过刀工处理后，加底味，再上粉浆直接煎制成菜的方法。

香煎是将原料改刀成形后腌制入味煎熟成菜，起锅前放入洋酒的方法。

山栗炮燔疗夜饥：爆法

爆，古代又称炮，就是急速烈火烹制的意思，加热时间短。爆法就是将无骨、脆嫩、小型的原料经热油或滚汤沸水迅速加热成熟后勾芡或兑汁成菜的一种烹调方法。

爆法始于宋代，那时有"爆肉"的菜肴。元代又出现汤爆法，如"汤爆肚"。到了明代开始有"油爆"，如油爆鸡，也有将油爆叫作爆炒或生爆。

具体来说，"爆"可分为爆炒、油爆、酱爆、汤爆、干爆、葱爆等技法。

（1）爆炒。

爆炒泛指将经刀工或其他方法处理好的原料，或直接，或码味、码芡后，放入八成以上油温的热油锅中加热并快速翻拨使之成菜的一种烹饪技法。

爆炒原料多选用脆性原料，一般须经过剞花刀处理成形似麦穗、松果、凤尾、荔枝状（部分原料亦处理成片、丝、丁、条），便于烹制时快速成熟，且成菜后菜品形态美观。

一般来说，油爆、火爆、芫爆（盐爆）、葱爆、酱爆等技法都可归为爆炒一类。

爆炒代表菜品有火爆腰花、油爆双脆、芫爆肚丝、葱爆羊肉、酱爆肉丁等。

（2）油爆。

油爆，是将加工好的小型原料用沸水稍烫，捞出沥干水分，随即再在沸油锅内炸至七成熟，捞出沥油，再起油锅，待油热透，投入炸好的原料颠翻一下，加入调味芡汁（一般用葱末、姜末、蒜末、酱油、盐、料酒、味精，再加清水团粉调和而成），再颠翻几下即成。

油爆虾球

另外一种油爆方法是将原料挂上薄糊不经水烫煮，先放入温油锅炸至六七成熟，然后再起油锅，按上法烹调，此法适于鸡丁、肉丝、虾、肚块等小型及鲜嫩的原料。

油爆法的运用，北方以焯水爆炒，南方以上浆滑油爆炒。

油爆代表菜品有油爆虾球、油爆双脆、油爆墨鱼仔、油爆鸡胗、油爆肚头、油爆鲜贝、油爆兔耳、油爆黄喉等。

（3）火爆。

火爆是一种旺火速成的爆炒方式。将经刀工或其他方法处理好的原料，放入八成以上油温的热油锅中使用旺火迅速爆炒，下配料迅速炒至断生，然后烹入芡汁迅速收汁起锅；或将经刀工或其他方法处理好的原料，码味、码芡后，放入八成以上油温的热油锅中使用旺火迅速爆炒，下配料迅速炒至断生后，然后烹入芡

汁迅速收汁起锅。

火爆代表菜品有火爆腰花、火爆鸭肠、火爆毛肚、火爆胗花、火爆双脆、火爆脆肚等。

（4）芫爆。

芫爆是指以芫荽（香菜）为主要配菜方法似油爆的一种烹调方法。

芫爆操作与油爆基本相同，不同的是主料形状多是片、条、球、卷形。

芫爆要求热油、旺火、速成。其原料强调选用质地脆嫩的，以便调味的汁液能较好地渗透。调料除了香菜外，还用葱花、姜末、精盐、味精、绍酒等。

芫爆菜肴的特点是色调雅致，质地脆嫩，咸鲜爽口。芫爆代表菜品有芫爆里脊丝、芫爆鸡丝、芫爆肚丝、芫爆鱿鱼卷、芫爆毛肚、芫爆鸭肠等。

（5）葱爆。

葱爆是以大葱为主要配料兼做调料的一种油爆法。通常是将材料炸好后，另备小油锅，将大葱切段和炸好的材料一起爆。

葱爆代表菜品有葱爆羊肉、葱爆牛肉、葱爆里脊、葱爆鱿鱼、葱爆鸭脯等。

（6）宫爆。

宫爆是鲁菜的一种烹调方法，类似爆炒。在鲁菜中，不光是鸡肉可以宫爆，虾、鱼、猪肉、排骨等都可以用宫爆的方法来做。

宫爆菜的代表就是宫爆鸡丁。其实，"宫爆"并不等同于"宫保"。一般来说，鲁菜都是味重而不辣，而宫爆鸡丁是个"异类"，所以总会被认为是宫保鸡丁的讹称。宫爆鸡丁调味用的是四川的郫县豆瓣酱，口味咸辣。

（7）酱爆。

酱爆是指以酱料为主要调料的一种烹调方法。将主材料挂糊，用温油锅炸后再用酱料调味而爆，并浇汁。

酱爆所用酱料有甜面酱、番茄酱、豆瓣酱、黄酱、海鲜酱等。

酱爆代表菜品有酱爆

酱爆八爪鱼

八爪鱼、酱爆墨鱼仔、酱爆鸡丁、酱爆肉丁、酱爆肉丝、酱爆鸭片、酱爆茭白、京酱肉丝等。

（8）汤爆。

汤爆是指采用沸汤对烹调原料进行冲烫至熟的一种烹调方法。汤爆亦称"汤汆"；泛指将经刀工或其他方法处理好的原料，直接入沸汤锅中先浸烫，然后再灌以调好味的沸汤至熟成菜的一种烹饪技法。

汤爆代表菜品有汤爆双脆、汤爆肚花、汤爆脆肚、汤爆鸭肠、汤爆胗花、汤爆毛肚、汤爆鹅肠等。

（9）水爆。

水爆又称水汆，是指以水为加热体的一种爆法。食品主料不挂糊、不过油、不勾芡，直接用开水汆烫至熟，另用调味汁蘸食。

水爆代表菜品有北京爆肚、水爆羊肚、水爆牛肚、水爆鸭肠、水爆鹅肠等。

酒阑更喜团茶苦：古代饮品文化

酒、茶、汤是中国最著名的三大饮料。

醇馥幽郁的酒香，自然清新的茶香，不同地域文化背景的人在饮品选择方面有着各具特色的偏好。

但是千万不能忘了，还有一种给人类带来了最大恩惠的饮品——汤。汤，以其独特的魅力，征服了全世界。

金屑醑浓吴米酿：酒的起源和演变

我国是被世界公认发明用酒曲酿酒最早的国家。我国酒的历史可以追溯到上古时期。其中《史记·殷本纪》关于纣王"以酒为池，悬肉为林""为长夜之饮"的记载表明我国酒之兴起距今已有 5000 年的历史。

我国晋代的江统在《酒诰》中写道："酒之所兴，肇自上皇，或云仪狄，又曰杜康。有饭不尽，委之空桑，郁积成味，久蓄气芳，本出于此，不由奇方。"江统是我国历史上第一个提出谷物自然发酵酿酒学说的人。

在农业出现前后，贮藏谷物的方法粗放，天然谷物受潮后会发霉和发芽，吃剩的熟谷物也会发霉。这些发霉发芽的谷粒，就是上古时期的天然曲蘖，将之浸入水中，便发酵成酒，即天然酒。

人们不断接触天然曲蘖和天然酒，并逐渐接受了天然酒这种饮料，久而久之，就发明了人工曲蘖和人工酒。

现代科学对这一问题的解释是：剩饭中的淀粉在自然界存在的微生物所分泌的酶的作用下，逐步分解成糖分、酒精，自然转变成了酒香浓郁的酒。在远古时代人们的食物中，采集的野果含糖分高，无须经过液化和糖化，最易发酵成酒。

据考古发现证明，在出土的新石器时代的陶器制品中，已有了专用的酒器，说明在原始社会，我国酿酒已很盛行。以后经过夏、商两代，饮酒的器具也越来越多。在出土的殷商文物中，青铜酒器占相当大的比重，说明当时饮酒的风气很盛。

自夏之后，经商周，历秦汉，以至于唐，皆是以果

商代酒器豕形铜尊

实、粮食蒸煮，加曲发酵，压榨而后才出酒的。随着社会生产力的进一步发展，酿酒工艺也进一步改进，由原来的蒸煮、曲酵、压榨改为蒸煮、曲酵、蒸馏，最大的突破就是对酒精的提纯。

在几千年漫长的历史过程中，中国传统酒的演变经历了复杂的变革，工艺更精熟，技艺更精湛，而酒亦更醇香、更醉人，在各个不同的发展时期又呈现出各自的特色。

1. 新石器时代：酿酒的萌芽期

最原始的酒，既不是某个人创造出来的，也不是上天赐予的，而应是大自然的杰作。秋天的时候，树上的果实成熟了，掉在地上。经过适宜的条件，那些附在果皮上的发酵菌，在果实所含的糖分中便大量繁殖起来，从而产生大量的霉素，糖被酶分解转化为含有酒精的液体，这就是最原始的酒。

人类进入新石器时代，开始了有目的的人工酿酒活动。这是我国传统酒的启蒙期。

农业和畜牧业大分工以后，农业成为一个独立的生产部门，人类开始有了比较充裕的粮食，又有了制作精细的陶制器皿，这使得酿酒生产成为可能。

这时主要是用发酵的谷物来泡制水酒，迈出了人类酿酒的第一步。

2. 夏商周时期：传统酒的成长期

在这个时期，有一个重大的变化，就是利用酒曲造酒，使淀粉质原料的糖化和酒化两个步骤结合起来，对造酒技术是一个很大的推进。

这段时期，由于有了火，出现了五谷六畜，加之酒曲的发明，使我国成为世界上最早用曲酿酒的国家，同时酿酒技术有了显著的提高。

随后，醴、酒等品种也相继产出；仪狄、杜康等酿酒大师的涌现，也为中国传统酒的发展奠定了坚实的基础。

3. 秦汉至唐朝时期：传统酒的成熟期

在这一时期，酿酒技术有了进一步发展和提高，酒曲的品种迅速增加，仅汉初扬雄在《方言》中就记载了近10种。

这一时期，新丰酒、兰陵美酒等一些名优酒开始崭露头角；酒的品种也开始扩展，诸如黄酒、果酒、药酒及葡萄酒等酒品有了一定的发展。

陶渊明、李白、杜甫、白居易、杜牧等酒文化名人辈出，有关酒的诗句不胜枚举，酒因之而得到一定的推广和发展。

到了魏晋，酒业迅速兴起，饮酒不但盛行于上层，而且普及民间的普通人家。

汉唐盛世与欧、亚、非陆上贸易的兴起，使中西酒文化得以互相渗透，我国一些先进的酿酒方法、技术很快传到朝鲜、日本、东南亚等地区。同时，我国也从外国引进了一些造酒技术，为中国白酒的发明及发展进一步奠定了基础。

4. 宋朝至清晚期：传统酒的提高期

这一时期，我国酿酒技术又有了质的飞跃。由于西域的蒸馏器传入我国，进而促使了举世闻名的中国白酒的发明。

蒸馏酒是古人为了提高酒度，增加酒精含量，在长期酿酒实践的基础上，利用酒精与水沸点不同，蒸烤取酒得来的。

传统的白酒，古名又称"烧酒"，是最有代表性的蒸馏酒。蒸馏酒的出现，是酿酒史上一个划时代的进步，成为我国的第三代酒。而相应的简单蒸馏器的创制，则是中国古代对酿酒技术的又一贡献。

此外，我国酿酒技术的提高还表现在制曲酿酒技术进一步的发展。在宋代，我国发明了红曲，并以此酿成"赤如丹"的红酒，并在当时生活中得到广泛应用。

在这 800 多年中，酒的品种更是得到了全面的发展，技术不断进步，白、黄、果、葡、药五类酒竞相发展，绚丽多彩。而中国白酒则渐渐融入普通百姓大众的生活当中，成为人们普遍接受和青睐的饮料佳品。

［明］《制酒工艺图》

5. 清晚期以后：传统酒的变革期

在这一时期，中国社会发生了重大而又深刻的变革，中华民族逐渐融入世界文明的大家庭中。而此时我国的酿酒工业深受这种潮流的影响，也发生了深刻的变化。西方引进的酿酒技术与我国传统的酿造技艺竞放异彩，使我国酒苑百花争艳、春色满园。

首先，这已不再是我国传统酒独步天下的时代，啤酒、白兰地、威士忌、伏特加及日本清酒等外国酒在我国先后立足生根。它们争先恐后地开始开拓和争夺我国这个大市场，不仅繁荣了我国酒业市场，满足了广大民众的需求，同时加速了东西方酒业的融合，加速了我国传统酒业的改进与发展。

其次，我国传统名酒加速发展。伴随着西方先进酿酒技术的引进，我国民族酿酒工业逐步发展，不断提高技术，不断规模化，逐渐构筑起我国的民族酒业。

兰陵美酒郁金香：中国古代名酒

我国是酒的故乡，也是酒文化的发源地，是世界上酿酒最早的国家之一。酒文化作为一种特殊的文化形式，在传统的中国文化中有其独特的地位。在几千年的文明史中，酒几乎渗透到社会生活中的各个领域。

古代酒的品类众多，著名的酒有屠苏酒、菊花酒、桂花酒、马奶酒、寒潭香、秋露白、竹叶青、金茎露、太禧白、猴儿酿。

就拿果酒来说，除了葡萄酒外，我国古代的果酒还有荔枝酒、椰子酒、石榴酒、梨酒、枣酒、槟榔酒、甘蔗酒等。

那么，中国古代究竟有哪些名酒呢？让我们一起来看看吧。

1. 西凤酒

西凤酒古称秦酒、柳林酒，原产于陕西省凤翔、宝鸡、岐山、眉县一带，唯以凤翔城西柳镇所生产的酒为最佳，声誉最高，享有"开坛香十里，隔壁醉三家"的美誉。

西凤酒始于殷商，盛于唐宋，至今已有3000多年历史。

凤翔古称"雍县"，民间传说是生长凤凰的地方。唐朝至德二年（757年）升凤翔为府，人称"西府凤翔"，"西凤酒"的名称便由此而来。

西凤酒具有"凤型"酒的独特风格。它清而不淡，浓而不艳，酸、甜、苦、辣、香，诸味协调，又不出头。它融清香型和浓香型二者的优点为一体，头与尾、香与味协调一致，属于复合香型的大曲白酒。

西凤酒

西凤酒的特点是醇香典雅，清亮透明，甘润挺爽，诸味协调，尾净悠长，为喜饮烈性酒者所钟爱。

2. 汾酒

汾酒是我国的历史名酒，产于山西省汾阳县杏花村，因此也被称为杏花村酒。

汾酒的名字究竟起源于何时，尚待进一步考证，但早在1400多年前，杏花村已有"汾清"这个酒名。在《周礼》中便详细记载了杏花酒的制作方法，史称"酿酒六法"，即"秫稻必齐，曲药必时，湛炽必洁，水泉必香，陶器心良，火齐心得"。宋《北山酒经》记载，"唐时汾州产干酿酒"，《酒名记》有"宋代汾州甘露堂最有名"，说的都是汾酒。

当然，1400多年前我国尚没有蒸馏酒，史料所载的"汾清""干酿"等均系黄酒类。

宋代以后，由于炼丹技术的进步，在我国首次发明了蒸馏设备，汾酒也成为世界上最早的蒸馏酒，成为我国清香型白酒的代表。

名酒产地，必有佳泉。杏花村有取之不竭的优质泉水，给汾酒以无穷的活力。跑马神泉和古井泉水都流传有美丽的民间传说，被人们称为"神泉"。

3. 杜康酒

杜康酒是中国历史名酒，因杜康始造而得名，有"贡酒""仙酒"之誉。后来在洛阳附近有一个小村庄叫杜康村，专为酿制杜康酒而闻名。

历代墨客文人与它结下不解之缘，常以诗咏酒，以酒酿诗。魏武帝曹操赋诗："慨当以慷，忧思难忘；何以解忧？惟有杜康。"诗圣杜甫云："杜康频劳劝，张梨不外求。"词豪苏轼戒酒豪语："从今东坡室，不立杜康祀。""竹林七贤"之一的诗人阮籍"不乐仕宦，惟重杜康"，听说步兵校尉衙门藏有杜康三百斛，竟辞官去就。

然而，令人遗憾的是后来这种流芳千古的美酒，不知为何突然销声匿迹，连它的酿造方法也失传了。

后世再出的杜康酒属浓香型，以优质小麦采用高、中温混合使用，又精选糯高粱为酿酒原料，并采取香泥封窖、低温入池、长期发酵、混蒸续槽、量质摘酒、分级贮存、陈酿酯化、精心勾兑等先进工艺。

4. 枣集美酒

河南人都知道："鹿邑产美酒，好酒出枣集。"在鹿邑，人们则常说："枣集美酒似琼浆，喝上一盅三日香。"

枣集镇是我国著名的传统酒乡，是道教鼻祖老子的诞生地。其酿酒历史久远，上可追溯至春秋，盛于隋唐，产出的酒被宋真宗赵恒钦定为"宫廷贡酒"，有"天赐名酒，地赐名泉"之誉。

公元前518年，孔子问礼于老子，老子奉上枣集酿造的美酒招待孔子，孔子饮后遂留下"惟酒无量不及乱"的千古名言。

宋真宗赵恒于大中祥符七年（1014年）来鹿邑拜祭老子，夜宿老君台前"明道宫"，饮用枣集酒后才思大发，命笔写下"先天太后赞碑"立于太清宫门前，并下诏地方每年进贡两万斤枣集酒作为宫廷之用。

枣集酒不但像琼浆玉露，甘醇味美，而且还窖香芳浓，绵甜纯正。

5. 竹叶青酒

竹叶青酒是中国历史悠久、配方健康、口碑广泛的草本健康酒，其历史可追溯到南北朝。

竹叶青酒和名盛千年的汾酒，同产于汾阳杏花村。它以优质汾酒为基酒，配以十余种名贵药材采用独特生产工艺加工而成。

竹叶青酒以其清醇甜美的口感和显著的养生保健功效，从南北朝起就被人们所肯定。梁简文帝萧纲有"兰羞荐俎，竹酒澄芬"的诗句，北周文学家庾信在《春日离合二首》诗中有"三春竹叶酒，一曲昆鸡弦"的佳句。

现代的竹叶青酒用的是经过改进的配方，相传，这一配方是明末清初的爱国者、著名医学家，大书法家傅山先生设计并流传至今的。傅山先生关心民间疾苦，精通医道，他寓良药于美酒，使竹叶青酒成为流传至今的佳酿。

6. 女儿红酒

女儿红，又名花雕酒，是浙江省绍兴市的地方传统名酒，属于发酵酒中的黄酒，用糯米发酵而成。江南的冬天空气潮湿寒冷，人们常饮用此酒来御寒。

"汲取门前鉴湖水，酿得绍酒万里香"，始创于晋代女儿红品牌的故事千年流传。早在公元304年，晋代上虞人嵇含所著的《南方草木状》中就有女酒、女儿红酒为旧时富家生女嫁女必备之物的记载。

相传，绍兴有个裁缝师傅的妻子临产，于是裁缝酿了几坛酒打算作为儿子的满月酒。结果妻子却生了个女儿，于是裁缝一怒之下便将酒埋在了树下。后来女儿长大后乖巧懂事，慢慢为裁缝所喜爱，于是在女儿出嫁时裁缝便用这些埋下的酒招待来客。

不承想那些埋在地下的酒经过岁月的沉积，酒味更加醇厚。一打开酒坛，香气扑鼻，色浓味醇，极为好喝。于是，大家就把这种酒叫作"女儿红"酒，又称"女儿酒"。

自此，在绍兴一带这一生女必酿女儿酒的习俗流传下来。南宋著名爱国诗人陆游住东关古镇时，品饮女儿红酒后

女儿红

曾写下了"移家只欲东关住，夜夜湖中看月生"的诗句。

女儿红酒是一种具甜、酸、苦、辛、鲜、涩六味于一体的丰满酒体，加上有高出其他酒的营养价值，因而形成了澄、香、醇、柔、绵、爽兼备的综合风格。

7. 茅台酒

贵州茅台酒是与苏格兰威士忌、法国科涅克白兰地齐名的三大蒸馏名酒之一，独产于中国的贵州省遵义市仁怀市茅台镇，是大曲酱香型白酒的鼻祖。

茅台镇有特殊的自然环境和气候条件。它位于贵州高原最低点的盆地，远离高原气流，海拔仅440米，终日云雾密集。夏日长达5个月处于35~39℃的高温期，一年有大半时间笼罩在潮湿、闷热的雨雾之中。这种特殊土壤、气候、水质条件，非常有利于酒料的发酵、熟化，同时也部分地对茅台酒中香气成分的微生物产生、精化、增减起了决定性的作用。

总之一句话，如果没有这里的特殊气候条件，酒中的有些香气成分是根本无法产生的，酒的味道也就有所欠缺。这就是为什么长期以来，茅台镇周围地区或全国部分酱香型酒的厂家极力仿制茅台酒而不得成功的原因。只有在茅台镇这块不大的地方，使用传统制作茅台酒的方法才能造出这精美绝伦的美酒。

茅酒古窖

茅台酒是风格最完美的酱香型大曲酒之典型，故"酱香型"又称"茅香型"。其酒质晶亮透明，微有黄色，酱香突出，口味幽雅细腻，酒体丰满醇厚，回味悠长，茅香不绝。

早在汉代时，今贵州省仁怀赤水河茅台镇一带就有了"枸酱酒"。据《遵义府志》载："枸酱，酒之始也。"枸酱，就是用水果加入粮食经发酵酿制的酒。

司马迁在《史记》中记载：建元六年（前135年），汉武帝令唐蒙出使南越，唐蒙饮到南越国（今茅台镇所在的仁怀县一带）所产的枸酱酒后，将此酒带回长安，敬献武帝。武帝饮后而"甘美之"。

在中国的酿酒史上，真正完全用粮食经制曲酿造的白酒始于唐宋。而赤水河畔茅台一带所产的大曲酒，就已经成为朝廷贡品。至元、明期间，具有一定规模的酿酒作坊就已经在茅台镇杨柳湾陆续兴建，值得注意的是，茅台当时的酿酒技术已开创了独具特色的"回沙"工艺，被称作"千古一绝"。

至明末清初，仁怀地区的酿酒业达到村村有作坊。在此期间，茅台地区独步天下的回沙酱香型白酒已臻成型。到了康熙四十二年（1703 年），茅台白酒的品牌开始出现，以"回沙茅台""茅春""茅台烧春"为标志的一批茅台佳酿，成为贵州白酒的精品。康熙四十三年（1704 年），"偈盛烧房"将其产酒正式定名为茅台酒。

到嘉庆、道光年间，茅台镇上专门酿制回沙酱香茅台酒的烧房已有 20 余家，其时最有名的当数"偈盛酒号"和"大和烧房"。到 1840 年，茅台地区白酒的产量已达 170 余吨，创下中国酿酒史上首屈一指的生产规模。"家唯储酒卖，船只载盐多"，成为那一时期茅台繁忙景象的历史写照。

著名学者、遵义人郑珍留下了《茅台村》一诗，盛赞茅台酒"酒冠黔人国"。

8. 剑南春酒

绵竹剑南春酒，又称"烧香春"，产于四川省绵竹县。因绵竹在唐代属剑南道，故称"剑南春"。

四川的绵竹县素有"酒乡"之称，绵竹县因产竹、产酒而得名。早在唐代就产闻名遐迩的名酒——"剑南烧春"。

唐人李肇的《唐国史补》对天下名酒记载道："酒则有郢州之富水，乌程之若下，剑南之烧春……"据《后唐书·德宗本纪》记载，在盛唐时期剑南春被选为宫廷御酒。大唐皇室宫廷的长期御用，奠定了剑南春"大唐国酒"的历史地位。

相传李白为喝此美酒曾在绵竹把皮袄卖掉买酒痛饮，留下"士解金貂""解貂赎酒"的佳话；北宋苏轼称赞其"三日开瓮香满域""甘露微浊醍醐清"，其酒之引人可见一斑。

9. 古井贡酒

古井贡酒产自安徽省亳州市古井镇，据考证始于公元 196 年。当年曹操将家乡亳州特产"九酝春酒"及酿造方法晋献给汉献帝，并上表说明了该酒的制法。

自此，该酒便成为历代皇室贡品，古井贡酒也由此得名。

所谓"春酒"，便是春季酿制的酒；"九酝"指的是酿酒过程中，分九次将酒饭投入曲液中。"九酝酒法"是对当时亳州造酒技术的总结，也是亳州的"九酝春酒"曾作为贡品的最早的也是唯一的文字依据。厂内有一口古井，距今也已有1400年的历史。

古井贡酒属于浓香型白酒，具有"色清如水晶，香醇如幽兰，入口甘美醇和，回味经久不息"的特点。1800多年酒文化历史，孕育出古井贡酒浓厚的文化品位和独特的名酒风范。

10. 泸州老窖

泸州古称江阳，酿酒历史久远，自古便有"江阳古道多佳酿"的美称。

泸州老窖大曲的起源可以追溯到秦汉，这可从泸州出土的汉代陶角酒杯、汉代饮酒陶俑以及汉代画像石棺上的巫术祈祷图上得到证明。

宋代，泸州以盛产糯米、高粱著称于世，酿酒原料十分丰富，据《宋史·食货志》记载，宋代也出现了"大酒""小酒"之分。

而作为大曲酒的工艺的形成和发展来讲则是开始于元代。公元1324年，制曲之父郭怀玉在泸州发明了"甘醇曲"，并通过了技艺的改良，制成了大曲，距今已有693年历史。

泸州曲酒的主要原料是当地的优质糯高粱，用小麦制曲。大曲有特殊的质量标准，酿造用水为龙泉井水和沱江水，酿造工艺是传统的混蒸连续发酵法。蒸馏得酒后，再用"麻坛"贮存一两年，最后通过细致的评尝和勾兑，达到固定的标准，方能出厂，保证了老窖特曲的品质和独特风格。

明万历十三年（1585年），舒承宗在泸州营沟头龙泉井附近建造泥窖十个（其中六个于清初合并为四个），正式成为泸州第一家生产泸州老窖大曲的作坊，取名"舒聚源"。他继承舒氏酒业，直接从事生产经营和酿造工艺研究，总结了从"配糟入窖、固态发酵、酯化老熟、泥窖生香"的一整套大曲老窖酿酒的工艺技术，使浓香型大曲酒的酿造进入"大成"阶段，为以后全国浓香型白酒酿造工艺的形成和发展奠定了坚实的基础，从而推动泸州酒业进入了空前兴旺发达的时期。

清代泸州的温永盛作坊一直以盛产泸州老窖大曲酒闻名于世。"温永盛"创于清雍正七年（1729年），最老的窖已有370多年的历史。

"城以酒兴，酒以城名"，自元代郭怀玉酿制泸州老窖大曲酒开始，经明代舒承宗传承定型，泸州老窖已成为中国浓香型白酒的发源地。

11. 五粮液

向有"名酒之乡"美称的四川省宜宾市，是五粮液的故乡。五粮液素有"三杯下肚浑身爽，一滴沾唇满口香"的赞誉，它具有"香气悠久，滋味醇厚，进口甘美，入喉净爽，各味协调，恰到好处"的风格。

宜宾的造酒历史可以追溯到 3000 年前。1984 年在宜宾境内出土了一件精美的青铜爵（古代的饮酒器），其形状和纹饰都与中原地区的不同，显然是当时居住在宜宾地区的少数民族所造。

五粮液酒的发展历史也可以追溯至唐代，盛唐时期的"重碧酒"即开始采用多粮酿造。当然，那时并不叫五粮液，酒的成分、质量也非今日的五粮液。

唐永泰元年（765 年），大诗人杜甫途经宜宾，当地最高行政长官杨使君在东楼设宴，以重碧酒款待，杜甫饮后赞叹不已，写下了"重碧拈春酒，轻红擘荔枝"的诗句。建中三年（782 年），经唐德宗下诏，重碧酒正式成为官方定制酒（郡酿）。

北宋时期，宜宾大绅士姚君玉开设姚氏酒坊，在重碧酒的基础上，经过反复

五粮液制曲工艺

尝试，用高粱、大米、糯米、荞子和蜀黍五种粮食，加上当地的安乐泉水酿成了"姚子雪曲"。

明初，陈氏家族创立"温德丰"酒坊，融合姚子雪曲酿制精要，将原五粮配方中的蜀黍替换为当时新从海外引进的玉米，最终形成了更趋完美的"陈氏配方"。

清末，邓子均继承"温德丰"酒坊后，将其改名为"利川永"，采用红高粱、大米、糯米、麦子、玉米五种粮食为原料，酿造出了香味纯浓的"杂粮酒"。

清宣统元年（1909年），邓子均携酒参加当地名流宴会，晚清举人杨惠泉品尝后说："如此佳酿，名为杂粮酒，似嫌凡俗；姚子雪曲名字虽雅，但不足以反映韵味。既然此酒集五粮之精华而成玉液，何不更名为五粮液？"言毕，举座为之喝彩，邓子均欣然采纳，"五粮液"自此正式得名。

12. 酃酒

酃酒，即酃湖之酒，以其酿酒之水取自酃县湘江东岸耒水西岸的酃湖而得名。

酃县隶属于湖南省株洲市，地处湘东南边陲、井冈山西麓，因"邑有圣陵"——炎帝陵，1994年更名为炎陵县。

酃酒在北魏时就成为宫廷的贡酒，而且还被历代帝王祭祀祖先作为最佳的祭酒。

酃湖之酒最初是酃湖附近农民自制的"家作酒"，后逐步进入市场。

旧时，衡阳四乡每家每户都会酿制酃湖之酒。逢年过节、红白喜事，都用酃湖之酒待客。

酃湖之酒用途广泛，除作饮料酒外，还用来作烹调佐料，除腐去腥，添色添香。其酒糟加淀粉冲蛋、甜酒糟煮汤圆等，更是美味可口。

13. 洋河大曲

"闻香下马，知味停车。"

"酒味冲天，飞鸟闻香化凤；糟粕入水，游鱼得味成龙。"

"福泉酒海清香美，味占江南第一家。"

这就是人们对洋河大曲的评价。

洋河大曲，产于江苏省泗阳县洋河镇，因地故名。

洋河镇是一个古老的集镇，地处白洋河和黄河之间，距南北运河不远。自古以来，洋河镇就是个水陆交通畅达、商业繁荣的地方。

据史书记载，在宋代时就已有"酒户"酿酒。

相传，明代万历年间，从山西来此地贩酒的白姓商人发现这里盛产糯高粱，还有适宜酿酒的好泉水，便在洋河镇开设酿酒糟坊，产出了醇香、甘美的好酒，名噪一时。自此以后，洋河镇逐渐成为一个酒村闹市。

14. 董酒

董酒产于贵州省遵义市董公寺。

遵义酿酒历史悠久，可追溯到魏晋时期，以酿有"呷酒"闻名。《遵义府志》载："苗人以芦管吸酒饮之，谓竿儿酒。"《峒溪纤志》载："呷酒一名钓藤酒，以米、杂草子为之以火酿成，不刍不酢，以藤吸取。"

到元末明初时，遵义出现"烧酒"。清代末期，董公寺的酿酒业已有相当规模。仅董公寺至高坪20里的地带，就有酒坊十余家，尤以程氏作坊所酿小曲酒最为出色。

董酒无色，清澈透明，香气幽雅舒适，既有大曲酒的浓郁芳香，又有小曲酒的柔绵、醇和、回甜，还有淡雅舒适的药香和爽口的微酸，入口醇和浓郁，饮后甘爽味长。由于酒质芳香奇特，被人们誉为其他香型白酒中独树一帜的"药香型"或"董香型"典型代表。

15. 双沟大曲

双沟大曲产于江苏省泗洪县双沟镇。该酒具有"色清透明，香气浓郁，风味协调，尾净余长"的浓香型典型风格特点。

相传明朝万历年间，江苏省泗洪县双沟镇上有一个何记酒坊，取东沟泉水造酒，名东沟大曲，生意兴隆。

后来何记酒坊的一名帮工在距东沟不远的西沟建起了酒坊，用西沟泉水酿出美酒，名为"西沟大曲"，生意红火，未过半载，名声便超过了久负盛名的东沟酒坊。

后来，两家合并，酿出的酒比先前更加完美，从此定名叫"双沟大曲"，酒坊越办越兴旺。

双沟大曲酒酒液清澈，芳香扑鼻，风味纯正，入口甜美、醇厚，回味悠长，浓香风格十分典型，酒度虽高，但醇和不烈。

16. 鹤年贡酒

鹤年贡酒出自创立于明朝永乐三年（1405 年）的北京鹤年堂，在明清两朝就专门为皇宫配制御用养生酒、养生茶等而扬名海内外，被誉为"京城养生老字号历史悠久第一家"。

鹤年堂把岐黄之术融于酒茶之道，擅长用佛手、桂花、金橘、茵陈、玫瑰等配以多种中药泡制成佳酿。

从永乐皇帝起，就把此酒列为皇宫御饮，永乐徐皇后、清朝慈安、慈禧等还以"金瑰酒"为养生养颜常用饮品。

17. 鸿茅酒

鸿茅酒出产于内蒙古凉城县的鸿茅古镇，始创于清代康熙三十二年（1693年），至今已有 300 多年的生产历史。

清乾隆四年（1739 年），山西榆次县王家堡驰名中医王吉天行医至鸿茅古镇，见此等上乘好酒，便毅然收买了鸿茅基酒（当时叫鸿茅白酒或称鸿茅酒）酿制缸坊，将自家历代秘传的中草药秘方用该酒浸提，制成了功效卓著的鸿茅药酒。

道光年间，鸿茅基酒与鸿茅药酒一并被选为宫廷贡酒。

18. 五加皮酒

五加皮酒，又称五加皮药酒，是中国民间广泛流传配制的传统药酒，最早出自李时珍的《本草纲目》记载。

相传乾隆皇帝南巡时，随行的黄太医据《本草纲目》药方重新精心调制五加皮酒，治愈了皇子永琰的风邪湿毒病症，于是乾隆将五加皮酒封为宫廷御酒。

后来黄太医因厌倦宫廷斗争，隐姓埋名来到广州西关，于 1795 年间开设了药铺，将宫廷御用五加皮酒带入了寻常百姓家。

19. 同盛金烧酒

同盛金烧酒,出自清朝嘉庆年间创办,一直为皇家提供"宫廷御酒"的作坊——"同盛金"。

史料记载,同盛金的创始人高世林为满族人,持有清朝户部颁发的许可证,为宫廷酿造御酒数年，深得皇家喜爱。

1996年，几名工人在搬迁锦州凌川酿酒总厂的老厂时，偶然在地下发现四个木制酒海，上面还写有"大清道光乙巳年""同盛金""大清国"等字样。

更令人惊讶不已

同盛金木酒海

的是，酒海内部还完好保存着白酒——多达4000公斤！

文物考古专家用现代科技确认，这些酒是清道光二十五年"同盛金"酒坊封存在此的。这些酒品质上乘，且保存百余年未变质。

根据推算，大清国道光乙巳年正是道光二十五年，即公元1845年，距1996年已经整整过去了150多年。

同盛金烧酒，可以说是目前世界上发现的穴藏时间最长的白酒了。

当时，人们在酒厂库房的一截老旧房梁上还发现了字迹，上写："敕建，同盛金烧锅深蒙嘉庆爷隆恩，国可一日无君，大内不可无同盛金。同盛金烧锅高，沐手恭录，大清嘉庆十三年"。

这段文字表明，早在嘉庆十三年（1808年），同盛金就已经开始生产皇家贡酒。那一句"国可一日无君，大内不可无同盛金"，便是嘉庆帝对其的最高褒奖！

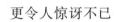

隔篱呼取尽余杯：古代酒礼与酒道

酒宴酒宴，有酒就有宴。酒宴，即"酒席"，也叫"酒筵"，是以饮酒为主要招待内容的宴会。既然是宴会，自然少不了一定的礼仪。

1. 古代酒礼

中国素有"礼仪之邦"的美誉。礼是人们社会生活的总准则、总规范。古代的礼渗透到政治制度、伦理道德、婚丧嫁娶、风俗习惯等各个方面，酒行为自然也纳入了礼的轨道，这就产生了酒行为的礼节——酒礼，用以体现酒行为中的贵贱、尊卑、长幼，乃至各种不同场合的礼仪规范。

酒礼在酒席中处于非常重要的位置。在古代，敬酒礼仪非常烦琐、复杂，最讲究敬酒的次数、快慢、先后。由何人先敬酒、如何敬酒都有礼数，如有差错，重者撤职，轻者罚喝酒。

古代饮酒的礼仪有四步：拜、祭、啐、卒爵。就是先做拜的动作，表示敬意；接着把酒倒出一点点酒在地上，祭谢大地生养之德；然后尝尝酒味并加以赞扬，令主人高兴；最后举杯而尽。

在酒宴上，主人要向客人敬酒，叫作"酬"；客人要回敬主人，叫作"酢"；敬酒时还要说上几句敬酒辞。客人之间也可相互敬酒，叫作"旅酬"。有时须依次向人敬酒，叫作"行酒"。敬酒时，敬酒的人和被敬酒的人都要"避席"起立。普通敬酒以三杯为度。

主人和宾客一起饮酒时，要相互跪拜。晚辈在长辈面前饮酒，叫作"侍饮"，通常要先行跪拜礼，然后坐入次席。长辈命晚辈饮酒，晚辈才可举杯；长辈酒杯中的酒尚未饮完，晚辈也不能先饮尽。

古人还有"有礼之会，无酒不行"的说法，更说明酒在筵席中往往起到"礼"的作用，同时也起到"乐"的作用，美妙之处尽在其中。

酒礼有许多值得继承和发扬的精华，如尊敬父兄师长，行为要端庄，饮酒要有节制，酿酒、酤酒要讲质量、重信誉等。

2. 古代酒道

人有人道，茶有茶道，酒有酒道。凡事一旦有了道，便成了一种品位、一种情趣。

酒道是指有关酒和饮酒的事理。中国古代酒道的根本要求就是"中和"二字。

"未发，谓之中"，也就是说，对酒无嗜饮，无酒不思酒，有酒不贪酒。有酒，可饮，亦能饮，但饮酒不过，饮而不贪；饮似若未饮，绝不及乱，故谓之"和"。

和，是平和协调，不偏不倚，无过无不及。这就是说，酒要饮到不影响身心，不影响正常生活和思维规范的程度为最好，要以不产生任何消极不良的身心影响与后果为度。

对酒道的理解，酒不仅着眼于既饮而后的效果，而且贯穿于酒事的始终。

"庶民以为饮，君子以为礼"，合乎"礼"，就是酒道的基本原则。

古代祭酒礼仪

酒满金卮花在手：**古代酒令**

酒令是一种有中国特色的酒文化。饮酒行令，是中国人在饮酒时助兴的一种特有方式。

1. 酒令的发展与演变

酒令，又称"行令"，是酒席上饮酒时助兴劝饮的一种游戏。一般是指席间推举一人为令官，余者听令轮流说诗词、联语或其他类似游戏，违令者或负者罚饮。

行令者又称"酒司令"，而这个"司令"权是要轮流来行使的，所以轮到的人也叫"关主"。《红楼梦》第四十回中鸳鸯吃了一盅酒，笑着说："酒令大如军令，不论尊卑，唯我是主，违了我的话，是要受罚的。"

酒令的产生可以上溯至东周时代，但酒令的真正兴盛却在唐代。

唐代是一个喝酒成风，酒令盛行的时代。唐代的酒令名目已经十分繁多，如有历日令、罨头令、瞻相令、巢云令、手势令、旗幡令、拆字令、不语令、急口令、四字令、言小字令、雅令、招手令、骰子令、鞍马令、抛打令等。这些酒令汇总了社会上流行的许多游戏方式，这些游戏方式又为酒令增添了很多的娱乐色彩

宋代不但沿袭了酒令习俗，而且还丰富发展了酒令文化，单就记载介绍各种酒令的书就有《酒令丛钞》《酒杜刍言》《醉乡律令》《嘉宾心令》《小酒令》《安雅堂酒令》《西厢酒令》《饮中八仙令》等。

宋代以后，酒令游戏仍然盛行不衰，其名目也越来越多。这些酒令中有很大一部分是猜射性的，它们或猜诗、或猜物、或猜拳，总之，它们都是以猜测某些东西的方式来决定胜负，然后进行赏赐或罚酒。

2. 酒令的方式与类别

古代行酒令的方式可谓是五花八门。文人雅士与平民百姓行酒令的方式自然大不相同。文人雅士常用对诗或对对联、猜字或猜谜等；一般百姓则用一些既简单，又不需做任何准备的行令方式。

相对应地，酒令也可分为雅令与通令两大类。

（1）雅令。

见于史籍的雅令有四书令、花枝令、诗令、谜语令、改字令、典故令、牙牌令、人名令、快乐令、对字令、筹令、彩云令等。

雅令的行令方法是：先推一人为令官，或出诗句，或出对子，其他人按首令之意续令，所续之令必在内容与形式上与先令相符，不然则被罚饮酒。行雅令时，

象牙行酒令牌

必须引经据典，分韵联吟，当席构思，即席应对。这就要求行酒令者既要有文采和才华，又要敏捷和机智，所以雅令是最能展示饮酒者才华的酒令。

四书令，是以《大学》《中庸》《论语》《孟子》四书的句子组合而成的一种酒令，在明清两代的文人宴会上，四书令大行其时，

用以检测文人的学识与机敏程度。

花枝令，是一种击鼓传花或抛彩球等物来行令饮酒的方式。

击鼓传花是一种既热闹又紧张的罚酒方式。在酒宴上宾客依次坐定位置。由一人击鼓，击鼓的地方与传花的地方是分开的，以示公正。开始击鼓时，花束就开始依次传递，鼓声一落，如果花束在某人手中，则该人就得罚酒。因此花束的传递很快，每个人都唯恐花束留在自己的手中。击鼓的人也得有些技巧，有时紧，有时慢，造成一种捉摸不定的气氛，更加剧了场上的紧张程度，一旦鼓声停止，大家都会不约而同地将目光投向接花者，此时大家一哄而笑，紧张的气氛一消而散。接花者只好饮酒。如果花束正好在两人手中，则两人可通过猜拳或其他方式决定负者。击鼓传花是一种老少皆宜的方式，但多用于女客。

筹令，是唐代一种筹令饮酒的方式，如"安雅堂酒令"等，安雅堂酒令有50种酒令筹，上面写有各种不同的劝酒、酌酒、饮酒方式，并与古代文人的典故相吻合，既能活跃酒席气氛，又能使人掌握许多典故。

（2）通令。

通令的行令方法主要有掷骰、抽签、划拳、猜枚、骨牌、游艺、抓阄等。通令很容易造成酒宴中的热闹气氛，因此较为流行。但通令时的掳拳奋臂、叫号喧争，则有失风度，显得粗俗、单调、嘈杂。

民间流行的"划拳"，唐代时称为"拇战""招手令""打令"等。划拳中拆字、联诗较少，说吉庆语言较多。由于猜拳之戏形式简单，通俗易学，又带有很强的刺激性，因此深得广大人民群众的喜爱，中国古代一些较为普通的民间家宴中，用得最多的就是这种酒令方式。

一片春愁待酒浇：古代文人与酒

中国的历史长河伴随着酒的发展，也创造了中国独有的灿烂的酒文化。中国人离不开酒，"无酒不成礼仪"，"酒逢知己千杯少"，"煮酒论英雄"，"劝君更尽一杯酒"。历史的长河中有多少或欢乐、或凄凉、或喜悦、或悲伤的故事都离不开酒。

古代文人的生活，更是与酒不可割裂。

一般来讲，中国古代文人在日常生活中对饮食不那么讲究。孔子云："君子谋道不谋食。"提倡"食无求饱，居无求安"，追求的是高尚的精神境界和道德的完善。

但是，文人对酒却情有独钟。没有酒，便没有诗；没有酒，文人的生活将毫无生气，一片苍白。

酒是人们生活中不可缺少的一部分。《汉书·食货志下》载："酒者，天之美禄。帝王所以颐养天下，享祀祈福，扶衰养疾，百礼之会，非酒不行。"

对于古代文人来说，酒还有许多妙用。由于饮酒后可麻痹中枢神经，使人身心放松，暂时忘却忧愁烦恼，并可以尽情宣泄内心的喜怒哀乐，于是饮酒便成了文人解脱忧愁和烦恼的最好办法。

文人饮酒之风盛行于汉末魏晋时期。此时，战争频仍，社会动荡，疾疫流行，人口大量死亡。残酷的现实使人们感到生命短暂易逝，加之此时道家思想抬头而带来的对生命的悲观，于是忧生成为一种社会思潮，在诗文中处处可见。

如何才能解脱这无尽的忧愁，充分享受短暂的人生呢？人们不禁想到了酒，酒无疑是解忧浇愁的最好饮品了。

汉末魏晋时期，许多文人都将饮酒视为生活中高于一切的事。如建安七子之一的孔融说："坐上客恒满，樽中酒不空，吾无忧矣！"（《后汉书·孔融传》）

促成此时饮酒成风的另一个原因是，这时政治斗争尖锐复杂，卷入政治旋涡的文人稍有不慎便会丢掉性命；尤其在魏晋嬗代之际，司马氏为夺取政权，对文人实行高压政策，顺者昌、逆者亡，使士人感到万分恐怖。他们进退维谷，如履薄冰，为保全自己，便拼命喝酒，以酒解愁，以酒避祸。

著名的"竹林七贤"个个都是饮酒的高手。性格刚烈的嵇康不愿与司马氏合作，声称"浊酒一杯，弹琴一曲，志愿毕矣"！

酒有优劣之分，君子亦有真伪之别。魏晋时期，有识之士常用酒解忧避祸，而那些放荡之士则借酒遮丑，一味享乐，二者不可同日而语。

正如晋代隐士戴逵所说："竹林之为放，有疾而为颦者也，元康之为放，无德而折巾者也。"

古代文人中真正能领略到饮酒之乐的是陶渊明。他弃官隐居后，终日以酒做伴。

恬静闲散的乡村生活，使他得以从品味酒的甘苦中来感悟人生。在宁静的夜晚，陶渊明常常看着墙上自己的影子独自斟酌，醉酒后便作诗抒怀，酒在陶诗中几乎处处可见。

饮酒使陶渊明的心境更加平和、自然，体验到人生的乐趣。

唐宋以后，酿酒技术较前有所提高，各地都有名酒，文人饮酒之风更盛。

为了喝到适合自己口味的酒，唐代有的文人在家自己酿酒。如诗人王绩雇人"春秋酿酒"。（《新唐书·王绩传》）他还向善酿酒的焦革学习酿酒法。

宋代大文豪苏轼也喜欢自己酿酒。他能根据不同地方的不同原料来酿酒。谪居黄州时，他自酿蜜酒招待客人；在定州时，酿松酒；在惠州，做桂酒、真一酒等。

[宋] 酿酒工艺图

苏轼对桂酒特别欣赏，在诗、赋、颂、尺牍中多处提到桂酒。桂酒是用桂皮酿成的酒，"酿成玉色，香味超然"，常饮桂酒可以抗瘴毒，养生延寿。苏轼还作《桂酒颂》，称赞桂酒的妙用：

甘终不坏醉不醒，辅安五神伐三彭。
肌肤渥丹身毛轻，冷然风水周水行。

苏轼性情豪爽，是至性之人，不善饮却喜饮，不能饮却喜见人饮，他喝酒喝的是一份性情。

苏轼还写过一篇《醉乡记》，描绘了他在醉中向往的胜地，那里"旷然无涯，无丘陵阪险，其气和平一揆，无晦明寒暑；其俗大同，无邑居聚落；其人甚精，无爱憎喜怒。吸风饮露，不食五谷。其寝于于，其行徐徐。鸟兽龟鳖杂居，不知有舟车器械之用"。

苏轼的醉乡游，不仅是酒后的幻觉，更是他的理想的追求。

如果说苏轼的《醉乡游》对饮酒之趣的描绘似乎有些缥缈，而善豪饮的李白在《醉吟诗》中对酒中之趣就说得明白透彻了。

> 天若不爱酒，酒星不在天。
> 地若不爱酒，地应无酒泉。
> 天地既爱酒，爱酒不愧天。
> 已闻清比圣，复道浊如贤。
> 圣贤既已饮，何必求神仙？
> 三杯通大道，一斗合自然。
> 但得酒中趣，勿为醒者传。

在李白看来，酒中之趣在于通大道合自然，这是只能意会不能言传的。

宋代文学家欧阳修也是爱酒之人，号称"醉翁"。他也和苏轼相似，不善酒，"饮少辄醉"。但深知饮酒之趣，即爱酒之心实在酒外，"醉翁之意不在酒，在乎山水之间也。山水之乐，得之心而寓之酒也"（《醉翁亭记》）。

文人酒量大小各异，但饮酒后所感受到的精神愉悦则是相同的。正如元好问在《后饮酒》中所说：

> 酒中有胜地，名流所同归。
> 人若不解饮，俗病从何医？

元好问所说的饮酒能免"俗病"，不与世俗合流，是指饮酒微醉时，可以暂时摆脱现实的束缚，返璞归真，求得身心的放松和精神的自由，这是文人饮酒的最大乐趣所在。饮酒后，人常有直率、自然的表现，能展示真实的自我。

苏轼认为，即使生活贫寒，有一瓢酒也不愿自己享用，因为独饮缺乏趣味。如常言所说，"茶宜静，酒宜喧"，"喧"即指饮酒应有一定气氛。许多人都愿与好友、家人相聚而饮，谈笑风生，其乐融融，会感到无比的畅快。

白居易有一首《问刘十九》，便是诗人向好朋友刘十九发出的热情邀请：

绿蚁新醅酒，红泥小火炉。

晚来天欲雪，能饮一杯无？

绿蚁指新酿的酒。酒在未滤清时，上面浮起酒渣，色微绿细如蚁，故称"绿蚁"。在欲雪的寒天，与好友坐在通红的小火炉旁，共饮一壶好酒，推心置腹地交谈，无拘无束，暖意融融，这充满生活情趣的场面，多么令人惬意！

唐代，长安的文人还喜欢到有胡姬的酒肆聚会畅饮。

唐代对外贸易发达，长安城内居住着许多胡商。在胡人开设的店肆中，有不少酒肆，酒肆中的侍者多是擅长歌舞的胡女，故称胡姬酒肆。胡姬酒肆具有独特的异国情调，文人墨客大都喜欢到这里饮酒聚会。

李白在《少年行》中写道：

五陵少年金市东，银鞍白马度春风。

落花踏尽游何处？笑入胡姬酒肆中。

文人爱到胡姬酒肆聚饮，一是因为这里的酒都是西域名酒，味道醇美；二是胡姬容貌亮丽，打扮入时，善解人意。

李白对胡姬酒肆兴趣浓厚，经常前去饮酒，"细雨春风花落时，挥鞭直就胡姬饮"。边饮酒，边欣赏胡姬歌舞，无比畅快，乐不思归。李白还有诗云："胡姬貌如花，当垆笑春风。笑春风，舞罗衣，君今不醉将安归！"（《前有樽酒行》）

古代文人饮酒，无论是独饮还是对酌，无论是在花前月下还是在山林老泉，追求的是"酒中趣"。只要知趣，便悠然自得。

中国古代文人喜欢酒后作诗，酒助诗兴，于是有人认为作出好诗须饮好酒，这有一定的道理。因为酒后似醉非醉之时，身心放松之下外在的束缚几乎不存在了，思路愈显敏捷，灵感容易闪现，于是佳句常常如信手拈来。

正如清人张潮在《幽梦影》中说：

有青山方有绿水，水惟借色于山。

有美酒便有佳诗，诗亦乞灵于酒。

陶渊明常常在饮酒后写诗，酒不仅使陶渊明远离了尘世的烦恼，还激发了他的创作灵感，写下许多篇佳作。正如梁萧统所说："有疑陶渊明诗，篇篇有酒。"

雨后探芳识灵草：茶的发展与传承

中国是茶的故乡，是茶的原产地。上至帝王将相、文人墨客，下至挑夫贩夫、平民百姓，无不以茶为好。人们常说："开门七件事，柴米油盐酱醋茶。"由此可见茶已深入各阶层。

1. 茶饮初现

中国是茶的故乡，中国人饮茶的历史可上溯到上古黄帝时期。

炎帝也叫神农氏，相传他教人们播种五谷，又教人们识别各种植物，茶也是他发现的。

《神农本草经》载："神农尝百草，日遇七十二毒，得荼而解之。""荼"与"茶"字通。东晋郭璞《尔雅注》认为"荼"即为茶树，"树小如栀子。冬生叶，可煮作羹饮。今呼早采者为荼，晚取者为茗"。

据《华阳国志》载：约公元前1000年周武王伐纣时，巴蜀一带已用所产的茶叶作为"纳贡"珍品，这是茶作为贡品的最早记述。但这时的茶主要是祭祀用和药用。

茶有正式文献记载的可以追溯到汉代。

可以肯定的是，大约西汉时期，长江上游的巴蜀地区就有确切的饮茶记载。至三国时，也有更多的饮茶记事。

在公元前59年王褒所写《僮约》中，已有"烹茶尽具""武

汉代，茶已开始买卖，汉人王褒写的《僮约》即有"武阳买茶""烹茶尽具"的记载

[西汉]王褒《僮约》书影

阳买茶"的记载，这表明四川一带已有茶叶作为商品出现，是茶叶作为商品进行贸易的最早记载。

2. 茶文化的萌芽

茶以文化面貌出现，是在两晋南北朝。随着文人饮茶风气之兴起，有关茶的诗词歌赋日渐问世，茶已经脱离作为一般形态的饮食走入文化圈，起着一定的精神、社会作用。

这时期儒家积极入世的思想开始渗入茶文化中。两晋南北朝时，一些有眼光的政治家便提出"以茶养廉"，以对抗当时的奢侈之风。魏晋以来，天下骚乱，文人无以匡世，渐兴清谈之风。这些人终日高谈阔论，必有助兴之物，于是多兴饮茶。

到南北朝时，茶几乎与每一个文化、思想领域都套上了关系，茶的文化、社会功用已超出了它的自然使用功能。由西汉到唐代中叶之间，茶饮经由尝试而进入肯定的推展时期。此一时期，茶仍是王公贵族的一种消遣，民间还很少饮用。

到东晋以后，茶叶在南方渐渐变成普遍的作物。文献中对茶的记载在此时期也明显增多。但此时的茶有很明显的地域局限性，北人饮酒，南人喝茶。

3. 茶文化的兴起

随着隋唐南北统一的出现，南北文化再次出现大融合，生活习性互相影响，北方人和当时谓为"胡人"的西部诸族，也开始兴起饮茶之风。

渐渐地，茶成为一种大众化的饮料并衍生出相关的文化，影响社会、经济、文化越来越深。

唐代茶文化的形成与禅教的兴起有关，因茶有提神益思、生津止渴功能，故寺庙崇尚饮茶，在寺院周围植茶树，制定茶礼、设茶堂、选茶头，专呈茶事活动。

"茶圣"陆羽可谓"中国茶艺"的始祖，他将一生对茶的钟爱和所研究的有关知识，撰成三卷《茶经》。

《茶经》是唐代茶文化形成的标志，第一次为茶注入了文化精神，提升了饮茶的精神内涵和层次，并使之成为中国传统精神文化的重要一环。

书中概括了茶的自然和人文科学双重内容，探讨了饮茶艺术，把儒、道、佛三教融入饮茶中，首创中国茶道精神。

《茶经》不仅述茶，而是把诸家精华及诗人的气质和艺术思想渗透其中，奠定了中国茶文化的理论基础。

《新唐书·陆羽传》说："羽嗜茶，著《经》三篇，言茶之源、之法、之具尤备，天下益知茶矣。时鬻茶者，至（制）陶羽形置汤突间，祀为茶神……其后尚茶成风。"

《茶经》书影

4. 茶文化的兴盛

及至宋代，文风愈盛，有关茶的知识和文化随之得到了深入的发展和拓宽。

此时的饮茶文化大盛于世，饮茶风习深入社会的各个阶层，渗透到日常生活的各个角落，已成为普通人家不可一日或缺的开门七件事之一。

以竞赛来提升茶叶技艺的斗茶开始出现，茶器制作精良，种茶知识和制茶技艺得到长足进步，茶书茶诗在宋代时得到大力发扬，创作丰富。

文人们文化素养极高且各种生活科学知识也相对厚实，像苏轼、苏辙、欧阳修、王安石、朱熹、蔡襄、黄庭坚、梅尧臣等文学、宗教大家都与茶有深厚的文化因缘并留下大量茶诗、茶词。

宋朝人拓宽了茶文化的社会层面和文化形式，茶事十分兴旺，但茶艺走向繁复、琐碎、奢侈，失去了唐朝茶文化的思想精神。

5. 茶文化的繁荣

宋以后至元、明两代，茶文化和茶经济得到继续发展，贡茶更是发展到极盛之势。

但此时由于胡汉文化的差异，贡茶制度十分严格，民间茶文化受到严重打压，与宋代茶书兴盛的状况相反，元代茶业迅速滑到了谷底。

元朝时，北方民族虽嗜茶，但对宋人烦琐的茶艺不耐烦。文人也无心以茶事表现自己的风流倜傥，而更多地希望在茶中表现自己的清节，磨炼自己的意志。在茶文化中这两种思潮却暗暗契合，即茶艺简约，返璞归真。元到明朝中期的茶文化形式相近，一是茶艺简约化，二是茶文化精神与自然契合。

至明朝，与宋代茶艺崇尚奢华、烦琐的形式相反，明人继承了元朝贵族简约的茶风，去掉了很多的奢华形式，而刻意追求茶原有的特质香气和滋味。

明清时期，茶已成为中国人"一日不可无"的普及饮品和文化，茶书、茶事、茶诗不计其数。

[清]《茶景全图·栽茶图》

晚坐寒庐对雪烹：古代名茶

我国产茶历史悠久，从唐以前的生煮羹饮，到唐代的蒸青团茶、宋代散茶、明代炒青茶等，历代茶人创造了各种各样的茶类。

历史上名茶众多，这里只能择其较为知名者介绍一二，探索它们经久不衰的秘密。

1. 西湖龙井

西湖龙井简称龙井，属绿茶，居中国名茶之冠，产于浙江省杭州市西湖西南的龙井村四周的山区，已有1200多年的历史。清乾隆游览杭州西湖时，盛赞西湖龙井茶，把狮峰山下胡公庙前的十八棵茶树封为"御茶"。

龙井茶园分布于狮子峰、龙井、灵隐、五云山、虎跑、梅家坞一带，多为海拔30米以上的坡地。按具体产地区分，历史上曾分为"狮、龙、云、虎、梅"

五个品类。

龙井茶外形挺直削尖，扁平俊秀，光滑匀齐，色泽绿中显黄。冲泡后，香气清高持久，汤色杏绿，清澈明亮，叶底嫩绿，匀齐成朵，芽芽直立，栩栩如生。品饮茶汤，沁人心脾，齿间流芳，回味无穷。

龙井属炒青绿茶，通过摊青、炒青、回潮、辉锅等工序制成，因产地不同，制茶方法略有差异。高级龙井茶的炒制分为"青锅"和"辉锅"两道工序，工艺十分精湛，传统的制作工艺有抖、带、挤、甩、挺、拓、扣、抓、压、磨十大手法。其手法在操作过程中变化多端，制出的成品茶以"色绿、香郁、味醇、形美"四绝著称于世。

清明节前采制的龙井茶简称明前龙井，美称女儿红，有诗赞道："院外风荷西子笑，明前龙井女儿红。"

2. 洞庭碧螺春

碧螺春是中国传统名茶，属于绿茶类，已有 1000 多年历史。当地民间最早叫洞庭茶，又叫吓煞人香。古人又称碧螺春为"功夫茶""新血茶"，唐朝时就被列为贡品。

洞庭碧螺春产于江苏省吴县（今属苏州市）太湖洞庭山，所以又叫"洞庭碧螺春"。洞庭山分东、西两山，洞庭东山宛若一个巨舟伸进太湖的半岛，洞庭西山是一个屹立在湖中的岛屿。两山气候温和，山水相依，空气清新，云雾弥漫，非常适宜茶树生长。

碧螺春茶条索纤细，卷曲成螺，满披茸毛，色泽碧绿。冲泡后，味鲜生津，清香芬芳，汤绿水澈。细啜慢品碧螺春的花香果味，头酌色淡、幽香、鲜雅；二酌翠绿、芬芳、味醇；三酌碧清、香郁、回甘，使人心旷神怡，仿佛置身于洞庭山的茶园果圃之中，领略那"入山无处

[清]《茶景全图·采茶图》

不飞翠，碧螺春香百里醉"的意境，真是其贵如珍，不可多得。因此，民间有这样的说法：碧螺春是"铜丝条，螺旋形，浑身毛，一嫩（指芽叶）三鲜（指色、香、味）自古少"。

碧螺春茶从春分开采，至谷雨结束，采摘的茶叶为一芽一叶。一般是清晨采摘，中午前后拣剔质量不好的茶片，下午至晚上炒茶。

3. 雅安蒙顶茶

蒙顶茶是中国传统绿茶，产于四川省雅安市，因产地为蒙顶山而得名。蒙顶茶的汤色碧清微黄，清澈明亮，滋味鲜爽，浓郁回甜。

据古籍记载，自西汉甘露道人吴理真手植七株茶树于蒙山之巅，至今已有2000多年历史。

吴理真被认为是中国乃至世界有明确文字记载最早的种茶人，被称为蒙顶山茶祖、茶道大师。宋孝宗在淳熙十三年（1186年）封吴理真为"甘露普惠妙济大师"，并把他手植七株仙茶的地方封为"皇茶园"，因此，吴理真也被称作"甘露大师"。其所植七株茶树"高不盈尺，不生不灭，迥异寻常"，久饮该茶，有益脾胃，能延年益寿，故有"仙茶"之誉。

在吴氏蒙顶植茶成功之后，蒙山茶农历经东汉、三国两晋南北朝，将蒙茶繁育、扩展到整个蒙山全境。

到唐代，蒙山茶已发展到相当大的规模，品质和数量都超过了其他地区，并在中国享有很高的声誉。唐玄宗天宝元年（742年），蒙顶茶成为贡品，作为土特产入贡皇室。

清代，蒙顶"仙茶"演变为皇室祭祀太庙之物，"皇茶园"外所产茶叶，开始列为正贡副贡和陪贡。

蒙顶茶在历代名茶中的地位较高，号称"天下第一"。唐代称"第一"，五代称"尤佳"，宋代称"最佳""独珍"，明代称"最上"，清代称"最佳""最好""均佳"。

"扬子江中水，蒙山顶上茶"，出自元代文人李德载《赠茶肆》（中吕·喜春来）曲："蒙山顶上春来早，扬子江心水位高。陶家学士更风骚。应笑倒，销金帐，饮羊羔。"而今，这两句诗已成了蒙顶茶文化的标志。

4. 黄山毛峰

黄山毛峰属于绿茶,产于安徽省黄山(徽州)一带,所以又称徽茶。

黄山毛峰成品茶外形细扁稍卷曲,状如雀舌披银毫,汤色清澈带杏黄,香气持久似白兰。据《中国名茶志》引用《徽州府志》载:"黄山产茶始于宋之嘉祐,兴于明之隆庆。"《黄山志》称:"莲花庵旁就石隙养茶,多清香冷韵,袭人断腭,谓之黄山云雾茶。"传说这就是黄山毛峰的前身。

清代江澄云《素壶便录》记述:"黄山有云雾茶,产高山绝顶,烟云荡漾,雾露滋培,其柯有历百年者,气息恬雅,芳香扑鼻,绝无俗味,当为茶品中第一。"

据《徽州商会资料》记载,黄山毛峰起源于清光绪年间(1875年前后),当时有位

[清]《茶景全图·晒茶图》

歙县茶商谢正安(字静和)开办了"谢裕泰"茶行。为了迎合市场需求,清明前后,他亲自带人到黄山充川、汤口等高山名园选采肥嫩芽叶,经过精细炒焙,创制了风味俱佳的优质茶。由于该茶白毫披身、芽尖似峰,取名"毛峰",后冠以地名为"黄山毛峰"。

黄山是我国景色奇绝的自然风景区,黄山毛峰茶园就分布在黄山区的桃花庵、云谷寺、松谷庵、吊桥庵、慈光阁与歙县东乡的汪满田、木岑后、跳岑、岱岑等地。这里的气候温和,雨量充沛,山高谷深,林木密布,云雾迷漫,空气湿度大,日照时间短。在这特殊条件下,茶树天天沉浸在云蒸霞蔚之中,因此茶芽格外肥壮,柔软细嫩,叶片肥厚,经久耐泡,香气馥郁,滋味醇甜,成为茶中的上品。

5. 庐山云雾茶

庐山云雾茶属于绿茶,古称"闻林茶",因产自中国江西的庐山而得名。

庐山云雾成品茶以条索粗壮、青翠多毫、汤色明亮、叶嫩匀齐、香高持久、醇厚味甘"六绝"而久负盛名。

庐山云雾茶最早是一种野生茶，汉朝时东林寺名僧慧远将野生茶改造为家生茶。

唐朝时庐山茶已很著名。唐代诗人白居易，曾往庐山峰挖药种茶，并写下了诗篇：

长松树下小溪头，斑鹿胎巾白布裘。
药圃茶园为产业，野麋林鹤是交游。

到了明代，庐山云雾茶名称已出现在明《庐山志》中，由此可见，庐山云雾茶至少已有 300 余年历史了。

朱元璋登基后，庐山的名望更为显赫。

[清]《茶景全图·筛茶图》

庐山云雾正是从明代开始生产的，很快闻名全国。明代万历年间的李日华《紫桃轩杂缀》即云："匡庐绝顶，产茶在云雾蒸蔚中，极有胜韵。"

庐山北临长江，东毗鄱阳湖，平地拔起，峡谷深幽。茶树多分布于海拔 500 米以上的修静安、八仙庵、马尾水、马耳峰、贝云庵等处，由于江湖水气蒸腾，蔚成云雾，常见云海茫茫，"千山烟霭中，万象鸿蒙里"，一如太虚幻境，因而有云雾茶之名。

"雾芽吸尽香龙脂"，云雾的滋润，促使芽叶中芳香油的积聚，也使叶芽保持鲜嫩，便能制出色香味俱佳的好茶，造就出云雾茶的独特品质。

由于天气条件，云雾茶比其他茶采摘时间晚，一般在谷雨后至立夏之间方开始采摘，采后摊于阴凉通风处，放置 4~5 小时后开始炒制，经过杀青、抖散、揉捻、理条、搓条等九道工序精制而成。

6. 径山茶

径山茶，产自浙江省杭州市余杭区。

径山茶叶外形细嫩有毫，色泽绿翠，香气清馥，汤色嫩绿莹亮，滋味嫩鲜。

径山因径通天目而闻名，号称"江南第一山"。径山茶与山齐名，始栽于唐，盛于宋，元、明、清时的径山茶仍享誉不衰，形成了源于自然、崇尚自然，讲究真色、真香、真味的独特品质和风味。

据历史记载，在唐代时径山便开始植栽茶树、制作茶叶。可以说，径山茶是浙江历史最为悠久的茶之一。

径山有"茶圣著经之地，日本茶道之源"之美誉。

径山寺与径山茶在唐代闻名以后，一生嗜茶、精于茶道、被奉为"茶圣"的陆羽慕名而至。据《新唐书·隐逸传》记载，陆羽一度隐居双溪将军山麓，并在径山植茶、制茶、研茶。唐上元元年（760年），陆羽写成了传世名著《茶经》。

南宋咸淳三年（1267年），入宋到径山求法的日本高僧南浦昭明（1235—1380年）返乡，把在径山期间学到的种茶、制茶技术和茶宴礼仪在日本广为传播。

径山茶从起初来客招待、品茶论佛，发展到宋代的"径山茶宴"，继而茶宴东渡扶桑"作客"，流传到了东瀛，演变发展为今天之"日本茶道"。

历代诸多名人如叶清臣、吴自牧、欧阳修、田汝成、谷应泰等，对径山茶的独特品质都曾给予了很高的评价。

7. 六安瓜片

"天下名山，必产灵草。江南地暖，故独宜茶。大江以北，则称六安。"这是明朝茶学家许次纾继陆羽《茶经》之后，中国又一部茶叶名著《茶疏》开卷的第一段话。

六安瓜片简称片茶，为绿茶特种茶类，产于安徽省六安、金寨、霍山三县（金寨、霍山旧时同属六安州）大别山一带。因其外形如瓜子状，又呈片状，故名六安瓜片。它最先产于金寨县的齐云山，而且也以齐云山所产瓜片茶品质最佳，所以又名齐云瓜片。

六安瓜片历史悠久，在唐代被称为"庐州六安茶"；在明代始被称为"六安瓜片"，为上品、极品茶；清时为朝廷贡茶。

皖西大别山区山高林密，云雾缭绕，气候温和，土壤肥沃，茶树生长繁茂，鲜叶葱翠嫩绿，芽大毫多。

六安瓜片成品与其他绿茶大不相同，叶缘向背面翻卷，呈瓜子形，自然平展，色泽宝绿，大小匀整。六安瓜片宜用开水沏泡，沏茶时雾气蒸腾，清香四溢；冲泡后茶叶形如莲花，汤色清澈晶亮，叶底绿嫩明亮，气味清香高爽、滋味鲜醇回甘。

六安瓜片不仅可消暑解渴生津，而且还有极强的助消化作用和治病功效，因而被视为珍品。

明朝三位名人李东阳、萧显、李士实联手写了七律赞六安瓜片：

七碗清风自六安，每随佳兴入诗坛。

纤芽出土春雷动，活火当炉夜雪残。

陆羽旧经遗上品，高阳醉客避清欢。

何日一酌中霖水？重试君谟小凤团！

8. 君山银针

君山银针产于湖南省洞庭湖中的君山岛上，属于黄茶类针形茶。君山茶旧时曾经用过白鹤茶、黄翎毛、白毛尖等名，后来，因为它的茶芽挺直，布满白毫，形似银针，而得名"君山银针"。

"金镶玉色尘心去，川迥洞庭好月来。"君山茶历史悠久，唐代就已生产、出名。据说文成公主出嫁时就选带了君山银针茶带入西藏。清朝时，乾隆皇帝下江南时品尝到君山银针，十分赞许，将其列为贡茶，素称"贡尖"。据《巴陵县志》记载："君山贡茶自清始，每岁贡十八斤。"

君山岛土壤肥沃，气候温和、湿度适宜。每当春夏季节，湖水蒸发，云雾弥漫，岛上竹木丛生，生态环境十分适宜茶树的生长。君山银针的制作工艺非常精湛，需经过杀青、摊凉、复包、足火等八道工序，历时三四天之久。

君山银针的质量超群，风格独特，为黄茶之珍品。它的外形，芽头茁壮、坚实

[清]《茶景全图·晒茶图》

挺直、白毫如羽，芽身金黄发亮，内质毫香鲜嫩，汤色杏黄明净，叶底肥厚匀亮，滋味甘醇甜爽，久置不变其味。

用洁净透明的玻璃杯冲泡君山银针时，可以看到初始芽尖朝上、蒂头下垂而悬浮于水面，随后缓缓降落，竖立于杯底，忽升忽降，蔚成趣观，最多可达三次，故君山银针有"三起三落"之称。最后竖沉于杯底，如刀枪林立，似群笋破土，芽光水色，浑然一体，堆绿叠翠，妙趣横生，历来传为美谈。

9. 仙人掌茶

仙人掌茶产于湖北当阳境内的玉泉山，始创于唐代玉泉寺，至今已有1200多年的历史。

玉泉山远在战国时期就被誉为"三楚名山"，山势巍峨，磅礴壮观，翠岗起伏，溪流纵横，是茶叶的理想产地。

仙人掌茶的创制人是玉泉寺的中孚禅师。中孚禅师俗姓李，是唐代著名诗人李白的族侄。

上元元年（760年），中孚禅师云游到金陵栖霞寺时，恰逢李白也闲游到此。中孚禅师将携带的玉泉寺所产茶叶相赠，李白品尝后，觉得此茶清香滑熟，其状如掌，并了解了该茶产于玉泉寺，又是族侄亲手所制，为此欣然提笔，取名玉泉仙人掌茶，并作诗一首以颂之：

［清］《茶景全图·熏茶图》

常闻玉泉山，山洞多乳窟。仙鼠如白鸦，倒悬清溪月。

茗生此中石，玉泉流不歇。根柯洒芳津，采服润肌骨。

丛老卷绿叶，枝枝相接连。曝成仙人掌，似拍洪崖肩。

举世未见之，其名定谁传。宗英乃禅伯，投赠有佳篇。

清镜烛无盐，顾惭西子妍。朝坐有余兴，长吟播诸天。

从此，玉泉仙人掌茶名声大振。

仙人掌茶外形扁平似掌，色泽翠绿，白毫披露；冲泡之后，芽叶舒展，嫩绿纯净，似朵朵莲花挺立水中，汤色嫩绿，清澈明亮；清香雅淡，沁人肺腑，滋味鲜醇爽口。初啜清淡，回味甘甜，继之醇厚鲜爽，弥留于齿颊之间，令人心旷神怡，回味隽永。

10. 信阳毛尖

信阳毛尖又称豫毛峰，属绿茶类，产于河南信阳大别山，以原料细嫩、制工精巧、形美、香高、味长而闻名。

唐代，茶圣陆羽所著的《茶经》，把信阳列为全国八大产茶区之一。

宋代，苏东坡曾赞誉"淮南茶，信阳第一"。

清代，信阳毛尖茶已为全国名茶之一。"毛尖"一词最早出现在清末，本邑人把产于信阳的茶叶称为"本山行尖"或"毛尖"，又根据采制季节、形态等不同特点，叫作针尖、贡针、白毫、跑山尖等。

清末，受戊戌变法影响，李家寨人甘以敬与彭清阁、蔡竹贤、陈玉轩、王选青等筹集资金，先后兴建了元贞（震雷山）、宏济（车云）、裕申、广益、森森（万寿）、龙潭、广生、博厚等八大茶社，开垦茶园余亩，种茶40多万穴，茶叶生产逐渐复苏。

信阳毛尖茶园主要分布于车云山、集云山、天云山、云雾山、震雷山、连云山、黑龙潭、白龙潭等群山的峡谷之间。这里地势高峻，群峦叠翠，溪流纵横，云雾颇多，滋生孕育了肥壮柔嫩的茶芽，为制作独特风格的茶叶，提供了天然条件。

信阳毛尖风格独特，质香气清，汤色明净，滋味醇厚，叶底嫩绿；饮后回甘生津，冲泡四五次，尚保持有长久的熟栗子香。其成品素来以"细、圆、光、直、多白毫、香高、味浓、汤色绿"的独特风格而享誉中外。

11. 武夷岩茶

武夷岩茶产于闽北"秀甲东南"的名山武夷，茶树生长在岩缝之中。

武夷岩茶历史悠久。据史料记载,商周时,武夷茶就随其"濮闽族"的君长,会盟伐纣时进献给周武王了。西汉时,武夷茶已初具盛名。唐代民间就已将其作为馈赠佳品。宋、元时期已被列为"贡品"。元代时,武夷山设立了"焙局""御

[清]《茶景全图·茶图》

茶园"。

明洪武二十四年（1391年）朱元璋诏令产茶地禁止蒸青团茶，改制芽茶入贡，逐渐向炒青绿茶转变；明末清初由于加工炒制方法不断创新，在制茶过程中不断摸索，就出现了乌龙茶。

清代是武夷岩茶全面发展时期。清康熙年间，武夷岩茶开始远销西欧、北美和南洋诸国。

武夷岩茶可分为岩茶与洲茶。在山者为岩茶，是上品；在麓者为洲茶，次之。从品种上分，它包括吕仙茶、洞宾茶、水仙、大红袍、武夷奇种、肉桂、白鸡冠、乌龙等，多随茶树产地、生态、形状或色香味特征取名，其中以"大红袍"最为名贵。

武夷大红袍是中国名茶中的奇葩，有"茶中状元"之称。它是武夷岩茶中的王者，堪称国宝。

武夷山位于福建省武夷山市东南部，大红袍生长在武夷山九龙窠高岩峭壁上，这里日照短，多光反射，昼夜温差大，岩顶终年有细泉浸润。这种特殊的自然环境，造就了大红袍的特异品质。

武夷岩茶属半发酵青茶，其成品条形壮结、匀整，色泽绿褐鲜润，冲泡后茶汤呈深橙黄色，清澈艳丽；叶底软亮，叶缘朱红，叶心淡绿带黄；具有明显的"绿叶红镶边"之美感。它兼有红茶的甘醇、绿茶的清香；泡饮时常用小壶小杯，因其香味浓郁，冲泡五六次后余韵犹存。这种茶最适宜泡功夫茶，因而十分走俏。

12. 浮梁茶

浮梁茶产于江西省景德镇市浮梁县。

浮梁产茶历史悠久，汉代即有僧人种植和采集茶叶。唐朝诗人白居易在其名著《琵琶行》中有"商人重利轻别离，前月浮梁买茶去"的描写，说明当时浮梁茶叶市场已颇有名气。

至唐以后，浮梁的"仙芝""嫩蕊""福合""禄合"等茶，以其"色艳、香郁、味醇、形美"四绝，历宋、元、明、清数代而不衰，并选为贡品。

元代，浮梁绿茶生产工艺已趋定型。明汤显祖在其《浮梁县新作讲堂赋》一文中，曾对浮梁茶有过描述："今夫浮梁之茗，冠于天下，帷清帷馨，系其薄者……"

清道光年间，红茶制作工艺传入浮梁，给浮梁茶叶生产带来了技术性的革命。浮梁工夫红茶以其"外形美观、汤色红艳、滋味醇厚、回味隽永"闻名，远销欧美市场。

浮梁红茶简称"浮红""祁红"，多产自浮梁北部和东北部。那里自然条件优越，山地、森林很多，植被广袤而温暖湿润；土层深厚，雨量充沛，多云多雾，"晴天早晚遍地雾，阴雨成天满山云"，很适宜茶树生长。加之当地茶树的主体品种——楮叶种内含物丰富、酶活性高，很适合工夫茶的制造。

浮梁绿茶茶叶条索紧细，色泽嫩绿，白毫显露，清香持久，汤色清澈，滋味鲜爽醇正。"浮瑶仙芝"与"瑶里崖玉"为其中翘楚。

浮梁茶外形紧、细、圆、直；色泽干湿翠绿，湿显金黄，香气有板栗、兰花之香，溢味醇厚，叶底明亮。

13. 安溪铁观音

安溪铁观音属青茶类，乌龙茶类的代表，原产于福建省安溪县尧阳乡，以其成品色泽褐绿、沉重若铁、茶香浓馥、媲美观音净水而得此圣洁之名。

安溪产茶始于唐末。宋元时期，铁观音产地安溪不论是寺观或农家均已产茶。据《清水岩志》载："清水高峰，出云吐雾，寺僧植茶，饱山岚之气，沐日月之精，得烟霞之霭，食之能疗百病。老寨等属人家，清香之味不及也。鬼空口有宋植二三株，其味尤香，其功益大，饮之不觉两腋风生，倘遇陆羽，将以补茶话焉。"

明清时期，是安溪茶叶走向鼎盛的一个重要阶段。

[清]《茶景全图·装茶图》

明代，安溪茶业生产的一个显著特点是饮茶、植茶、制茶广泛传遍至全县各地，并迅猛发展成为农村的一大产业。

清初，安溪茶业迅速发展，相继发现了黄金桂、本山、佛手、毛蟹、梅占、大叶乌龙等一大批优良茶树的品种。清代名僧释超全有"溪茶遂仿岩茶制，先炒后焙不争差"的诗句，这说明清代时安溪茶生产已十分盛行。

安溪县地处戴云山脉的东南坡，地势从西北向东南倾斜。西部以山地为主，重峦叠嶂，通称"内安溪"。东部以丘陵为主，通称"外安溪"。以往茶区集中于内安溪，安溪铁观音茶树萌发期为春分前后，每年一般分四次采摘，分春茶、夏茶、暑茶、秋茶，制茶品质以春茶为最佳。

铁观音采摘须在茶芽形成驻芽，顶芽形成小开面时，及时采下二三叶，以晴天午后茶品质最佳。毛茶的制作需经晒青、晾青、做青、杀青、揉捻、初焙、包揉、文火慢焙等十多道工序。其中做青为形成"铁观音"茶色、香、味的关键。毛茶再经过筛分、风选、拣剔、干燥、匀堆等精制过程后，即为成品茶。

铁观音是乌龙茶的极品，其品质特征是：茶条卷曲，肥壮圆结，沉重匀整，色泽砂绿，整体形状似蜻蜓头、螺旋体、青蛙腿；冲泡后汤色金黄浓艳似琥珀，有天然馥郁的兰花香，滋味醇厚甘鲜，俗称有"音韵"。

14. 祁门红茶

祁门红茶简称祁红，产于中国安徽省西南部黄山支脉区的祁门县一带。

祁门红茶由安徽茶农创制于光绪年间，但史籍记载最早可追溯至唐朝陆羽的《茶经》。

祁门茶区自然条件优越，山地林木多，温暖湿润，土层深厚，雨量充沛，云雾多，很适宜于茶树生长，所以其生叶柔嫩且内含水溶性物质丰富。

祁红采制工艺精细，采摘一芽二三叶的芽叶做原料，经过萎凋、揉捻、发酵，使芽叶由绿色变成紫铜红色，香气透发，然后文火烘焙至干。红毛茶制成后，还须进行精制，精制工序复杂花工夫，经毛筛、抖筛、分筛、紧门、撩筛、切断、风选、拣剔、补火、清风、拼和、装箱而制成。

高档祁红外形条索紧细苗秀，色泽乌润，冲泡后茶汤红浓，香气清新芬芳馥郁持久，有明显的甜香，有时带有玫瑰花香。祁红的这种特有的香味，被称为"祁门香"。

"祁红特绝群芳最，清誉高香不二门。"祁门红茶是红茶中的极品，享有盛誉，是英国女王和王室的至爱饮品，高香美誉，香名远播，美称"群芳最""红茶皇后"。

15. 阳羡茶

阳羡茶产于江苏宜兴的唐贡山（茶山）、南岳寺、离墨山、茗岭等地，以汤清、芳香、味醇的特点而誉满全国。

阳羡茶历史悠久，古时就称为"阳羡贡茶""毗陵茶""阳羡紫笋"和"晋陵紫笋"，享有盛名。

早在三国孙吴时代，阳羡茶就名驰江南，当时称为"国山茶"。

到了唐代，被称为"茶圣"的陆羽曾在阳羡南山进行了长时间的考察，他评价"阳羡茶"确是"芳香冠世，推为上品"，"可供上方"。

由于陆羽的推荐，"阳羡茶"因此名扬全国，声噪一时。从此，"阳羡茶"被选入贡茶之列，故有"阳羡贡茶"之称。

元代进贡的阳羡茶数量是十分可观的。为了适合蒙古贵族的嗜好，元朝在贡茶院之外，又设置一个名为"磨茶所"的贡茶官署，兼管宜兴的贡茶。到了明代，阳羡茶依旧是贡品。

在整个清代的几百年间，随着经济发展和社会变迁，宜兴茶业起起落落，但上层名流、文人雅士，仍然十分喜好阳羡茶，并由饮茶而推崇紫砂壶，使紫砂壶达到鼎盛时期。

阳羡茶不仅深受皇家贵族的偏爱，而且得到文人雅士的喜爱。

唐代诗人卢全在《走笔谢孟谏议寄新茶》诗中称："天子须尝阳羡茶，百草不敢先开花。"

曾在宜兴居住的著名诗人杜牧在《题茶山》诗中，也写下了"山实东南秀，茶称瑞草魁""泉嫩黄金涌，芽香紫璧裁"的名句，充分说明了阳羡茶在当时的至尊地位。

多次到宜兴并打算"买田阳羡，种橘养老"的大文豪苏轼，留下了"雪芽我为求阳羡，乳水君应饷惠泉"的咏茶名句。

[清]《茶景全图·落船图》

竹下忘言对紫茶：**古代文人与茶**

茶与酒一样，也是中国古代文人生活中的重要饮品。

最初，茶是作为药物为人利用的。从神农尝百草的传说中可知，早期人们饮茶主要用来解毒。同时茶还具有醒脑、提神的作用。

《神农本草经》说："茶叶苦，饮之使人益思、少卧，轻身明目。"

晋人杜育在《荈赋》中说，茶可以"调神和内，倦解慵除"。

汉代时，茶已进入民众的日常生活中。魏晋时期饮茶的范围逐步扩大，上至官府、下至民间都有饮茶习惯。

《三国志·吴书·韦曜传》记载，东吴皇帝孙皓每与大臣宴饮，竟日不息。他让大臣每次至少喝七升酒，否则予以处罚。韦曜不善饮酒，孙皓照顾他，便密赐以茶水，允许他以茶代酒。

当时，家庭日常生活中饮茶也为常事。

晋代诗人左思的《娇女诗》就记述其女儿急于喝茶，"心为茶荈剧"，便对着煮茶的锅鼎吹火。

这时在市场上也可以买到茶，晋惠帝时太子司马通指使属下贩卖茶、菜等物，大臣江流曾上疏予以劝谏。

《南齐书·武帝纪》载：南齐武帝萧赜临终前遗诏，说："我灵上慎勿以牲为祭，唯设饼、茶饮、干饭、酒脯而已。"可见江南饮茶风气之盛。

这时北方还不习惯饮茶，他们喜欢酪浆，即经过加工的牛羊奶。在北魏贾思勰所著《齐民要术》中，将茶列入"非中国物篇"，即不是北方所产，说茶以涪陵所产为最佳。

东晋初，一些南渡的士大夫尚不习惯饮茶。据《世说新语·纰漏》记载，晋室南渡之初，北方文士任瞻过江，在一次宴会上，主人请他喝茶。他问："这是茶还是茗？"在座者一听这外行的提问，都感到诧异，任瞻看到大家的神情不对，连忙改口说："我刚才问的是，喝的是冷的还是热的。"

由此可见，不懂喝茶，在文人圈子里是会被人看不起的。

　　唐代，文人常常以茶点会友，称"茶会""茶宴""汤社"。唐"大历十才子"之一的钱起，与好友赵莒相聚饮茶，写下著名的《与赵莒茶宴》，诗曰：

　　竹下忘言对紫茶，全胜羽客醉流霞。
　　尘心洗尽兴难尽，一树蝉声片影斜。

　　诗人以清新的笔调描述了饮茶的环境、气氛，表达了以茶会友的雅兴。

　　诗中"竹下忘言"，比喻朋友之间的亲密友好。此典出自《晋书·山涛传》："山涛与嵇康、吕安善，后遇阮籍，便结为竹林之交，著忘言之契。"

　　五代宋以后，文人聚会饮茶更为普遍。五代时，和凝与朝官共同组织"汤社"，"递日以茶相饮"，即轮流做东，请同僚饮茶，并规定"味劣者有罚"。从此"汤社"成为文人聚会饮茶的一种形式，开了宋代斗茶的先河。

　　宋代文人也喜欢到茶肆饮茶。茶肆也叫茶坊、茶铺、茶屋。北宋汴梁有许多茶肆，特别是在商店集中的潘家楼和马行街，茶肆最兴盛。

　　南宋临安商业发达，饮茶处甚多。据吴自牧《梦粱录》载：文人常去的茶肆有车二儿茶肆、蒋检阅茶肆等。《萍洲可谈》记载"太学生每略有茶会，轮日于讲堂集茶，无不毕至者"。

　　元明清时期，茶肆称茶馆，文人饮茶注重雅兴，常常到那些干净整洁的茶馆饮茶。

　　明代著名的"吴中四杰"，即文徵明、祝枝山、唐伯虎、徐祯卿，多才多艺，琴棋书画无所不能，他们都喜爱饮茶。

　　文徵明、唐伯虎有多幅茶画流行于世。文徵明是明代山水画的宗师，他的茶画有《惠山茶会记》《品茶图》等。唐寅的茶画有《烹茶画卷》《品茶图》《琴士图卷》《事茗图》等。

　　这些画多以自然山水为背景，体现了饮茶人对自然脱俗生活的向往。

　　明代士人还写了大量的茶书。

　　明太祖朱元璋的儿子朱权，自幼聪慧，精于史学，对

[明]文徵明《品茶图》

佛道教也有研究。但一生经历并不顺利，他与明成祖朱棣关系不好，后隐居南方，时常饮茶释怀，以茶明志。

朱权曾著《茶谱》，说饮茶可以使"鸾俦鹤侣，骚人羽客，皆能去绝尘境，栖神物外，不伍于世流，不污于时俗，或会于泉石之间，或处于松竹之下，或对皓月清风，或坐明窗净牖，乃与客清谈款话，探虚玄而参造化，清心神而出尘表。"

可见，朱权饮茶是要让自己"栖神物外""清心神而出尘表"，获得精神上的解脱。

除朱权外，明代有名的茶书还有顾元庆的《茶谱》、田艺蘅的《煮茶小品》，徐献忠的《水品全秩》等。这些著作是对自陆羽《茶记》以来历代茶学的总结，极大地丰富了古代的茶文化。

清王朝建立之初，封建统治者加强了对文人的控制，许多文人失去了对社会的信心和理想，只能以茶寄托情思，显示雅趣。他们特别讲究茶汤之美，并喜欢在室内静静地品茶。

文震亨在《长物志》中说，他于居室之旁构一斗室，相傍书斋，内设茶具，教一童专主茶役，以供长日清谈，寒夜独坐。

清代文人饮茶，希望人越少越好。陆树声在《茶寮记》中说："独饮得神，二客为胜，三四为趣，五六曰泛，七八人一起饮茶便是讨施舍了。"

清代文人饮茶不像明代文人那样喜欢到山间清泉之侧鸣琴烹茶，追求与大自然的契合，而喜欢独自静饮。这一转变，反映了他们在严酷的政治时局面前心灵世界的封闭和对理想追求的放弃。

坐饮香茶爱此山：古代茶文化

在古代中国，茶就一直与人们的生活息息相关，到唐代茶圣陆羽的《茶经》问世以后，中国茶文化正式出现在历史舞台上，它深入中国的诗词、绘画、书法、宗教、医学等多个领域，成为中华民族物质文化生活不可分割的一部分。

1. 古代茶礼

客来敬茶，这是我国汉族同胞最早重情好客的传统美德与礼节。直到现在，宾客至家，总要沏上一杯香茗；喜庆活动，也用茶点招待；开个茶话会，既简便经济，又典雅庄重。所谓"君子之交淡如水"，也是指清香宜人的茶水。

茶礼还是我国古代婚礼中一种隆重的礼节。古人结婚以茶为礼，认为茶树只能从种子萌芽成株，不宜移植，所以便有了以茶为礼的婚俗，寓意"爱情像茶一样忠贞不移"。女方接受男方聘礼，叫"下茶"或"茶定"，有的叫"受茶"，并有"一家不吃两家茶"的谚语。同时，还把整个婚姻的礼仪总称为"三茶六礼"。

这些习俗现在已摒弃不用，但婚礼的敬茶之礼，仍沿用至今。

2. 古代茶道

茶道是一种通过品茶活动来表现一定的礼节、人品、意境、美学观点和精神思想的饮茶艺术。它是茶艺与精神的结合，并通过茶艺表现精神。通过饮茶的方式，对人们进行礼法、道德修养等方面的教育。

认识茶道，首先要认识其历史背景，还要具备相关

［唐］佚名《宫乐图·会茗图》

的传统文化基础。传统文化是茶道精神的基础，而"道、佛、儒"三家理论是正确认识茶道的基础。

茶道最早起源于民间，后来经士大夫的推崇，加上僧尼道观的宗教生活需要，作为一种高雅文化活动方式传播到宫廷，其影响也不断扩大。

3. 斗茶与分茶

在茶文化的发展过程中，斗茶以其丰富的文化内涵，为茶文化增添了灿烂的光彩。

［清］严泓曾《斗茶图轴》（局部）

斗茶又称"茗战"，就是品茗比赛，意为把茶叶质量的评比当作一场战斗来对待。

斗茶源于唐，而盛于宋。它是在茶宴基础上发展而来的一种风俗。茶宴的盛行，民间制茶和饮茶方式的日益创新，促进了品茗艺术的发展，于是斗茶应运而生。

五代词人和凝官至左仆射、太子太傅，封鲁国公。他嗜好饮茶，在朝时"率同列递日以茶相饮，味劣者有罚，号为'汤社'"（《清异录》）。"汤社"的创立，开了宋代斗茶之风的先河。

宋代，文人相聚饮茶，流行斗茶。宋人唐庚在《斗茶记》中说："政和二年三月壬戌，二三君子相与斗茶于寄傲斋，予为取龙塘水烹之第其品，以某为上，某次之。"

斗茶强调的是"斗"即品评，茶之色、味俱佳，方能成为胜利者。

宋代士人斗茶之风提高了品茶技艺，也促进了制茶工艺的改进，为士人生活增添了许多乐趣。

不过，斗茶的产生，主要出自贡茶。一些地方官吏和权贵为了博得帝王的欢心，千方百计献上优质贡茶，为此先要比试茶的质量。

作为民俗的斗茶，常常是相约三五知己，各取所藏好茶，轮流品尝，决出名次，以分高下。

宋代还流行一种技巧性很高的烹茶游艺，叫作"分茶"。陆游《临安春雨初霁》诗"矮纸斜行闲作草，晴窗细乳戏分茶"，指的就是这种烹茶游艺。

玩这种游艺时，要碾茶为末，注之以汤，以笕击拂。这时盏面上的汤纹就会幻变出各种图样来，犹如一幅幅的水墨画，故有"水丹青"之称。

斗茶和分茶在点茶技艺方面因有若干相同之处，故此有人认为分茶也是一种斗茶。此说虽不无道理，但就其性质而言，斗茶是一种茶俗，分茶则主要是茶艺。

晨兴粝饭煮葱汤：**古代汤羹文化**

汤是开胃的良方，许多人都喜欢饭前或饭后喝上一碗汤。汤的花样丰富多彩，常见的如三鲜汤、海带汤、皮蛋汤、紫菜汤、红烧骨汤、荷包蛋汤、白菜汤等，多达一千余种。这说明了汤在人们日常生活中所扮演的重要角色和它的普遍性。

正因为汤是如此的重要，汤文化也就自然地发展了起来，并不断地丰富和完善着，成为人们饮食中的重要组成部分。

1. 汤羹简史

在古代，汤也被称为羹。最初的汤只是单纯的水煮载体，后来才逐渐演变成一种液态食品，这才是真正意义上的汤。这个过程也体现了古代烹饪技术的进步。

在菜肴并不丰盛、烹饪技能并不完美的上古时代，汤羹成了佐饭的最佳选择。如《礼记》中云："羹之与饭是食之主，故诸侯以下无等差也，此谓每日常食。"上古时代的进餐仪式中也明确规定了汤羹的摆放位置，如《礼记》中记载："凡进食之礼，左肴右胾，食居人之左，羹居人之右。"

周代的时候，几乎所有能吃的动物肉类都可以做羹，如羊羹、豕羹、犬羹、兔羹、鳖羹、鱼羹、脯羹等很多，而在平民百姓家里，肉是比较稀罕的东西，就用藜、蓼、芹、葵等蔬菜来代替肉，正如《韩非子》中所说："粝粢之食，藜藿之羹。"

秦汉时期，汤羹品类已很丰富。《后汉书》中不仅描述了富裕者吃肉羹的场面，还记载了贫贱者食用菜羹的情况。这些史料反映了汉朝人羹食的普遍性。马王堆汉墓曾出土了一批竹简菜单和随葬汤羹，也展示了2000多年前的汤羹文化。

魏晋以后，汤羹品种与日

古代汤碗

俱增，不但入汤原料增多，烹调技艺升华，而且还渗透了很强的人文色彩。除传统的肉羹和菜羹之外，又相继推出鱼羹、甜羹等。贾思勰的《齐民要术》记载了北方流行的各种汤羹，并对前代的汤羹做了扼要的记录和总结，可见，当时的汤羹烹调技术已经非常到位。

唐宋以后，汤羹向高档和低档两个方向发展。如《独异志》记载："武宗朝宰相李德裕，奢侈极，每食一杯羹，费钱约三万。"这是高档汤羹的典型代表。对生活清贫的百姓而言，菜羹仍是其主要食馔。

总之，自从汤羹生成之日起，中华饮食园地中就始终散发着汤羹的芳香。

2. 汤羹的种类

古代汤羹的种类繁多，以原料分类，可分为肉类、禽蛋类、水产类、蔬菜类、水果类、粮食类、食用菌类等。

如以汤的性状分类，大致可分为以下几种：

（1）清汤。

清汤加热时间短，可以保持食物口感的滑嫩。汤汁清淡而不浑浊是清汤的特色。因材料加热的时间不长，所以材料的鲜味无法完全释放在汤里。因此，这些短短几分钟就能起锅的汤，必须靠加料来提味，或用高汤来佐汤，如家常的青菜豆腐汤、蛋花汤等。

但有些清汤不用高汤，直接以材料本身的原味来提鲜。这类清汤有两个特点：一是材料较厚实，如猪肉、猪排骨；二是用小火熬，如用大火烧，则材料不易煮烂，也会使汤汁快速蒸发，更易造成浑浊。此外，入锅前的氽烫去血也是很重要的，否则会使汤汁浑浊或是汤面残留泡沫。

（2）高汤。

高汤是用来佐味的汤底，选用的材料主要分为猪骨、鸡骨和鱼骨三种。猪骨较油腻、体积大；鸡骨汤汁清爽，但需要较多的量才能熬出好味道；鱼骨鲜美，但不易取得，且处理不好会有腥味。

高汤材料的制作选择各有利弊，主要是针对不同的特性，取其优点，如此方能熬出物美价廉的高汤。有了好高汤，再加入其他食材烹煮，滋味更鲜美。

（3）浓汤。

浓汤同样以高汤做汤底，添加各种材料一起煮，再以大量的淀粉料勾芡，让汤汁呈现浓稠状，如玉米浓汤。

（4）羹汤。

羹汤虽然亦是以粉料勾芡，但和浓汤的不同之处是羹汤所用的粉料以生粉或玉米粉为主，且用在羹汤中的材料，必须切细或切碎；若形状体积稍大时，必须火候足，经久煮使材料软烂，以免勾芡后黏在一起，如海鲜羹汤、肉羹汤。

（5）甜汤。

味道甜美、制作简单，是甜汤的特色。甜汤材料选择多样，有常见的红豆、绿豆、花生，亦有较为高级的黑糯米、芝麻、核桃等，做法多变。

如港式甜汤，广东人称为糖水，由于讲求功夫、火候、制作时间，所以做出来的糖水大多具有养颜美容、滋补润肺的功用。

3. 羹汤礼仪

古人解读烹饪技艺，总要把汤羹摆在一个显著的位置，并以调鼎的方式来展示羹的魅力。其中"鼎"是加工汤羹的炊具，"调"是烹饪汤羹的手法，二者合一，则可以产生特殊效应。

如《史记》之中就记载了商汤初期，名士伊尹将调鼎的道理比拟于国事，向皇帝纳谏。可见羹汤的意义已超越烹饪的范畴。

［明］缠枝秋葵纹宫碗

后来，人们为了表示对来客的尊敬，往往亲自动手调鼎，并将调好五味的羹送到客人面前，就连天子帝王赏赐大臣，也以这种方式来表达心愿。

当年李白在被唐玄宗召见的时候，因为能说会道，受到赏识，皇上就请他留下来一起吃饭，并且亲手为他调羹。别小看这在碗里随意搅动几下，在皇权至上的时代，那可是无上的光荣。

由此可见，在中国古代调羹逐渐发展成为一种敬重来宾的礼仪文化。

美人纤手炙鱼头
——中国古人的饮食文化

朝朝洗手作羹汤：古代名人与汤羹

　　羹汤的营养价值及其在饮食中的重要地位，使得全世界各地人们都爱喝汤。尤其是在中国的历史上，有许多关于汤和名人的故事。

　　据说汉高祖刘邦最爱喝狗肉汤，而且多由名将樊哙亲手调制。因为樊哙是秦末年间有名的屠狗行家，所以很擅长做狗肉汤。狗肉汤益气、温肾、润胃、健腰、暖膝、轻身、壮力气、安五脏、补血脉，据说曾治好了刘邦征战中落下的老寒腿。

　　古代的美味汤羹曾令许多名人为之留恋，名人的巨大效应也使得一些传统汤羹闻名天下。从此，汤羹开始从肴馔进入文化领地。

　　古代学子为了表示自己的生活清贫与品格清雅，常以"藜羹"为标识而自立，意在承袭先哲。可见，藜羹不仅仅是一种普通的汤食，更代表了一种气节和文化。

　　宋代最杰出的女词人李清照，也是一位药膳美食家。她最爱喝炖汤，有着爱饮酒、品汤膳的生活习惯。南渡以后的李清照，经历了家破人亡、沦落异乡的坎坷，香尽酒残，但她依然爱品尝汤膳，品汤之时更加重了她对故乡、亲人刻骨铭心的思念。

　　清朝饮食方面有更多的讲究，钟爱汤的大有人在。

　　清末闽浙总督左宗棠，热衷于杭州的新鲜莼菜汤。后来，他被调任新疆军务大臣，无奈瀚海戈壁，想吃莼菜汤而不可得，愈加思念此美味。鼎鼎大名的浙江富商胡雪岩得知左大人的苦楚，便用纺绸一匹，将新鲜莼菜逐片压平夹在里面，托人带到新疆。由于保存得当，莼菜至新疆后做成汤羹，仍味美如同新摘，让左宗棠大快朵颐。

　　末代皇帝溥仪嗜汤更甚。他用膳的地方在东暖阁，每餐的饭要摆三四个八仙桌，光粥就有五六种之多，各种汤达十多种。

　　许多名人不仅爱喝汤，还曾亲自设计或动手烹制汤羹。如著名的"东坡羹"就由苏轼创作，并在食界引起强烈震撼。其实，东坡羹只不过是一种很普通的菜羹，但经过苏轼之手来烹调，则展现一种特殊的韵味。

苏轼还有一首《狄韶州煮蔓菁芦菔羹》诗：

我昔在田间，寒庖有珍烹。常支折脚鼎，自煮花蔓菁。
中年失此味，想像如隔生。谁知南粤老，解作东坡羹。
中有芦菔根，尚含晓露清。勿语贵公子，从渠嗜膻腥。

自"东坡羹"面世以后，文人雅士积极响应，模仿制作此羹，还用诗词的形式加以歌咏。

古代的美味汤羹曾令许多名人为之留恋，名人的巨大效应也使得一些传统汤羹闻名天下。从此，汤羹开始从肴馔进入文化领地。

古代学子为了表示自己的生活清贫与品格清雅，常以"藜羹"为标识而自立，意在承袭先哲。可见，藜羹不仅仅是一种普通的汤食，更代表了一种气节和文化。

另据《晋书·张翰传》记载："翰因见秋风起，乃思吴中菰菜、莼羹、鲈鱼脍。"以后人们每食莼羹，必以张翰为榜样，抒发内心情怀。可见，莼羹也演变成一种怀恋家乡、不图功利的文化表象。

元赵孟頫《苏轼绘像》

为此，很多文人为此写诗作赋者，如宋人徐似道的《莼羹》：

千里莼丝未下盐，北游谁复话江南。
可怜一箸秋风味，错被旁人苦未参。

直到今天，江浙一带食及药羹，仍然保留着一种古老的情结。

第八章

吃些淡饭可忘忧：古代饮食趣话

在中国几千年的饮食发展历程中，形成了许多不同类型的饮食思想，出现了众多描述饮食工艺与饮食特色的专门著述，留下了无数名人与饮食之间的千古佳话。

此外，上至帝王将相的玉盘珍馐，下至布衣平民的粗茶淡饭，对于饮食的礼仪十分讲究，各类餐桌礼仪文化俨然已经成为中国传统饮食文化不可分割的一部分。

疾行百步饭三餐：古人一天吃几顿

在现代，对于我们绝大多数"干饭人"来说，一天三顿饭早就成了标配，缺一顿不吃就饿得不行。

其实在宋代以前，人们的进食还没有这么"奢侈"，饮食习惯是一天两顿饭居多。

在宋朝之前，虽然皇帝贵族可以吃三四顿饭，但老百姓是固定一天两顿的。

根据朱熹在《论语集注》中记载的"朝曰饔，夕曰飧"可知，古人每天的第一顿早餐被称为"饔"；而第二顿饭则是"飧"。

这两顿饭，一般都是指的早午两餐，只不过午餐的时间要比咱们现在晚一些。因此还有了成语"饔飧不继"，意指吃了上顿没下顿，形容生活十分穷困。

在原始社会，人们靠采集和狩猎获得食物，食物来源很不稳定，一天吃几顿饭也不固定。食物丰富的时候，可能一天吃好几顿；食物匮乏的时候，可能一天也吃不上一顿饭。

进入农耕社会后，人们的食物来源相对稳定了，开始有了规律的餐制。但早期的餐制并不是一日三餐，而是一日两餐。在甲骨文中就记载了商朝时的一日两餐制。

那时候人们将一昼夜分为八个时段，依次是旦、大食、大采、中日、昃、小食、小采、夕。这八个时间段并不是将一昼夜二十四小时平均分割，而是根据人们的作息活动将一昼夜划分成八个长短不一的时间段，每一个时间段的名称则表示这个时间段的主要作息活动。

比如说，"夕"是时间最长的，

日晷——古代时刻表

整个夜晚都叫夕，就是人们睡觉的时间段；"旦"就是早晨起床的时间，大约是早上 5 点到 7 点的黎明时分。

这八个时段中的"大食"和"小食"对应的就是吃饭的时间段。学者分析，大食的时间应该是上午 8 点，小食的时间应该是下午 4 点。也就是说，在商朝的时候，古人是一日两餐，上午一餐，下午一餐。

至少从西周开始，中国人又将一昼夜二十四小时平均划分为十二个时段，是为"十二时辰计时法"。

这十二个时辰中，有两个叫"食时"和"晡时"的时辰，就是古人一日两餐的时间，分别是上午的 7 点到 9 点和下午的 3 点到 5 点，也就是"辰时"和"申时"。

一日两餐，除了食物不太充足的原因外，还有一个因素也是不能忽视的。

自封建社会初始，我国历史上便有着"农业立国"的理念。在以小农经济为主体的经济发展常态中，大多农民都是顺应大自然的"日出而作，日入而息"，天亮了就干活，天黑了就早早睡觉。此外，古时候娱乐休闲项目少，且不是人人都能玩得起的，所以很多"夜猫子"也只能被迫入梦乡。睡得早，活动量不大，自然也就能省掉晚上的那一顿饭了。

先秦时期形成的一日两餐的传统，到唐朝时发生了变化。

唐朝时，在上、下午两餐的中间，多了一顿点心。也许是因为唐朝时人们白天活动的时间较之前延长了，两顿饭中间隔得太久容易饿，所以就在中午加了顿点心，这就是午饭的雏形。

今天南方一些地区，仍然管吃午饭叫"吃点心"，这种说法可能就是延续了古人的叫法。

但唐朝的午餐多存在于士人和富裕阶层，普通民众依旧是一日两餐。

到了宋朝，商品经济活跃，城市空前繁荣，人们的生活节奏也加快了，吃午餐就更必要了。

宋朝时水稻产量已经跃居粮食作物的第一位，"白米饭"也已进入寻常百姓家，饥寒问题解决了一大半。

此外，都市商业的发展，改变了人们原来的生活习惯。

"夜市千灯照碧云，高楼红袖客纷纷。如今不似时平日，犹自笙歌彻晓闻。"在王建的这首《夜看扬州市》中，可以大体看到夜市的热闹与繁华。

古人观戏图

因为"夜市"的出现，再加上宋朝也没有了宵禁，人们晚上也可以自由出行逛街游玩。活动量变大了，累了、饿了就在"市"上买点东西吃。渐渐地，第三顿饭也成了生活的常态。

宋代夜市发达，晚上还可以吃夜宵。所以，宋代可能还有一日四餐的情况，但这属于城市中的特殊情况。在宋代，一天吃多顿饭仍是财富和社会地位的象征。

宋朝开始出现的"一日三餐"，其实是老百姓生活质量得以提升的一大表现，从侧面也反映了整个大宋经济发展的繁盛景象。

除了粮食产量的与日俱增，朝廷政策的大力扶持，还有大量中原人口南迁，带来了大量劳动力、先进技术和生产经验，多种因素综合在一起，助推了"一日三餐"这一生活习惯的转变。

这不是一个偶然出现的现象，而是随着经济逐渐繁荣出现的历史必然。

到明朝时，江南地区基本普及了一日三餐。

到了清朝，汉族人基本上都是一日三餐了。

但是，作为统治者的满族人，仍然保留着一日两餐的传统。

康熙皇帝就曾在给大臣的朱批中写道："尔汉人一日三餐，夜又饮酒。朕一日两餐。当年出师塞外，日食一餐。"

从中可以看出，古人的一日几餐还涉及不同民族的习惯问题。

儒行月令记燕居：古代饮食礼仪

在数千年的中国历史中，礼一直是人们行为规范的核心，具有中国一切文化现象的特征。中国食礼萌芽于遥远的先秦时期，从古至今，由上到下，成规成矩，一以贯之。

食礼是人们社会等级身份与社会秩序的认定和体现，食礼的规范和实践最初发端于上层社会，并且由上层社会成员们所遵从和施行。随后统治者又利用手中的权力将其作为具有普遍约束力的规范秩序来推行，最后成为具有教化民风作用并流行于全社会的主导意识形态。

1. 食礼的出现与演进

食礼最初起源于祖先们的共食生活实践，也受到了祭祀礼仪的启示。

随着社会的发展，最晚在周代，中国历史上就出现了一套较为完备的饮食礼仪制度。这些饮食礼仪制度后来也有了较高的层次，并且充分显示了中国作为一个礼仪之邦的"尚礼"特点。

《礼记·礼运》说："夫礼之初，始诸饮食。"礼仪是产生于饮食活动之中的，饮食之礼是一切礼

《仪礼郑氏注》书影

仪的基础。最迟在周代，中国就已经有完整和规范的饮食礼仪了。周代的很多饮食礼俗经过儒家整理和收集，比较完整地保存在《周礼》《仪礼》和《礼记》中。

2. 访客进食之礼

作为客人，到外面赴宴要遵守一定的饮食礼仪。赴宴时入座的位置有一定的礼仪要求，要做到"虚坐尽后，食坐尽前"。古人席地而坐，客人为了表示谦卑和礼让要坐得比尊者、长者靠后一些；饮食过程中为了防止食物掉到座席上，食客要尽量坐得靠近食案。

宴饮开始，馔品端上食案时，客人表示礼貌要站起。如果遇到贵客到来，其他客人也都要起立恭迎。如果来宾的地位低于主人，则必须端起食物向主人表示感谢，等到主人寒暄完毕之后，客人才可落座。

宴席上，客人享用主人准备的美味佳肴，却不能随便取用这些菜肴。须得"三饭"过后，主人指点菜肴让客人食用，并且还要告知客人所食菜肴的名称，客人才能食用。"三饭"即一般的客人吃三小碗饭后便说吃饱了，须主人再劝而食。宴饮快结束的时候，主人绝对不能先吃完饭而不管客人，必须要等到客人饮食完毕才能停止进食。

3. 仆从待客之礼

席间待客的仆人和随从也要遵循一些饮食礼仪。仆从负责安排筵席的菜品摆设，馔品的摆放有严格的食俗礼仪，如脍炙等肉食类要放在外边；酒浆也要放在客人的身边，葱末之类可以放得远一点；醢酱等调味品则需要放在靠客人近些的地方以便客人选用；带骨的肉要放在净肉的左面，饭类的食品要放在客人的左边，肉羹则需要放在其右边；如果有肉脯之类的食品，还要注意其摆放的具体方向。

摆放酒樽和酒壶等酒器时，仆从要将壶嘴面向贵客。仆从回答客人的问话时必须要将脸侧向一边，以避免呼气和唾沫溅到盘中或客人脸上让人感到不适。在端出菜肴之时，禁止面对客人和菜盘子大口喘气。如果上的菜是整尾的烧鱼，一定要将鱼尾朝向客人，原因是鲜鱼肉从尾部易剥离出鱼刺。在冬季，鱼的腹部肥美，摆放时为了便于取食要鱼腹向右；在夏季，鱼鳍部较肥，要将鱼的背部朝右摆放。

4. 陪客侍食之礼

宴席之上陪客人也有一套饮食礼仪。仆人上菜之后，主人还要引导，陪伴客人吃饭，其中包含着很多的讲究。席间陪长者饮酒时，酌酒时必须要起立，离开座席并且要面向长者叩拜之后才能接受。如果长者一杯酒没喝完，少者也不能先喝完。如果长者赐饮食给少者和仆从这些地位低的人，受赐的人也不必辞谢。

侍食年纪大并且地位高的人，少者还要先准备吃几口饭，古礼称之为"尝饭"。虽然是先尝食，但是不得先吃饱，必须要等尊长吃饱后才能放下碗筷。少者吃饭时还得斯文小口地吃，而且要尽量快地咽下去，这样做是为了准备随时能回复长者的问话，谨防把饭喷出来。

对熟食制品来说，侍食者都要先尝。如果是水果之类，则尊者必须先食，少者绝对不能抢先。如果尊者赏赐地位低的人水果食品，吃完果子剩下的果核也不能扔下，要郑重地放好，否则就是极不尊重。如果尊者赐给没吃完的食物，如果盛食物的器皿不容易清洗，还得先倒在自己用的餐具中才可食用。在当时，贵族们对自己的饮食卫生相当重视。

5. 分餐和合餐礼仪

据有关史料记载，在唐代以前，古代中国人就开始分餐进食了，而随着生产力的发展，分餐逐步转化成了合餐，这两种用餐方式都有着悠久的历史和深刻的文化内涵。

饮食文化不是孤立存在的，与社会生产力自然也有着密切的关系。随着时代的发展和人类生产能力的进步，越来越多样的饮食器具被发展出来，同时也催化了新的饮食方式的转变和诞生。

在很多文字记录和绘画上可以找到唐代以前分餐的形式。一些汉墓壁画、画像石和画像砖上，我们可以看到人们席地而坐、一人一案的宴饮场面。成都市郊出土的汉代画像砖上，也有一幅宴乐图，在其右上方，一男一女正席地而坐，两人一边饮酒，一边观赏舞蹈。中间有两案，案上有尊、盂，尊、盂中有酒勺。在《史记·项羽本纪》中描述的鸿门宴，也是实行的分食制，在宴会上，项王、项伯、范增、刘邦、张良一人一案，分餐而食。在河南密山县打虎亭一号汉墓内画像石的饮宴图上，主人席地坐在方形的大帐内，面前还摆设一个长方形的大案，案上还有一个大托盘，托盘内放满了杯盘，主人席位的两侧还各设置有一排宾客席。

唐代以前，中国人一直都是以各自的食具分别进食的分餐制。随着生产力的逐步发展，越来越多的食器被制造出来。等到适用于合餐和聚餐的桌椅被制造并普及出来，大约在唐

[汉]《宴乐图》画像砖

代的中期以后合餐的饮食形式逐渐发展起来。到了宋代，合餐的发展达到了顶峰，也逐渐普遍起来。

在民族大融合的西晋时代，北方少数民族的诸多习惯开始流入中原地区，这不可避免地给饮食发展带来了影响。胡床、椅子、凳子、床榻等家具也逐渐问世，人们铺在地上的席子也被取代。

到了隋唐，这种风潮达到了高潮，传统床榻几案的高度逐渐增加，桌子、椅子也逐渐风靡起来。

在五代时，新出现的家具已经渐渐地定型。在南唐画家顾闳中的《韩熙载夜宴图》中，我们可以看到各种桌、椅、屏风和大床等陈设在室内，画中人物完全摆脱了席地而食的旧俗。这幅画取材于真实人物，也体现出了人们饮食方式的变化。

随着桌椅的普及和使用，人们有了围在一桌旁边合餐的物质条件。这在唐代的很多壁画中也有不少反映。在陕西长安县南里王村发掘的一座唐代韦氏家族墓中，在墓室东壁绘有一幅宴饮图，图正中放置了一长方形的大案桌，案桌上罗列着各种的饮食器具，食物丰盛，在案桌前放置了一个荷叶形的汤碗和勺子，供众人使用，周围还有三条长凳，每条凳上坐了三个人。这幅图表明分食饮食形式已经逐渐过渡到了合食饮食的形式。

分食制向合食制的转变，是一个渐进的过程。在相当长的历史时期，这两

[唐]韦氏家族墓室壁画《野宴图》

种饮食方式是并存的。如在《韩熙载夜宴图》中,南唐名士韩熙载盘膝坐在床上,几位士大夫分坐在旁边的靠背大椅上,他们的面前分别摆着几个长方形的几案,每个几案上都放有一份完全相同的食物。碗边还放着包括餐匙和筷子在内的一套进食具,互不混杂,这表明,当时虽然合食制已成潮流,但分食制仍然同时存在着。

合食制的普及是在宋朝时,那时随着餐桌上食品的不断丰富,传统的一人

《韩熙载夜宴图》(局部)

一份的分食方式已经不能适应时代的发展了，围桌合食也就成了人们主要的饮食方式。

以上内容只是诸多礼仪当中的一部分。我们从这些饮食待客礼仪当中能体会到中国人自古以来对"礼"的重视。

金齑玉脍菜羹赋：古代食经食谱

中国饮食文化源远流长，在各种典籍作品中有很多关于饮食的介绍，留下的专门食经、食谱也很多，详述了各历史时期名人名著对烹饪发展的影响。

1.《黄帝内经》

中国古代人很早就认识到，饮食营养的合理搭配是决定人们能否健康长寿的重要因素，因此也就提出了对后世影响深远的"医食同源"学说。

在《黄帝内经》的《素问·藏气法时论篇》中，将食物区分为谷、果、畜、菜四大类，即所谓五谷、五果、五畜、五菜。五谷为黍、稷、稻、麦、菽，五果指桃、李、杏、枣、栗，五畜为牛、羊、犬、豕、鸡，五菜是葵、藿、葱、韭、薤。

《黄帝内经》书影

这是为了配合古代的阴阳五行学说，才把每类归为五种，其所指并非具体的五种，都可以有泛指之意。这几类食物在人们日常饮食中的比重和所发挥的作用在《素问》当中都有阐述，其提出的"五谷为养，五果为助，五菜为充，气味合而服之，以补精益气"的论述，就是指人们在饮食当中要以五谷为主食，以果、畜、菜为补充。

在《黄帝内经·素问》当中还阐述了一套五味与保健的关系，也值得后世参考。从书中写到的各种饮食需要"气味合而服之，以补精益气"可以看出，《黄帝内经》中认为四类食品对于人体的各项功能不是无条件的，只有"气味合"才能起到"补精益气"的作用。所谓"气味合"指的是"心欲苦、肺欲辛、肝欲酸、脾欲甘、胃欲咸。此五味之所含藏之气也"。《黄帝内经·生气通天论篇》中有一则专门论述五味与人体五脏的关系，并且阐述了如果饮食五味不合对人体有损害的思想，其中写道："味过于酸，肝气从律，脾气乃绝；味过于咸，大骨气劳，短肌，心气抑；味过于甘，心气喘喘，色黑，肾气不衡；味过于苦，脾气不濡，胃气乃厚；味过于辛，筋脉沮弛，精神乃央。"这些论述都揭示出了饮食五味与人体健康的密切关系。

《黄帝内经》中的这些论述，不仅是中医学上的经典思想，也给人们提供了饮食上需要遵循的原则性指导。这些理论和思想不仅符合中国古代的国情和食物资源的实际情况，更表现出了东方饮食结构的标志性特点。

2.《食珍录》

《食珍录》是我国古代饮食专书之一，写于南北朝时期，作者是会稽余姚（今浙江绍兴）人虞惊。《食珍录》原文已佚，现存《食珍录》收于《说郛》，全文仅二百余字，其中还掺杂一些后人的东西。

虞惊是第一位有名可考的四明籍美食家兼烹饪师。《南齐书》称"惊善为滋味，和齐（烹饪调和）皆有方法"。在饮食烹饪方面，虞惊敢于与皇室一争高下，他可以快速地烹制出数十舆杂肴，供皇上享用，滋味之美甚至连太官鼎味都比不上。

虞宗的《食珍录》里，记载有六朝帝王名门家中最珍贵的烹饪名物。例如，"炀帝御厨用九牙盘食""谢传有汤法""韩约能作樱桃，其色不变""金陵寒具，嚼著惊动十里人"，等等，这些都反映出我国古代饮食文化的高度成就。

3.《食经》

《食经》成书于隋代，是饮食文化史上有名的著作之一。

作者谢讽生平不详，只知道他曾担任过隋炀帝的"尚食直长"。《大业拾遗记》中说他曾著有《淮南玉食经》，但此书早已亡佚。现存的《食经》收录在北宋人陶谷《清异录》以及明代陶宗仪的《说郛》中。

现存的谢讽《食经》收录的仅是该书的部分菜点目录，并无制法。由于隋代及其以前的饮食著作大多亡佚，故此书仍有一定的参考价值。

此书记载南北朝、隋代食品名目约 50 种。其中有脍、羹、饼、糕、卷、炙、面、寒具，包括以动物原料为主制成的菜肴，如"飞鸾脍""剔缕鸡""剪云斫鱼羹"等。

从有的菜品前冠以人名来看，如"北齐武成王生羊脍""越国公碎金饭""虞公断醒""永加王烙羊""成美公藏""含春侯新治月华饭"等，都是王侯贵族的饮馔。

而有的菜品则十分讲究，大多取名华丽，讲究文采修饰，如"龙须炙""花折鹅糕""紫龙糕""春香泛汤""象牙""朱衣""乾坤夹饼""千金碎香饼""乾炙满天星含浆饼""撮高巧装坛样饼"等，反映出当时饮馔已达到非常精美高贵的水平。

4.《千金食治》

孙思邈（生卒年不详），唐代医药学家，被人奉为"药王"。他著的《千金方》和《千金翼方》等医学著作对后世的影响极其深远，在这两部书中都有关于食疗的论述。

《千金方》又名《备急千金要方》，全书 30 卷，第 26 卷为食治专论，后人称之为《千金食治》。

在《千金食治》的序论部分，作者阐述了他的食疗思想。孙思邈说："人安身的根本，在于饮食；要疗疾见效快，就得凭于药物。不知饮食之宜的人，不足以长生；不明药物禁忌的人，没法根除病痛。这两件事至关重要，如果忽而不学，那就实在太可悲了。饮食能排除身体内的邪气，能安顺脏腑，

孙思邈像

悦人神志。如果能用食物治疗疾病，那就算得上是良医。作为一个医生，先要摸清疾病的根源，知道它会给身体什么部位带来危害，再以食物治疗。只有在食疗不愈时，才可用药。"

孙思邈还告诫人们说："凡常饮食，每令节俭，若贪味多餐，临盘人饱，食讫觉腹中彭亨（涨肚）短气，或致暴疾，仍为霍乱。又夏至以后，迄至秋分，必须慎肥腻、饼、酥油之属，此物与酒浆瓜果，理极相仿。夫在身所以多疾病，皆由春夏取冷太过，饮食不节故也。又鱼脍诸腥冷之物，多损于人，断之益善。乳酪酥等常食之，令人有筋力胆干，肌体润泽，卒多食之，亦令腹胀泄利，渐渐自已。"

这段话当中既谈到了一些平时饮食搭配的禁忌，也谈到了饮食与节气之间的紧密关系，很多思想都包含了科学的道理。

《千金食治》分果实、蔬菜、谷米、鸟兽等几篇，内容中详细描述了各种食物的药理性和功能。

在"果实篇"中，孙思邈提倡多吃大枣、鸡头实、樱桃，说这些食物能使人身轻如仙。告诫人们不能多食用的东西有梅，坏人牙齿；桃仁，令人发热气；李仁，令人体虚；安石榴，损人肺脏；梨，令人生寒气；胡桃，令人呕吐，动痰火。食杏仁尤应注意，孙思邈引扁鹊的话说："杏仁不可久服，令人目盲，眉发落，动一切宿病，不可不慎。"

在"蔬菜篇"中，孙思邈认为：越瓜、胡瓜、早青瓜、蜀椒不可多食，而苋菜实和小苋菜、苦菜、苜蓿、薤、白蒿、茗叶、苍耳子、竹笋均可长久食用，这些食物不仅可以让人身体轻松有力气，更可延缓衰老。

在"谷米篇"中，孙思邈认为：长久食用薏仁、胡麻、白麻子、饴、大麦、青粱米能让人身轻有力，使人不老；赤小豆则会让人肌肤枯燥；白黍米和糯米令人烦热；盐会损人力，黑肤色，这些都不可多食。

在"鸟兽篇"中，孙思邈认为：乳酪制品对人有益；虎肉不能热食，能坏人齿；石蜜久服，强志轻体，耐老延年；腹蛇肉泡酒饮，可疗心腹痛；乌贼鱼也有益气强志之功，鳖肉食后能治脚气。

孙思邈的这些经验不仅使他成了"药王"，更让其活到百余岁，他提到的饮食思想对后人也有很大的启示作用。

5.《清异录》

《清异录》，北宋陶谷撰著，是其杂采隋唐至五代典故所写的一部随笔集。作为重要笔记，保存了中国文化史和社会史方面的很多重要史料，书中一半以上的条目分别被《辞源》和《汉语大词典》采录，其价值可见一斑。

书中包括天文、地理、草木等 37 个门类，共有 648 条有关内容。其中和饮食有关的果、蔬、禽、兽、鱼、酒、茗、馔八个门类，共 238 条，占全书三分之一强。

［明］唐寅《陶谷赠词图》轴（局部）

该书文字具有消遣取乐的幽默风格，从多方面反映了丰富的饮食文化史。书中记载隋代的《谢讽食经》、唐代韦巨源的《烧尾食单》，是我们今天所能看到的隋唐两代宫廷与官府筵席唯一较为齐全的食单。其他如果、菜、禽、兽、鱼等烹饪原料，有的写其营养价值，有的谈到烹调技法，都是研究烹饪技术发展的可贵资料。

6.《本心斋疏食谱》

《本心斋疏食谱》是以记述蔬菜制作为主的专门书籍。作者署名为宋代陈达叟，其人生平不详；因为室名本心斋，所以又称本心翁。

据作者自述：自己常在书房里起居闲坐，玩味《易经》，床上围着画有梅花的纸帐，用石鼎烹茶，平时饮食崇尚清淡。有客人从外地来访，脸上流露出饥饿的神色。作者叫书童端上净素饭菜，客人品尝后说，没有尘俗气味。主客讨论食谱，就形成了这本书。

全书记蔬食二十品类，均以蔬菜类名标目，如菜羹、韭菜、山药、笋、藕、绿豆粉丝、水引蝴蝶面、水团、白米饭等。每类后面都附有赞语，赞语简括，均为十六字；还有"小引"说明其制法，或揭示其特点。

如"水团"条,制法是"秫粉色糖,香汤浴之",赞文为"团团秫粉,点点蔗霜,浴之沉水,清甘且香"。

这种记述方法,表现了作者极高的文学素养,又因所用赞体简要,类似歌诀,容易背诵,所以便于普及。

7.《山家清供》

《山家清供》是南宋林洪撰著的一部重要烹饪著作。

林洪,字龙发,号可山。南宋晋江安仁乡永宁里可山(今石狮市蚶江镇古山村)人。宋绍兴间(1131—1162)进士。善诗文书画,著有《西湖衣钵集》《文房图赞》;对园林、饮食也颇有研究,著有《山家清供》二卷和《山家清事》一卷。

唐代杜甫有诗云:"山家蒸栗暖,野饭射麋新。"林洪所说的"山家清供",即杜甫诗中的山家野饭,意思是山居家庭待客用的清淡饮馔。

全书二卷,上卷列举饮馔47种,下卷列举饮馔57种。记述以素食为主,亦有少量的荤菜,如饭、羹、汤、饼、粥、糕、脯、肉、鸡、鱼、蟹等。选料大部

《山家清供》书影

分为家蔬、野菜、花果、粮米,也有一部分取料于禽鸟、兽畜、鱼虾。用料尽管平常,但由于烹饪方法奇妙,同样给人们以丰富的启发和借鉴。许多菜肴别出心裁,各具一格,足可使人窥见当时烹饪技术、烹饪艺术所达到的水平。

书中有不少是用中草药加工制配的食疗饮馔。如"萝菔面"这一条下称:"王医师承宣常捣萝菔汁搜面使饼,谓能去面毒。"而"麦门冬煎",则是纯药物,其标目下称:"春秋采根去心,捣汁和蜜,以银器重汤煮熬,如饴为度,贮之磁器内,温酒化温服,滋益多益。"由此可见是用纯药物加工和蜜制成,并加温酒后服用

的一种保健饮料。

总之，此书对了解江南饮食风貌和南宋烹饪历史提供了很好的史料。

8.《饮膳正要》

《饮膳正要》为元代著名的营养学家忽思慧所撰的一部营养学专著。

元世祖忽必烈时，在皇宫里专设"掌饮膳太医四人"。忽思慧因在营养饮食方面的造诣较高被选中，担任了专门负责宫中饮食搭配工作的饮膳太医。

任职期间，忽思慧不仅积累了丰富的饮食营养知识，更熟识了烹调技术等多方面的技能。他又兼通蒙、汉医学，几年之后，他总结前人的研究成果，并结合了自己获得的饮食营养知识，于天历三年（1330 年）编著了《饮膳正要》一书。这部著作因得到了明代宗朱祁钰的肯定，并为之作序，得以完整地保存下来。

《饮膳正要》全书共三卷，除了记载帝王圣祭、养生避讳之外，还记有食珍九十四谱，食疗方六十一谱，汤煎方五十五种，另有若干饮水方和"神仙方"。书中记载的食疗方和药膳方堪称丰富，不仅特别注重阐述各种饮食的滋补作用和性味，并且还记载有妊娠食忌、乳母食忌、饮酒避忌等内容。

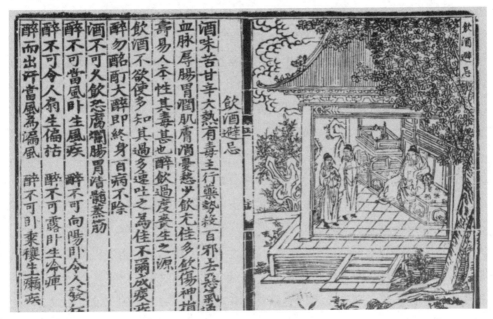

《饮膳正要》内页书影

《饮膳正要》中还制订出了一套饮食卫生法则，记载了一些饮食卫生、营养疗法，乃至食物中毒的防治问题。

在《饮膳正要》中，忽思慧将历代宫廷中的美味珍馐集合起来，总结了前人的养生经验，强调"药补不如食补"的观念。

《饮膳正要》虽是宫廷贵族的饮食指南，但是这部书一反皇帝食谱中遍布山珍海味的常规，反而重视起粗茶淡饭的滋补价值，把补气益中的羊馔放到了首位。在药补方面，人参、鹿茸、灵芝一类的名贵补品也并没有大量出现，反而是首乌、茯苓这类的普通药品多次列出。书中倡导的饮食有节、注意食物多样化和季节调养的饮食营养观既务实又朴素。

《饮膳正要》中还包括医疗卫生，以及历代名医的验方、秘方和具有蒙古族饮食特点的各种肉、乳食品等内容，使其已经超越了饮食典籍的界限，有了医疗研究方面的意义。这部蒙汉医学和饮食交流产物的著作，对研究元代宫廷生活和当时的文化也有一定的参考价值。

9.《饮食须知》

《饮食须知》，作者贾铭（约1269—1374），字文鼎，号华山老人，浙江海宁人，元代养生家。

贾铭在《饮食须知》自序中说：写这本书的目的在于能够让注重养生的人们了解饮食之物性有相反相忌的作用，在日常饮食中要多加注意，适度饮食。否则的话，轻则五内不和，重则立生祸害。因此，《饮食须知》选录许多本草疏注中关于物性相反相忌的部分编成书，以便帮助人们掌握饮食的调配方法，避免因饮食搭配不当而给人身体健康造成损害。

《饮食须知》全书八卷，对360种食物的性味、相忌、相宜等进行了详细的说明，是一部专论饮食宜忌的养生专著。第一卷水类30种，火类6种；第二卷谷类50种；第三卷菜类86种；第四卷果类59种；第五卷味类33种；第六卷鱼类65种；第七卷禽类34种；第八卷兽类40种。另附几类食物有毒、解毒、收藏之法。

《饮食须知》从"饮食精以养生""物性有相反相忌"的角度出发，对食物的性味、反忌、毒性、收藏等性质进行了编选介绍，同时也提出了"养生者未尝不害生"的观点，不仅对饮食烹饪有重要的参考价值，对人们的日常生活也有一定的指导意义。

10.《云林堂饮食制度集》

《云林堂饮食制集》，是反映元代无锡地方饮食风格的烹饪专著。作者倪瓒（1301—1374），元代无锡人，字元镇，号云林。他是元代著名画家，元末隐居于太湖和三泖之间，家有云林堂，因而将所著菜谱定名为《云林堂饮食制度集》。

这是一部反映元代无锡地方饮食风格的烹饪专

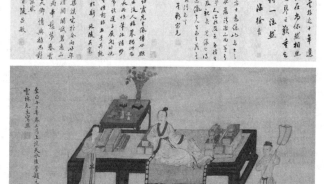

[明]赵元《倪瓒写照》

著。书中汇集饮食五十多种，都以菜品命题，逐条而记，除记述原料、配料外，都说明烹饪方法，颇有参考价值。

书中有不少菜肴，如烧鹅、蜜酿蝤蛑、煮麸干、雪菜、青虾卷等，都是做得比较精致的。书中菜肴有些被后世烹饪书籍复录，特别是"烧鹅"一品，清代袁枚在《随园食单》中加以录用，并改用倪瓒之号题名为"云林鹅"。此外，日本羽仓则《养小录》中也将其烧鹅收入，可见此菜确实是独具风味，驰名中外。

另一道"蜜酿蝤蛑"也很有特色，如今的苏式名菜"芙蓉蟹斗"（一名"雪花蟹斗"）正是在其基础上发展起来的。

书中菜肴以鱼、虾、蟹、螺及湖泊水蔬为多，正是著者家居水乡的饮食特色的反映。

11.《吴氏中馈录》

"中馈"指女子在家中主管的饮食之事，以"中馈录"命名的中国古代食谱有元代浦江吴氏《中馈录》和清代曾懿《中馈录》两种，两位著录者均为女性。

主中馈之事的女性一向甚少受到关注，鲜有留下中国古代女性烹饪经验的书面记载，因此两本《中馈录》在众多古代食谱中显得独特且珍贵。

吴氏，元代浙西浦江人，生平不详。她特别擅长私家菜的烹制，所做的菜多取材于浙江地方原料，做工精细，以家常小菜为主，非常具有创意。其中腌制、酱制、腊制等诸多方法很具有实用价值，当中的很多技法一直流传至今。

吴氏不仅烹饪技艺高超，也是一位有名的才女。她对民间烹饪实践进行总结与整理，收集了浙西南地区76种菜点的制作方法，著成以吴氏菜谱命名的饮食专录——《吴氏中馈录》。《吴氏中馈录》是中国历史上一部重要的烹饪典籍。全书共分脯鲊、制蔬、甜食三部分，所载菜点采用炙、腌、炒、煮、焙、蒸、酱、糟、醉、晒等十几种烹饪方法，代表了宋代浙江民间烹饪的最高水平，有些做法至今还在江南一些地区流行。

《吴氏中馈录》不仅丰富了流传已久的"私家菜"品种，使得家常宴饮化平凡为神奇，更为中国的传统饮食文化做出了重要的贡献。

关于另一本《中馈录》，其作者是清代女名医、女诗人曾懿，清咸丰二年（1852年）出生于四川华阳县（今四川成都）。她所著的这本《中馈录》是一本医书，书中共收录二十道食谱，包括肉食、河鲜、点心、调味料等。

12.《宋氏养生部》

《宋氏养生部》为明代松江华亭人宋诩所编。

南宋时期，浙江民间还出现一位著名女厨宋五嫂。相传，她曾经在钱塘门外做鱼羹，因得到宋高宗的赞赏而闻名，其名至今与名菜"宋嫂鱼羹"一起流传于世。

宋五嫂，本姓朱，嫁于宋氏人家，随丈夫姓，又被人们称为宋氏。宋氏善于烹饪，曾经多年作为官府的主厨，因此擅长官府菜。在平日闲暇之时，宋氏将几十年的厨艺经验都转述给了她的家人。至明代，其后人宋诩将其汇集编成了《宋氏养生部》六卷。

第一卷介绍内容有茶制、酒制、酱制、醋制；第二卷介绍面食制、粉食制、蓼花制、白糖制、蜜煎制、汤水制；第三卷为兽属制、禽属制；第四卷为鳞属制、虫制；第五卷为苹果制、羹制；第六卷为杂造制、食药制、收藏制、宜禁制。每一类下还分若干的详细目录，记载各种食品的制法。

此书共收集菜肴1300余种，成为中国古代食物制作的著名典籍。

因宋氏曾经在官府厨房任职，书中所收录的菜品多为官府菜。

此书有很强的实用性，收录的菜肴品种齐全、风味多样，是中国食品制造加工史上有里程碑意义的饮食著作。

13.《易牙遗意》

《易牙遗意》，是元明之际的食疗家韩奕撰著的一部饮食专书。

韩奕，字公望，号蒙斋，平江（苏州人）。生于元文宗时，入明隐居，终于布衣。

此书托名齐桓公时的名厨易牙，称为《易牙遗意》，实意是仿古代食经之作。

全书分上、下两卷，上卷为酝造、脯鲊、蔬菜三类，下卷为笼造、炉造、糕饼、汤饼、斋食、果实、诸汤、诸药、食药九类。共记载了150多种调料、饮料、糕饼、面点、菜肴、蜜饯、食药的制作方法，内容非常丰富。

此书菜肴有四大特色：一是浓淡适宜，适应面广。二是制法简明，一看便能制作，如蒸鲥鱼、炉焙鸡、糖蒸茄、肉油饼、五香糕等。三是收录了一些比较特殊的菜点的制法，具有重要的史料价值，如"火肉"，即火腿的熏制法就别具特色。四是将饮食和治病结合起来，其中"食药类"收录了13种食药的制法。

后来，明代的周履靖因推崇名厨易牙的手艺，延续了韩奕精神，而写了《续易牙遗意》一书，也是托名的仿古食经之作。

周履靖（1549—1640），明隆庆、万历间人，字逸之，初号梅墟，改号螺冠子，晚号梅颠，嘉兴（今浙江嘉兴）人。擅丹青，尤攻书法，对其历代养生食疗方法有卓越贡献，著有《夷门广牍》《青莲筋咏》《赤凤髓》《万寿仙书》等。

《续易牙遗意》为食品制作专著，书中在《易牙遗意》的基础上增加介绍了荔枝汤、乌梅汤等55种食品的制作方法和各种蔬菜的贮存方法。除制作水果、蔬菜等可以入药外，其佐料也有不少常用中药，其食疗作用无疑。

周履靖《夷门广牍》书影

14.《饭有十二合说》

在清初众多有关饮食的著作中，能够全面体现士大夫饮食文化意识的是张英的《饭有十二合说》。

张英（1637—1708），字敦复，号乐圃，安徽桐城人。张家累代簪缨，属于世代显贵之列，但他这篇小品中所表达的饮食意识则纯粹是士大夫的，这可能与他出身科举、耕读观念特别执着有关。

"饭有十二合"，就是说进餐的美满需要有十二个条件配合才合适。全文 12 节，可分 7 部分。

第一部分是主食，包括一节之"稻"和二节之"炊"。两则讲主食米饭原料的选择与烹饪。

张英书法

第二部分为副食，包括"肴""蔬""脩""菹""羹"五条。所言皆为佐餐下饭的副食，包括用鱼肉烹制而成的荤菜（肴）、蔬菜（蔬）、肉干（脩）、咸菜（菹）、汤菜（羹），比较全面地反映了中国的副食状况。

第三部分为"茗"，饮茶是进餐过程中不可缺少的环节，南方士大夫更是如此。吃饭时肴核杂陈，荤腥并进，唯赖最后一杯清茶涤齿漱口，利胃通肠，以维持"清虚"之感。作者认为有好水好茶，自己亲自烹煮才是莫大的清福。

第四部分为"时"，指进餐要在适当的时间。另外，"时"还有一个含义，即"定时"。作者主张"思食而食"，还包含有追求放浪生活之意，他把自己对待生活的态度也渗入饮食生活中了。

第五部分为"器"，指餐具。美食与美器的和谐统一是中国传统饮食文化理论的一个重要方面。张氏认为食器以精洁瓷器为主，这种主张简便易行，既不奢侈，又考虑到器物与肴馔的统一，能突出食物之美。

第六部分为"地"，指进餐的地点与环境。进餐要注意选择环境。

第七部分为"侣"，指一起进餐的伴侣。张氏此条所表达的也是指在进餐的同时感受到情感的温馨。

张英的这篇小品，将前代士大夫的饮食生活艺术加以总结、归纳，成为研究士大夫饮食文化的重要材料。

15.《随园食单》

袁枚（1716—1798），字子才，号简斋，浙江钱塘人。清代著名的学者、诗人、文学家、饮食文化理论家、烹饪艺术家。他一生著有《小仓山房诗文集》《随园随笔》《随园食单》等30余部文学艺术作品。

袁枚利用自己广博的见识、深远的见解所著的《随园食单》一书，可谓品位高雅、依据真实，给当时的饮食文化带来了巨大影响。在今天，其中的许多观念仍然值得我们学习和借鉴。

全书分为须知单、戒单、海鲜单、江鲜单、特牲单、杂牲单、羽族单、水族有鳞单、水族无鳞单、杂素单、小菜单、点心单、饭粥单和菜酒单14个方面。

在《随园食单》中，袁枚系统论述了清代烹饪技术，涵盖了南北菜品的菜谱。书中用大量的篇幅系统介绍了从14世纪到18世纪中叶流行于南北的342道菜点、茶酒的用料和制作，有江南地方风味菜肴，也有山东、安徽、广东等地方风味食品。

在书中，作者还表达了对饮食卫生、饮食方式

袁枚《随园食单》

和菜品搭配等方面的观点。这些观点在今天看来依然实用,读来让人获益匪浅。

袁枚认为:美食之美不在数量而在质量,要讲求营养。袁枚的这种饮食观念也渗透进了他平时的饮食习惯之中。

袁枚在《随园食单》中谈到,食物搭配也要"才貌"相适宜,烹调必须要"同类相配""要使清者配清,浓者配浓,柔者配柔,刚者配刚,方有和合之妙"。可见,袁枚对食物之间的搭配是相当看重的。

袁枚认为,饮食要讲求卫生。他强调:菜肴再美味,如不卫生,必定让人难以下咽。

对饮食用具,袁枚也要求很严格:一定要专器专用,"切葱之刀,不可以切笋;捣椒之臼,不可以捣粉";常用的饮食器具要清洁,"闻菜有抹布气者,由其布之不洁也;闻菜有砧板气者,由其板之不净也";好的厨师应该做到"四多",良厨应"多磨刀、多换布、多刮板、多洗手,然后治菜"。

袁枚要求菜"味要浓厚,不可油腻;味要清鲜,不可淡薄"。在吃饭之时,袁枚主张严格按照上菜顺序来放置菜肴,要"咸者宜先,淡者宜后;浓者宜先,薄者宜后;无汤者宜先,有汤者宜后"。

袁枚还认为:饮食只有按照节令而用之,才能强身健体。

《随园食单》展示了作者对饮食的讲究,蕴含了他的情趣与人生观。这种生活哲学和思考,正是菜谱的精髓所在。

这部书系统论述和阐释了饮食文化理论、烹饪技艺、南北茶点制作技术等方面的内容,集中体现了袁枚的饮食美学思想、饮食烹饪技艺思想和饮食保健思想,是中国古代饮食文化的精髓之作。

千年甘苦双箸间:古代筷子简史

华夏民族在历史上拥有过世界各地区常用种类的进食具。在所有以往使用过的进食具中,筷子具有比之刀、叉还要轻巧、灵活、适用的优点。我们的历史曾经淘汰了叉子,但筷子的地位依然稳如泰山,一丝也没有动摇。

最能体现中国饮食文化特色的筷子，被看作是中国的国粹之一。比起勺子和叉子来，国人对筷子有更为特别的感情，朝夕相处，每日作伴，"不可一日无此君"。

筷子又称箸，它的使用可能已有近6000年的历史。在《礼记》上就记着"子能食食，教以右手"，就是说孩子到能吃饭的时候，你一定教他用右手拿筷子吃饭。

中国古代箸的出现要晚于餐勺。自从箸出现以后，它便与餐勺一起，为人们的进食分担起不同的职能。

虽然箸的形状是那样的小巧，不过考古发掘获得的古箸数量却不少。考古发现的各时代的筷子，有骨质的，有铜质的，也有金、银、玉和竹木质地的。

年代最早的古箸出自安阳殷墟1005号墓，有青铜箸6支，为接柄使用的箸头。

湖北清江香炉石遗址发掘时，在商代晚期和春秋时代的地层里都出土有箸，有骨箸，也有象牙箸，箸面还装饰着简练的纹饰。

春秋时期的箸还见于云南祥云大波那木椁铜棺墓，墓中出土铜箸二支，整体为圆柱形。到了汉代，箸的使用非常普遍，它也被大量用作死者的随葬品。

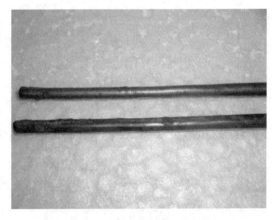

古代青铜箸

发现汉代的箸除铜箸外，多见竹箸，湖北云梦大坟头和江陵凤凰山等地，都出土了西汉时的竹箸。

云梦大坟头一号汉墓出土竹箸16支，一端粗一端细，整体为圆柱形。马王堆汉墓也有竹箸出土，箸放置在漆案上，案上还有盛放食品的小漆盘、耳杯和酒卮等饮食器具。

在云梦和江陵汉墓出土的竹箸，一般都装置在竹质箸筒里，有的箸筒还有几何纹彩绘图案。

东汉时的箸，考古发现的大都是铜箸。湖南长沙仰天湖八号汉墓发现的铜箸二支，首粗足细，整体为圆柱形。

在山东和四川等地的汉墓画像石与画像砖上，也能见到用箸进食的图像。

隋唐时期的箸，考古发现较多，箸的质料有明显变化，很多都是用白银打制

的，文献记载唐代还有金箸和犀箸。

考古所见年代最早的银箸，出自长安隋代李静训墓，箸两端细圆，中部略粗。

浙江长兴下莘桥发现的一批唐代银器中，有银箸 30 支，也是中部稍粗。

江苏丹徒丁卯桥出土的一批唐代银器中，有箸 36 支，一端粗一端细。

隋唐时期的箸，大都为首粗足细的圆棒形，长度一般在 28~33 厘米。

宋代的箸，考古发现也不少。如江西鄱阳湖北宋大观三年墓出土银箸两双，长 23 厘米，首为六棱柱形，足为圆柱形。四川阆中曾意外发现一座南宋铜器窖藏，一次出土铜箸多达 244 支，铜匙 111 件，铜箸首部亦为六棱形，足为圆柱形。成都南郊的一座宋代铜器窖藏中，发现首粗足细的圆柱形铜箸 32 支。

元代的箸略有增长的趋势，如安徽合肥的一座窖藏中有银箸 110 支，其中长 25.6 厘米的有 106 支，首部截面呈八角形。

宋、辽、金、元时期的箸，形制比起以往，并没有明显的变化，大都是圆柱形或圆锥形，也有六棱形、八棱形，比较重视箸首的装饰。长度一般为 23~27 厘米，最短的为 15 厘米。明清两代，箸的形状有了明显变化，流行款式大都是首方足圆形，也有圆柱形的。

明代开始有了类似现代这样的标准的首方足圆箸。四川珙县悬棺中发现竹箸一支，首方足圆、满髹红漆，上有吉祥话语题字。

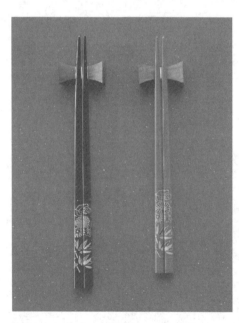

筷子

清代的箸，由帝妃使用的箸品可见其奢华。光绪二十八年（1902 年）二月《御膳房库存金银玉器皿册》记载了当时宫中所用的餐具，其中筷子有：金两镶牙筷 6 双、金镶汉玉筷 1 双；紫檀金镶双丝嵌玉筷 1 双；紫檀金银双丝嵌玛瑙筷 1 双；紫檀金银双丝嵌象牙筷 16 双；紫檀双丝嵌玉镶牙筷 2 双；银镀金两镶牙筷 1 双；包金两镶牙筷 2 双；铜镀金驼骨筷 8 双；铜镀金两镶牙筷 2 双；银镀金筷 2 双；银两镶牙筷大小 35 双；紫檀双丝嵌玉金筷 1 双、象牙筷 10 双；银三镶绿秋角筷

10 双；银两镶绿秋角筷 10 双；乌木筷 14 双。这些筷子用料珍贵，制作考究。

清代箸的款式，与现代箸已少有区别，首方足圆为最流行的样式，箸面还出现了图画题词。工艺考究的箸不仅是实用的食具，也是高雅的艺术品。

常见的筷子往往是底部为圆形，上部为方形。这与我国古代认知天圆地方相对应，这是古时古人对世界对自然的认知。

在筷子的使用过程中，往往拇指食指在上面，无名指、小指在下方，中指为中，这个则对应天、地、人，正所谓天时地利人和也，三者需要互相配合。

可见，筷子从形状到使用，都已经与中国文化紧密相连。

南宋女诗人朱淑贞的《咏箸》云：

两个娘子小身材，捏着腰儿脚便开。
若要尝中滋味好，除非伸出舌头来。

明代诗人程良规《咏竹箸》则写道：

殷勤向竹箸，甘苦尔先尝。
滋味他人好，尔空来去忙。

二诗均借筷子喻人，别有意味。

质洁瓦缶胜金玉：风格各异的古代餐具

中国古代的餐具在数千年发展过程中，随着文化和生产技术的发展进步，国人饮食结构和饮食方式的变化，无论种类、形制，还是材质和生产工艺，都经历了由单一、简陋向丰富、多样、精致的变化。

中国古代餐具按照材质可分为陶器、瓷器、青铜器、金银器、玉器、漆器等六大类。不同器具的美，都带给了食者美妙的享受。

中国古代餐具按功能来分主要有进食器、盛食器和贮食器三类。进食器主要有匕、箸、勺、匙等；盛食器主要有皿、簋、簠、豆、盂、案、俎等；贮食器主要包括瓮、瓶、壶等。此外，还可加上各种酒具和茶具等。

下面简要介绍几种。

1. 盘

在盛食器具中最为常见的是盘，新石器时代陶盘就已经广泛使用，此后盘一直是餐桌上不可或缺的盛食用具。

盘是中国古代食具中形态最为普通、形制最为固定、年代最为久远的器皿，包括陶、铜、漆木、瓷、金银等多种质料。最为常见的食盘是圆形平底的，也有方形的。

2. 碗

碗也是中国饮食用具中最常见、生命力最强的器皿。

碗似盘而深，形体稍小，最早产生于新石器时代早期，历久不衰且品类繁多。商周时期稍大的碗在文献中称为"盂"，既可盛饭，也可盛水。

秦以后盂的功能和名称发生变化，既可盛水，也可盛粥盛羹，形态越来越小。

3. 盆

新石器时代的陶盆也是食器，式样较多，多为圆形。

秦汉以后盆的质料虽多，但造型一直比较固定，与今天所用基本无异。

4. 豆

豆在古代是用来盛放食品的器具，是一件加有高底座的浅盘。

新石器时代晚期就已经产生了陶豆。除陶豆以外，还有木豆、竹豆，商周以后更盛行青铜豆。

豆沿用至商周时期，至汉代已基本消亡。

[战国] 错金变体夔纹铜豆

5. 俎

俎的历史十分久远，据考古发现，夏商周时期就已经出现俎，当时既有石俎，又有青铜俎。

俎既可用来放置食品，也可用来做切割肉食的砧板。

当时的俎也是祭祀用的礼器，使用介于镬鼎、升鼎和豆之间，是承载、切割肉食的器具，常常"俎豆"连用。

俎

6. 案

案和俎在形态和功用上颇为相似，秦汉之后人们便开始将这类器具称为"案"。

案大致可分两种：一种案面长而足高，可称几案，既可作为家具，又可用作"食案"；另一种案面较宽，四足较矮或无足，上承盘、碗、杯、箸等器皿，专作进食之用，可称为棜案。

7. 簋

簋仅存在于夏商周时期，是一种圆形的大碗，方形的则叫作簠。簠簋常连用，专指商周时期的青铜盛食器。在青铜器产生之前，此类器物是陶质或竹木质。在当时这种器具除作为日常用具外，更多地用作祭祀礼器，且多与鼎连用。

簋

8. 盒

盒产生于战国时期，流行于西汉早中期，是一种由盖、底组合成的盛器，用以装放食物，有的盒内分许多小格。

自西汉至魏晋，流行于南方地区，被称为八子樏。后来发展出方形，统称为多子盒。无盖的多子盒又叫格盘。

此类器具均是用来盛装点心。

9. 敦

敦产生于春秋中期，呈圆球状或椭圆状，由
上下两个造型完全相同的三足深腹钵扣合而成。
上、下均有环形三足两耳，一分为二，上体为盖，
倒置后也可盛食，与器身完全相同。

可见，敦的形态是由鼎和簋相结合演变而
成的。

敦

10. 勺

在古代的饮食活动中，筷子的出现并不是孤立的。在仰韶文化遗址中，还发
现了匕匙（即勺），勺子与筷子往往是一同出现并配合使用的。

勺在功能上可分为两种：一种是从炊具中捞取食物盛入食具的勺，同时可兼
作烹饪过程中搅拌翻炒之用，古称匕，类似今天的汤勺和炒勺；另一种是从餐具
中舀汤入口的勺，形体较小，古称匙，即今天所俗称的调羹。

早期的餐勺往往是兼有多种用途的，专以舀汤入口的小匙的出现应是秦汉及
其以后的事。

考古发现最早的餐勺距今已有 7000 余年的历史，属新石器时代。当时的勺
既有木质、骨质品，也有陶质的。

夏商周时期出现铜勺，带有宽扁的柄，勺头呈尖叶状，自铭为匕，即勺头展
平后形如矛头或尖刀，"匕首"之称即指似勺头的刀类。

战国之后，勺头由尖锐变为圆钝，柄也趋细长，此形态一直为后代沿袭。

秦汉时流行漆木勺，做工华美，并分化出汤匙。

此后，金、银、玉质的匕、匙类也日渐增多，餐桌上的器具随着食具的多样
而更加丰富了。

华鼎陋灶炮清香：**古代人的炊具**

中国食器文化源远流长，炊具一直被视为食器文化的重要内容。

中国历史上最原始的炊具就是在土地上挖成的灶坑，这种灶坑在新石器时代甚为流行，并发展为后世的用土或砖垒砌成的不可移动的灶。

秦汉以后，绝大多数炊具必须与灶相结合才能进行烹饪活动，灶因此成为烹饪活动的中心。

除灶之外，古代炊具主要有鼎、鬲、甑、釜、甗、鬶、斝等。

1. 鼎

鼎，是中国古代的一种煮食器，材质以青铜或陶为主。

除了作为食器，也有鼎是被用作承放食物或佐料的盛器、祭祀神明和祖先的礼器、陪葬的明器，甚至还有的被用作刑具。

新石器时代的鼎是上古时期的主要炊具之一。到了商周时期，开始盛行青铜鼎，有圆形三足，也有方形四足。因功能的不同，又有镬鼎、升鼎等多种专称，主要是用来煮肉和调和五味。青铜鼎多在礼仪场合使用，而日常生活所用主要还是陶鼎。

鼎

秦汉时期，鼎作为炊具的意义已大为减弱，演化成标示身份的随葬品。

秦汉以后，鼎变为香炉，完全退出了饮食领域。

2. 鬲

鬲，是中国古代的一种炊器，用于烧煮加热。

在青铜鬲出现之前，陶鬲一直是主要的炊器。考古发掘证实，最早的鬲产生

鬲

于新石器时代晚期，到了战国时期鬲就已经退出历史舞台，所以文献中关于鬲的记载很少。

在制作陶鬲时，一般要在黏土中加入一定比例的砂粒、蚌粉或谷壳，以便在煮食过程中能承受高温并保存热量。

鬲的外形似鼎，但三足内空，目的是为了增大受热面积以更好地利用热能。它的主要用途是煮粥、制羹和烧水，同时也作为祭祀用的礼器而存在于夏商周时期。

3. 甑

甑是一种复合炊具，只有和鬲、鼎、釜等炊具组合起来才能使用，相当于现在的蒸锅。

甑就是底部有孔的深腹盆，是用来蒸饭的器皿。它的镂孔底面相当于一面箅子，把它放置在炊具上，炊具中煮水产生的蒸汽通过中空的内柱进入甑内，并经由柱头的镂孔散发开来，由于上部加有严密的盖，柱头散发的蒸汽无法外泄而只能弥漫于腹内，其热量就把围绕中柱放置的食物蒸熟。

甑

4. 釜

釜产生于新石器时代中期，在古代曾写作"鬴"，实际就是圆底锅。"釜底抽薪"的"釜"，即是此义。

商周时期有铜釜，秦汉以后则有铁釜。带耳的铁釜或铜釜叫鍪。

大多数情况下，釜是放置在灶上使用的。釜单独使用时，需悬挂起来在底下烧火。

釜口也是圆形，可以直接用来煮、炖、煎、

釜

炒等，可视为现代所使用"锅"的前身。

5. 甗

甗是中国古代的一种复合炊具，下部烧水煮汤，上部蒸干食。

陶甗产生于新石器时代晚期，商周时期有青铜甗，秦汉之际有铁甗。东汉之后，甗基本消亡，所以现代汉语中没有相关的语汇。

甗在器形上可分为连体甗及分体甗。东周之前的甗无论陶制还是铜制，多是上下连为一体的；东周及秦汉则流行由两件单体器上面的甑和下面的鬲扣合而成。

甗

6. 鬶

鬶是中国古代炊具中个性最为鲜明的一种炊具，它是将鬲的上部加长并做出流口，一侧再安装上把手而成。

鬶只流行于新石器时代晚期的大汶口文化和山东龙山文化，其他地域罕有发现。

鬶的功用与鬲相同，也是烹煮食品的器具，但因它具有尖嘴和把手，所以无需借助于勺而可以直接将煮好的食品倒入食具且不致溅溢，因而在功能上较鬲先进。

鬶

7. 斝

陶斝产生于新石器时代晚期，当时也是空足炊具之一，是煮水煮粥的炊具。

进入夏商周时期，斝变为三条实足，且多用青铜制成，但已是酒具而不是炊具了。

商代以后，斝由盛转衰以至绝迹。

斝

人间有味是清欢：古代小吃文化

中国餐饮文化博大精深，风味小吃在中国的饮食文化中也是品类众多、琳琅满目。

中国地方风味小吃种类丰富，有面点、肉类，有甜的、咸的、辣的，有蒸的、煮的，数不胜数。

地方小吃不只是简单的地方风味食物，它也是区域人群的感情维系的纽带。

由于气候条件、饮食习惯的不同和历史文化背景的差异，中国的小吃在选料、口味、技艺上形成了各自不同的风格和流派。人们一般以长江为界限，将小吃分为南北两大风味，具体地又将其分成京式、苏式、广式三大特色小吃。

1. 京式风味小吃

京式小吃指黄河以北大部分地区制作的小吃，包括华北、东北等地，以北京为代表。

京式小吃历史久远，许多民间小吃还成了御膳名品，如芸豆卷、豌豆黄。

由于北京作为都城，先后有不同民族的统治者，所以北京小吃又融入了汉、回、满各族特色以及沿承的宫廷风味特色。在小吃烹调方式上，更是煎、炒、烹、炸、烤、涮、烙样样齐全。

北京小吃比较有名的有绿豆糕、玫瑰饼、萨其马、藤萝饼、卤煮火烧、豌豆黄、豆汁、焦圈、爆肚、驴打滚、艾窝窝、炒肝、炸灌肠、白水羊头、一品酥脆煎饼、干锅鸭头等。

2. 苏式小吃文化

苏式小吃指长江中下游江、浙一带制作的小吃，以江苏省为代表。

苏州风味小吃与刺绣、园林并称为"苏州三绝"。其中最负盛名的是苏州糖年糕，相传起源于吴越，至今民间还流传着伍子胥以糯米粉制作城砖解救百姓的传奇故事。

苏式小吃继承和发扬了本地的传统特色，具有浓厚的乡土风味。南京夫子庙、苏州玄妙观、无锡崇安寺、常州双桂坊、南通南大街和盐城鱼市口等都是历史悠久、闻名遐迩的小吃群集地，这里名店鳞次栉比，名师荟萃，集当地传统小吃之大成。

苏州小吃的文明不仅在于其品种繁盛、制作多样，还有一大批文人学士为其增加了几分文化意蕴。

苏式小吃比较有名的有糖年糕、葱油火烧、三丁包子、蟹黄烧麦、烧麦、黄天源糕点，苏式糖果、苏式蜜饯、鸭血粉丝汤、鸭油烧卖、酥油饼、重阳栗糕、鲜肉粽子、虾爆鳝面、紫米八宝饭等。

3. 广式小吃文化

广式小吃指中国珠江流域及南部沿海一带制作的小吃，以广东省为代表。

［清］吕焕成《春夜宴桃李园图》

广式小吃是在博采众长中形成的。由于受到北方饮食文化的影响，广式小吃中出现了面粉制品。

此外，广式小吃还受到西点影响。唐代，广州已成为著名港口，与海外各国交往密切。尤其是鸦片战争后，广州的面点师吸取西点制作技术精华，形成了中点西做的特色。如甘露酥就是吸取了西点混酥的制作技术。

广式比较有名的有马岗鸡仔饼、皮蛋酥、冰肉千层酥、双皮奶、野鸡卷，均安煎鱼饼、龙江煎堆、肇庆裹蒸粽、广东月饼、酥皮莲蓉包、薄皮鲜虾饺及第粥、玉兔饺、干蒸蟹黄烧麦、鸭母念、牛肉果条、潮州牛肉丸、胡荣泉捞饼等。

除京式小吃、苏式小吃、广式小吃外，还有西北的秦式小吃、西南的川式小吃等，数不胜数，这也体现了中国小吃文化的博大精深。

诗朋酒侣花酒宴：古代名宴

宴会是中华传统文化的重要组成部分，宴会的形式、其中的礼仪和宴会上的游乐方式等不同程度地影响了我们的文化。

在中国历史上，载入史册的宴会场景也不在少数。

1. 古代宴会

宴会，古时也称为"燕会"，是以酒肉款待宾客的一种聚餐活动。

隋唐以前，古人不使用桌椅，屋内先铺在地上的粗料编织物叫"筵"，加铺在筵上规格较小的叫"席"（细料编成）。宴饮时，座位设在席子上，食品放在席前的筵上，人们席地坐饮。后来使用桌椅，宴饮由地面升高到桌上进行。

明清时有了"八仙桌""大圆桌"，宴会形式已经改变，宴席却仍被沿称为"筵席"，座位仍沿称"席位"，筵席与酒席成了同义词。

我国历史上的宴会，名目繁多。除了通常所说的"国宴""军宴"外，还有各级官府举行的宴会统称"公宴"，私人举办的"婚宴""寿宴""接风""饯行"等宴会统称"私宴"。

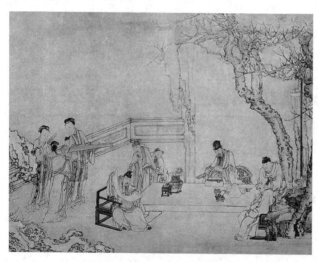

黄慎《春夜宴桃李园图》（局部）

有的以规格高低，规模大小、仪式繁简，划分为"正宴""曲宴""便宴"。

有的以设宴场所分为"殿宴""府宴""园亭宴""船宴"等。另如秦末项羽在鸿门宴刘邦，史称"鸿门宴"；汉武帝在柏梁台宴群臣，称"柏梁宴"；唐代皇帝每年在曲江园林宴百僚，史称"曲江宴"；唐代新进士在曲江池杏园举行宴会，称为"杏园宴"。

有的以筵席间的珍贵餐具命名，有"玳瑁筵""琥珀宴"等。

有的以宴间所奏的乐歌命名，如地方官员为乡试得中的举人设宴时，必奏《鹿鸣》之曲，诵《鹿鸣》之诗，称为"鹿鸣宴"。

有的还以筵席上必备的食品命名，如唐代最讲究的"樱桃宴"，唐、宋时的"汤饼宴"等。

这些绚丽多姿、异彩纷呈的宴会，为中国古代饮食风俗增添了丰富的内容。

2. 孔府宴

孔府是孔子及其后人居住的地方，古代尊孔之风的盛行，使得孔府历经两千多年而不衰。孔府在古代的地位非同一般，兼具家庭和官府职能。

当年孔府接待贵宾、袭爵上任、祭日、生辰、婚丧时特备的高级宴席，经过数百年不断发展形成了一套独具风味的家宴。

孔府宴礼节周全，程式严谨，是中国古代宴席的典范。

（1）融汇百家的孔府菜。

历代孔府的主人们需要迎待圣驾，向皇宫进贡、宴请钦差大臣、接待各级祭孔官员，再加上府内的婚宴、寿宴、丧礼的需要，因此孔府饮食的讲究和精美，堪称中国古代宴席的典范。

孔府菜的历史十分久远，是吸取了全国各地的烹调技艺而逐渐形成的。

由于孔府主人的特殊地位，孔府菜可以广泛吸收宫廷、官府和民间烹饪技艺特点。如孔府的很多内眷都是来自各地的官宦的大家闺秀，她们常从娘家带着厨师到孔府来。因此，各菜系的名厨相聚孔府，将烹调技艺发挥到极致，从山珍海味到瓜、果、菜、蔬都能制出美味佳肴。

孔府菜之荷花豆腐

此后，经过孔府历代名厨的精心创制，在继承传统的基础上，着意创新，自成一格，使得孔府菜成为中国烹饪文化宝库中的一颗瑰宝。

孔府菜的命名十分讲究，菜肴的名称寓意深远，体现了孔府书香门第的风雅之气。有的取名古朴典雅，富有诗意，如"一卵孵双凤""诗礼银杏""阳关三叠""白玉无瑕""黄鹂迎春"等。有的是投其所好引人入胜，如"带子上朝""玉带虾仁""珍珠海参""雪丽琥珀"等。有的名称用以赞颂其家世之荣耀或表达吉祥如意，如"一品锅""一品寿桃""一品豆腐"及"福、禄、寿、喜""万寿无疆""吉祥如意""全家平安""年年有余"等。

（2）孔府宴的等级。

孔府接待的人员很多，上自皇帝、王公大臣，下至地方官员、亲朋贵戚，以及各种庆典，因此，待客宴席根据饮宴者的身份或亲疏而划分成不同规格、不同等级。

据孔德懋（孔子七十七代嫡孙女）在《孔府内宅轶事》中介绍：最高级的酒席叫"孔府宴会燕菜全席"，又叫"高摆酒席"，每桌上菜130多道。这种酒席专门招待历代皇帝和钦差大臣。

"燕菜全席"最有特色的装饰品当属"高摆"，是用糯米面做成的，1尺多高，碗口粗，呈圆柱形，摆在四个大银盘中，上面镶满各种细干果，形成绚丽多彩的图案，连起来就是这个酒宴的祝词。

做高摆就像绣花一样，四个高摆就需要12名老厨师48小时才能完成。

这种酒席还要用特制的高摆餐具，瓷的、银的、锡的各种质地都有，都是专套定做，如果损坏一件就无法买到配齐，因此每次使用都要安排可靠的人专门照管餐具。

总之，"燕菜全席"规格极高，甚为讲究。

其次就是平时寿日、节日、婚丧、祭日和接待贵宾用的"鱼翅四大件"和"海参三大件"宴席。菜肴随宴席种类确定，是什么席，首个大件就上什么。大件之后还要跟两个配伍的行件。

如鱼翅四大件：开始先上八个盘（干果、鲜果各四），而后上第一个大件鱼翅，接着跟两个炒菜行件；第二个大件上鸭子大件跟两个海味行件；第三个大件上鲤鱼大件，跟两个淡菜行件；第四个大件上甘甜大件，如苹果罐子，后跟两个行菜，如冰糖银耳、糖炸鱼排。

3. 文会宴

文会宴是中国古代文人进行文学创作和相互交流的重要形式之一，形式自由活泼，内容丰富多彩，追求雅致的环境和情趣。

文会宴一般多选在气候宜人的地方，席间珍肴美酒，赋诗唱和，莺歌燕舞。

历史上许多著名的文学和艺术作品都是在文会宴上创作出来的。著名的《兰亭集序》就是王羲之在兰亭文会上写的。

历史上对于文会宴的记载不是很多，但是它代表了我国士大夫的饮食生活。

我国士大夫的生活态度以宋朝为"分水岭"。

在宋以前多数的士大夫希冀建功立业，情感豪放，而很少追求精细的膳品，如李白"烹牛宰羊且为乐，会须一饮三百杯"，杜甫的"酒肉如山又一时，初筵哀丝动豪竹"。

宋以后，越来越多的士大夫无法跻身上流社会，加之山河破碎，报国无门，从士大

[清] 冷枚《春夜宴桃李园图》

夫群体身上看不到豪放之气和外向精神，他们用精力专注于生活末节，包括饮食。

清代，士大夫的饮食生活更具有艺术化，具有情调，形成了别具一格的士大夫饮食文化。这时期，对于文会宴讲究质、香、色、形、器、味、适、序、境、趣的和谐统一，注重实惠、美味、情调和文化氛围，反对奢侈和过分的富贵气，体现出鲜明的清新淡雅之美。

4. 曲江宴

唐代是中国饮食文化史上的鼎盛时期之一，各类宴会不绝，其中尤以曲江宴最为著称。

曲江宴是曲江园内举办的各类宴会的通称，其中主要有宫廷盛宴、新科进士

宴等形式。

唐朝时的曲江园位于长安城东南方九公里处的曲江村，原为一片湿地池沼，景色十分秀丽。

曲江园最早建于汉代，唐玄宗开元年间又对曲江园林进行了大规模的修建营造，拓宽池区，在池中广植莲花，在两岸栽满奇花异草，并制作彩舟以供人们游览，还修建了紫云楼和彩霞亭等台榭楼阁。

从此，曲江园成为京城一带风光最美的园林。

每到三月，曲江园都会对普通民众开放，上自帝王，下至士庶，都可以在曲江池畔举行宴会活动。

那时，曲江园里处处张设宴席，皇帝贵妃们在紫云楼摆宴，高级官员在近旁的亭台设宴，翰林学士们则被特允在彩舟上畅饮，一般士庶就只能在花间草丛中设宴。

曲江园林里举行的各种宴会名目繁多，有宫廷盛宴、新科进士宴、春日游宴、探春宴、裙幄宴等多种形式，通称为曲江宴。

（1）宫廷盛宴。

唐玄宗时期，每年农历三月初三都在曲江园设宴，这是唐代规模最大的游宴活动。当时，不仅皇亲国戚、大小官员都可以带着妻妾、丫鬟、歌伎参加，还允许京城中的僧道和普通老百姓来曲江游览。一时间，万众云集，盛况空前。

唐代大诗人杜甫的《丽人行》中那句"三月三日天气新，长安水边多丽人"，描写的就是这种游宴活动的场景。

三月的曲江池碧波荡漾，岸边万紫千红，再加上京兆府和长安、万年两地园户们的花卉展览和商贾们展示的珠宝珍玩、奇货异物，更为这场盛宴锦上添花。

（2）新科进士宴。

在唐代，曲江边上的杏园是皇帝专门给新科进士赐宴的地方。唐中宗时，朝廷规定每年在三月，在曲江为新科进士们举行一次盛大的宴会以示祝贺。此宴因取义不同，异名甚多，有关宴、杏园宴、樱桃宴、闻喜宴等。前来参加宴会的人除了新科进士们，还有主考官、公卿贵族及其家眷，有时甚至皇帝也会来观看。

新科进士宴上的食品必须有樱桃，有时还有御赐的食物。

宴会上，新科进士们除了拜谢恩师和考官，还要到慈恩寺大雁塔上题名留念。

宴会快结束时，便从所有的新科进士中挑选出两位最年轻的才俊，骑两匹快马进入长安城内遍摘名花，被称作"探花郎"，后来科举第三名叫作"探花"即出于此。

诗人孟郊考取进士时已年过四十，不能做"探花郎"了，但他仍兴致勃勃地目送两名探花郎骑着高头大马，从曲江边绝尘而去，并写下了"春风得意马蹄疾，一日看尽长安花"的千古名句。

唐中后期诗人刘沧在唐宣宗大中八年（854年）考中进士，作为参加宴饮的人员之一，他以一首《及第后宴曲江》向大家描绘了一幅"曲江宴饮图"：

[明] 黄宸《兰亭曲水流觞图》

及第新春选胜游，杏园初宴曲江头。
紫毫粉壁题仙籍，柳色箫声拂御楼。
霁景露光明远岸，晚空山翠坠芳洲。
归时不省花间醉，绮陌香车似水流。

（3）春日游宴。

唐朝时，春日游宴是贵族子弟们的主要活动之一，也是表示他们不负春光的一种生活方式。

春日融融，和风习习，花红草青，空气清新，最适合郊游野宴，难怪唐人语出惊人："握月担风且留后日，吞花卧酒不可过时。"

据《开元天宝遗事》记载，长安阔少每至阳春都要结朋联党，骑着一种特有的矮马，在花树下往来穿梭，令仆从执酒皿跟随，遇上好景致则驻马而饮；还有人带上油布帐篷，以便在天阴落雨时，仍可尽兴尽欢。

（4）探春宴。

探春宴一般在每年正月十五过后的立春与雨水二节气之间举行。

据《开元天宝遗事》记载,探春宴的参加者多是官宦及富豪之家的年轻妇女。此时万物复苏,达官贵人家的女子们相约做伴,由家人用马车载帐幕、餐具、酒器及食品等,到郊外游宴。

女子们的游宴也分为两个部分。首先是踏青散步游玩,呼吸清新的空气,沐浴和煦的春风,观赏秀丽的山水。然后才选择合适的地点,搭起帐幕,摆设酒肴,一面行令品春(在唐代,"春"一是指一般意义的春季,二是指酒,故称饮酒为"饮春",称品尝美酒为"品春"),一面围绕"春"字进行猜谜、讲故事,作诗联句等娱乐活动,至日暮方归。

此外,女子们到此游宴还有一项主要活动——斗花。所谓斗花,就是青年女子们在游园时,比赛谁佩戴的鲜花更名贵、更漂亮。为了在斗花中获胜,长安富家女子往往不惜重金去购得各种名贵花卉。当时,名花十分昂贵,非一般民众所能负担,正如白居易诗云:"一丛深色花,十户中人赋。"

探春宴上,年轻女子们"争攀柳丝千千手,间插红花万万头",成群结队地穿梭于曲江园林间,争奇斗艳。

[唐]张萱《虢国夫人游春图》(局部)

(5)裙幄宴。

在每年三月初三上巳节前后,年轻女子们便趁着明媚的春光,骑着温良驯服的矮马,带着侍从和丰盛的酒肴来到曲江池边,选择一处景致优美的地方,以草地为席,四面插上竹竿,再解下亮丽的石榴裙连接起来挂于竹竿之上,这便成了女子们临时饮宴的幕帐。这种野宴被时人称为裙幄宴。

唐代女子用裙子挂于竹竿之上围成一圈做帷幕,看起来似乎有些荒唐,其实则不然。唐代的女服必有裙、衫、披三大件，将裙脱下来之后身上还有衫和披肩。唐人以裙宽肥为美，一般一条裙都是用六幅帛布拼接而成，华贵的则要用到七八幅，用来做帷幕确实再合适不过了。

宴饮过程中，女子们为使游宴兴味更浓，非常考究菜肴的色、香、味、形，并追求在餐具、酒器及食盒上有所创新。

这类野宴在一定程度上促进了中国古代烹调技艺、食具造型等的发展，也丰富了饮食品种。

唐时春宴非常盛行，朝廷也很支持这种活动，官员们甚至能享受春假的优遇。

唐中期以后，军阀混战，京城长安日渐萧条，加上黄渠断流，曲江池失去了水源，渐渐干涸。从此，一度盛行于唐朝、经历了 300 多个春秋的曲江宴逐渐成为历史。

5. 烧尾宴

烧尾宴是古代名宴，专指士子登科或官位升迁而举行的宴会，盛行于唐代，是中国欢庆宴的典型代表。

"烧尾"一词源于唐代，有三种说法：一说是兽可变人，但尾巴不能变没，只有烧掉尾巴；二说是新羊初入羊群，只有烧掉尾巴才能被接受；三说是鲤鱼跃龙门，必有天火把尾巴烧掉才能变成龙。这三种说法都有升迁更新之意，故取名"烧尾宴"。

据唐人封演所著《封氏闻见录》里专论"烧尾"一节来看还有其他的意义。封演说道："士子初登、荣进及迁除，朋僚慰贺，必盛置酒馔音乐，以展欢宴，谓之'烧尾'。说者谓虎变为人，惟尾不化，须为焚除，乃得为成人。故以初蒙拜受，如虎得为人，本尾犹在，气体既合，方为焚之，故云'烧尾'。一云：新羊入群，乃为诸羊所触，不相亲附，火烧其尾则定。"

可见，封演又记载了两种说法：一是说老虎变人，其尾犹在，烧点其尾，才能完成蜕变；二是说新羊入群，群羊欺生，只有将新羊的尾巴烧断，新羊才能安宁的生活。

这样，烧尾就有了烧鱼尾、虎尾、羊尾三说。

烧尾宴是唐朝丰富的饮食资源和高超的烹调技术的集中表现，汇集了前代烹饪艺术的精华，同时给后世以很大的影响，起到了继往开来的作用。

烧尾宴的规模和具体菜点至今无法完全了解，宋代学者陶谷《清异录》中记载了韦巨源设烧尾宴时留下的一份不完全的清单，使后人得以窥见这次盛宴的概貌。据历史记载，709年，韦巨源升任尚书左仆射，依例向唐中宗进宴。

这次宴会共上了58道菜，有冷盘，如吴兴连带鲜（生鱼片凉菜）；有热炒，如逡巡酱（鱼片、羊肉快炒）；有烧烤，如金铃炙、光明虾炙；此外，汤羹、甜品、面点也一应俱全。

其中有些菜品的名称颇为引人遐思：如贵妃红，是精制的加味红酥点心；甜雪，即用蜜糖煎太例面；白龙，即鳜鱼丝；雪婴儿，是青蛙肉裹豆粉下火锅；御黄王母饭是肉、鸡蛋等熬的盖浇饭。

［宋］陶谷《清异录》书影

食单中有一道"素蒸音声部"的看菜，用素菜和蒸面做成一群蓬莱仙子般的歌女舞女，共有70件，可以想象，这道菜放在筵席上是何等华丽和壮观！

从取材来看，有北方的熊、鹿，南方的狸、虾、蟹、青蛙、鳖，还有鱼、鸡、鸭、鹅、鹌鹑、猪、牛、羊、兔，等等，真是山珍海味，水陆杂陈。至于烹调技术的新奇别致，更难以想象。

需要指出的是，这58种菜点并不是烧尾宴的全部食单，只是其中的"奇异者"。同时，由于年代久远，记载简略，很多名目不能详考，所以今天仍无法确知这一盛筵的整体规模和奢华程度。

6. 船宴

在中国古代，人们也经常在游船上举办宴会，不仅可以品尝船宴上的美食，还可以饱览湖光山色，或是观赏龙舟竞渡。因此，船宴是一种游乐与饮食相结合的宴会形式。

船宴就是以船为设宴场所的一种宴席形式，注重美时、美景、美味、美趣等氛围的结合，品尝起来别有一番情趣。沈朝初的《忆江南》："苏州好，载酒卷艄船。几上博山香篆细，筵前冰碗五侯鲜，稳坐到山前。"就是古人船宴游乐的极好写照。

[明]仇英《南都繁会图》中的游船

（1）船宴的历史。

中国早在春秋时期就出现了船宴。传说吴王阖闾曾在船上举办过宴席，并将吃剩下的残余鱼脍倾入江中。

到了唐代，船宴已经开始流行。唐代诗人白居易就很喜好这种宴席形式。有一次，他在船上请客，但船舱中并没有酒肴和餐具。等到中午，白居易便传唤开宴，各种菜肴立刻端了上来，客人们大感惊奇，于是出舱细观。原来白居易事先在游船周围备有很多囊袋，"悬酒炙于水中，随船而行，一物尽，则左右又进之，藏盘筵于水底也"，这是一种奇特的餐船宴。

五代时期，也有船宴的踪迹。如后蜀末代皇帝孟昶的妃子花蕊夫人有一段宫词："厨船进食簇时新，侍宴无非列近臣。日午殿头宣索鲙，隔花催唤打鱼人。"这里的"厨船进食"就是餐船宴。

宋代的杭州、扬州等地，出现了商家经营的餐船，也可供人们泛舟饮宴。如南宋时西湖的餐船就很大，据《扬州画舫录》载："约长五十余丈，中可容百余客……皆奇巧打造，雕梁画栋，行运平稳，如坐平地，无论四时，常有游玩人赁假舟中，所需器物一一毕备。游人朝登舟而饮，暮则径归，不劳余力。"

宋人苏洞在金陵为幕宾时，写有《金陵杂咏二百首》，其中一首云：

曲曲清溪有几湾，酒船箫鼓去仍还。
闲情自合频来此，只在州衙咫尺间。

中国餐船的盛行主要是在明清时期。那时，杭州西湖、无锡太湖、扬州瘦西湖、

南京秦淮河、苏州野芳浜以及南北大运河等水上风景区，都有一种专门供应游客酒食的"沙飞船"（或称"镫船"）。这种船陈设雅丽，大小不一，大者可以载客，摆三两桌席面；小者不过丈余，艄舱中有灶火，尾随可以供应酒食。

（2）船宴的规矩。

古代的船宴有一些相沿成习的传统礼俗。

游客初到船舱，坐定之后，船上的侍者先是端上茶和一些辅茶的点心，游客边品茗边品点，而后还会上几碟精巧的小炒冷盘。其间可以聊天、搓麻将、唱曲、打节拍等消遣时光。等到夕阳西坠，掌灯时分，船宴的正宴才拉开帷幕。这时才会将船上的"招牌菜"悉数端来，让游客饮博极欢，一醉方休。

席间舟女负责侍客，如贡烟、递茶、斟酒等事宜，而端菜撤盆则由厨子代劳。

端菜很有讲究，上菜要从右侧上手，按冷盘、热炒、大碗的次序流水作业。船娘随时与食客、厨子两头联络。菜要一只一只地上，看菜吃至过半，则马上关照厨子速做另一道菜，吃完见底后，才撤盘换菜，人手一份不断档。因此，每道船菜上桌，都新鲜而百热沸烫。

撤盆则反之，必须从左侧下手，按序而下。如果有剩菜，则要问清楚游客是弃还是留。同时，为了愉悦食客，船上还邀请民间艺人献艺助兴，雅俗共赏。

当时扬州的船宴形式与苏州不同，席设在一条船里，厨房则设在另一条船上。这条酒船载着炊具、燃料、茶器、酒坛以及各种烹调原料，成了一个"流动的厨房"。

7. 满汉全席

满汉全席起兴于清代，是集满族与汉族菜点之精华而形成的历史上最著名的中华大宴。

清人入关之前，清朝贵族的宴席非常简单。一般宴会只是在露天空地上铺上兽皮，大家围拢一起席地而餐。如《满文老档》中记载："贝勒们设宴时，尚不设桌案，都席地而坐。"菜肴一般是火锅配以炖肉，皇帝出席的国宴也不过设十几桌、几十桌，也是牛、羊、猪等兽肉。

清人入关之后，皇家的饮食有了很大的变化。在六部九卿中专门设置了光禄寺卿，专司大内筵席和国家大典时宴会事宜，并很快在继承满族传统饮食方式的基础上，吸取了中原南菜（主要是苏杭菜）和北菜（山东菜）的特色，建立了较为丰富的宫廷饮食。

以后清代的筵宴开始形成定制，廷宴分为满席、汉席、奠笼、诵经供品四大类。

满席分为六等，头三等是用于帝、后、妃嫔死后的奠筵，后三等主要用于三大节朝贺宴、皇帝大婚宴、赐宴各国进贡来使及下嫁外藩的公主、郡主、衍圣公来朝等。

汉席分三等，主要用于临雍宴、文武会试考官出闱宴以及实录、会典等书开馆编纂日和告成日赐宴等。一等汉席肉馔鹅、鱼、鸡、鸭、猪肉等23碗，果食8碗，蒸食2碗，蔬食4碗。

后来，江南的官场菜开始把满席和汉席之精华集于一席，创制了举世闻名的满汉全席。由此可见，满汉全席其实并非源于宫廷，而是源于扬州的官场菜。

满汉全席自扬州出现以后，随着饮食市场的发展，很快由官场步入民间，开始有了"满汉大席"之称。顾禄《桐桥倚棹录》卷十载，苏州酒楼开办满汉大席，市场之中也卖有满汉大菜。

据《清稗类钞》载："烧烤席俗称满汉大席，筵席中之无上上品也。"

满汉全席在发展过程中也深受其他宴席的影响，因此有人称其为"一百有八品的全羊席和全鳝席"，可见这种宴席的形式极大地影响了满汉大席，以至于后来的满汉全席也发展为108道菜的名目，甚至还有多达200余品的满汉席。

此后，满汉全席还传播到许多城市。如《粤菜存真》中就记录了广州、四川两地的满汉全席谱，民国时期的《全席谱》中录有太原满汉全席，沈阳、大连、天津、开封、台湾、香港也都陆续有了各具特点的满汉全席。后来，满汉全席就成为大型豪华宴席之总称。

满汉全席的特点是筵宴规模大，进餐程序复杂，用料珍贵，菜点丰富，料理方法兼取满汉，又有满汉大席和烧烤席之称。

满汉全席由于菜品数量很大，一餐往往不能胜食，而要分作几餐，甚至分作几天用，

清代《光禄寺则例》

进食的程序也很讲究隆重。

满汉全席规模盛大，程式复杂，其取材之广泛可谓登峰造极，具体包括"山八珍""海八珍""禽八珍""草八珍"四种。

山八珍：驼峰、熊掌、猴脑、猩唇、象拔、豹胎、犀尾、狮乳。

海八珍：鱼籽、鱼翅、海参、鱼肚、鱼骨、鲍鱼、鱼唇、干贝。

禽八珍：红燕、飞龙、鹌鹑、天鹅、鹧鸪、彩雀、斑鸠、红头鹰。

草八珍：猴头、银耳、竹荪、驴窝菌、羊肚菌、花菇、黄花菜、云香信。

就风味来讲，南北风味兼有。全席设有冷荤热肴196品，点心茶食124品，共计320品，为中国古代筵宴之最，代表了宫廷皇家的饮食生活。

满汉全席共设有六宴。

（1）蒙古亲潘宴。

此宴是清朝皇帝为招待与皇室联姻的蒙古亲族所设的御宴。一般设宴于正大光明殿，由满族一、二品大臣作陪。历代皇帝均重视此宴，每年循例举行。而受宴的蒙古亲族更视此宴为大福，对皇帝在宴中所例赏的食物十分珍惜。

（2）廷臣宴。

廷臣宴于每年上元后一日即正月十六日举行，是时由皇帝亲点大学士、九卿中有功勋者参加，固兴宴者荣殊。宴所设于奉三无私殿，宴时循宗室宴之礼。皆用高椅，赋诗饮酒，每岁循例举行。蒙古王公等皆也参加。皇帝借此施恩来笼络属臣，而同时又是廷臣们功禄的一种象征。

（3）万寿宴。

万寿宴是清朝帝王的寿诞宴，也是内廷的大宴之一。后妃王公、文武百官，无不以进寿献寿礼为荣。其间名食美馔不可胜数。如遇大寿，则庆典更为隆重盛大，系派专人专司。衣物首饰，装潢陈设，乐舞宴饮一应俱全。

光绪二十年（1894年）十月初十日慈禧六十大寿，于光绪十八年（1892年）就颁布上谕；寿日前月余，筵宴即已开始。仅事前江西烧造的绘有万寿无疆字样和吉祥喜庆图案的各种釉彩碗、碟、盘等瓷器，就达29170余件。整个庆典耗费白银近1000万两，在中国历史上是空前的。

（4）千叟宴。

千叟宴始于康熙，盛于乾隆时期，是清宫中规模最大、与宴者最多的盛大御宴。

康熙五十二年（1713年）在阳春园第一次举行千人大宴，康熙帝席赋《千叟宴》

诗一首，故得宴名。

由于人员众多，为了举办这次千叟宴，礼部提前半个月就开始搭彩棚，从西直门到畅春园，长达 20 里；并且规定，凡 65 岁以上的长者，不论官民，均可到畅春园赴宴。当时邀请者有 2000 多人，实际赴宴者更多。

按照《清圣祖实录》记载，这次千叟宴分为三天，分别是康熙五十二年三月二十五日、三月二十七日、三月二十八日。

三天内，宴请的宾客并不相同。

康熙帝千叟宴御赐养老券

其中，三月二十五日那天，宴请的是满汉大臣、官员以及退休致仕的老臣。当时 90 岁以上的参会者 33 人，80 岁以上者 538 人，70 岁以上者 1823 人，65 岁以上者更多。为了彰显朝廷对老人的尊重，康熙让皇子、皇孙以及宗室成员，侍立在旁，为老人们斟酒和分发食品、礼物。

三月二十七日那天，主要宴请八旗的大臣、官兵和闲散的老人。

三月二十八日那天，在畅春园皇太后宫门前，宴请 70 岁以上的八旗老妇、诰命夫人等。

据《啸亭续录》统计，三日的宴请总人数，加上八旗老妇，共计 7000 多人。

康熙皇帝认为，这种庞大的宴会足以歌颂自己的文治武功，同时还能弘扬尊老养老的社会风尚，对社会的稳定有很大的促进作用，为此引以为豪。

（5）九白宴。

九白宴始于康熙年间。康熙初定蒙古外萨克等四部落时，这些部落为表示投诚忠心，每年以九白为贡，即白骆驼一匹、白马八匹。以此为信。蒙古部落献贡后，皇帝用御宴招待使臣，谓之九白宴。此后，每年循例而行。

（6）节令宴。

节令宴系指清宫内廷按固定的年节时令而设的筵宴。如元日宴、元会宴、春耕宴、端午宴、乞巧宴、中秋宴、重阳宴、冬至宴、除夕宴等，皆按节次定规，循例而行。

满族虽有其固有的食俗，但入主中原后由于满汉文化的交融和统治的需要，

大量接受了汉族的食俗；又由于宫廷的特殊地位，遂使食俗定规详尽。其食风又与民俗和地区有着很大的联系，故腊八粥、元宵、粽子、冰碗、雄黄酒、重阳糕、乞巧饼、月饼等在清宫中一应俱全。

8. 洛阳水席

洛阳水席始于唐代，已有 1000 多年的历史，是中国迄今保留下来的历史最久远的名宴之一。

洛阳水席最初来自民间饮食，是洛阳一带特有的传统名吃，酸辣味殊，清爽利口。

唐代武则天时，将洛阳水席加上山珍海味制成宫廷宴席。之后洛阳水席又从宫廷传回民间，形成特有的风味。

洛阳水席起源于洛阳。因为洛阳气候干燥寒冷，民间饮食偏重于汤类。这里的人们习惯使用当地出产的淀粉、莲菜、山药、萝卜、白菜等制作经济实惠、汤水丰盛的宴席，就连王公贵戚也习惯把主副食品放在一起烹制，久而久之便逐步创造出了极富地方特色的洛阳水席。

洛阳水席风味特别，誉满全国，与龙门石窟、洛阳牡丹并称"洛阳三绝"。

（1）武则天与水席。

武则天登基之后，国家逐渐趋于稳定，经济也有所发展。但是均田制的破坏，使得大批农民离开了土地，社会矛盾又日渐尖锐化，统治阶层内部争权夺利越来越厉害。

身为一国之君的武则天，为了治理好这个国家多次离开长安到外地巡察了解民情。其中有一次，她到洛阳巡察时，设下了水席大宴文武群臣，随后洛阳水席成了宫廷宴席。

洛阳水席的头道大菜"燕菜"还与武则天有一定的渊源。

"燕菜"其实就是用大白萝卜为主料制作而成的。为何普通的萝卜能够登上如此的大宴呢？

原来有一年秋天，洛阳东部的土地里长出一棵三尺多长的巨型萝卜，有人就把该萝卜以吉祥物进献女皇。

武则天非常高兴，特命厨师将其做菜。厨子明知萝卜平常，却又不敢违旨，便着实动了一番脑筋：把萝卜进行精细加工处理，多配名贵的海味山珍后做成一道羹肴送到女皇面前。

武则天入口一尝，感到鲜美无比，风味独特。她重赏了御厨，并赐名为"假燕菜"，可与"燕窝菜"同列首席。

后来人们把"假燕菜"改为"洛阳燕菜"。时隔几百年,洛阳燕菜名气越来越大，成为水席之首。

（2）洛阳水席的上菜程序。

洛阳水席有非常严格的规定，24道菜不多不少，8个凉菜、16个热菜不能有丝毫偏差。16个热菜中又分为大件、中件和压桌菜，名称讲究，上菜顺序也非常严格。

武则天

水席中的8个冷盘分为4荤4素，冷盘拼成的花鸟图案色彩鲜艳，构思别致。水席首先以色取胜，客人一览席面，未曾动筷，就会食欲大振。

冷菜过后，接着是16个热菜，依次上桌。上热菜时，大件和中件搭配成组，也就是一个大菜要和两个略小的中菜配成一组。一组一组上，味道齐全,丰富实惠。

在水席上，山珍海味、飞禽走兽应有尽有，各种口味齐全。完全可以满足不同口味的要求。

水席独到之处是汤水多，赴宴人菜、汤交替食用，能使人感到肠胃舒适，菜多不腻。等到鸡蛋汤上桌，表示24道菜已全部上完。

可见，洛阳水席有荤有素，有汤有水，味道多样，适应不同口味的食客，深受人们的欢迎，因而长盛不衰，古今驰名。

参考文献

[1] 马建鹰 . 中国饮食文化史 . 上海：复旦大学出版社 .2021

[2] 李树新 . 开门七件事——柴米油盐酱醋茶的文化记忆 . 北京：商务印书馆 .2020

[3] 李世化 . 饮食文化十三讲 . 北京：当代世界出版社 .2019

[4] 梁新宇 . 中国酒道文化 . 汕头：汕头大学出版社 .2017

[5] 木空 . 中国人的酒文化 . 北京：中国法制出版社 .2015

[6] 隗静秋 . 中外饮食文化（修订版）. 北京：经济管理出版社 .2015

[7] 王辉 . 中国古代饮食 . 北京：中国商业出版社 .2014

[8] 杜文玉 . 图说中国古代饮食 . 北京：世界图书出版公司 .2012

[9] 王宣艳 . 芳茶远播——中国古代茶文化 . 北京：中国书店出版社 .2012

[10] 董淑燕 . 百情重觞——中国古代酒文化 . 北京：中国书店出版社 .2012

[11] 黄耀华 . 中国饮食 . 合肥：黄山书社 .2012

[12] 王学泰 . 中国饮食文化史 . 北京：中国青年出版社 .2012

[13] 杜莉，姚辉 . 中国饮食文化 . 北京：旅游教育出版社 .2012

[14] 万建中 . 中国饮食文化 . 北京：中央编译出版社 .2011

[15] 雅瑟，陈艳军 . 中华民俗知识全知道 . 北京：企业管理出版社 .2010

[16] 颜其香 . 中国少数民族饮食文化荟萃 . 北京：商务印书馆 .2010

[17] 席坤 . 中国饮食 . 长春：时代文艺出版社 .2009

[18] 吴澎 . 中国饮食文化 . 北京：化学工业出版社 .2009

[19] 王玲 . 中国茶文化 . 北京：九州出版社 .2009

[20] 李宏，边艳红 . 中国茶道 . 长春：吉林大学出版社 .2009

[21] 林乃燊 . 中国古代饮食文化 . 北京：商务印书馆 .2007

[22] 贤之 . 历史食味：古代经典饮食故事 . 北京：中国三峡出版社 .2006

[23] 张征雁，王仁湘 . 昨日盛宴：中国古代饮食文化 . 四川：四川人民出版社 .2004